Schmolke u. a. Elektromagnetische Verträglichkeit
in der Elektroinstallation

de-FACHWISSEN

Die Fachbuchreihe
für Elektro- und Gebäudetechniker
in Handwerk und Industrie

Herbert Schmolke, Erimar A. Chun,
Reinhard Soboll, Johannes Walfort

Elektromagnetische Verträglichkeit in der Elektroinstallation

Das Handbuch für Planung, Prüfung und Errichtung

Hüthig & Pflaum Verlag · München/Heidelberg

Produktbezeichnungen sowie Firmennamen und Firmenlogos werden in diesem Buch ohne Gewährleistung der freien Verwendbarkeit benutzt.
Von den im Buch zitierten Vorschriften, Richtlinien und Gesetzen haben stets nur die jeweils letzten Ausgaben verbindliche Gültigkeit.
Autoren und Verlag haben alle Texte und Abbildungen mit großer Sorgfalt erarbeitet bzw. überprüft. Dennoch können Fehler nicht ausgeschlossen werden. Deshalb übernehmen weder Autoren noch Verlag irgendwelche Garantien für die in diesem Buch gegebenen Informationen. In keinem Fall haften Autoren oder Verlag für irgendwelche direkten oder indirekten Schäden, die aus der Anwendung dieser Informationen folgen.
Maßgebend für das Anwenden der Normen sind deren Fassungen mit den neuesten Ausgabedaten, die bei der VDE-Verlag GmbH, Bismarckstraße 33, 10625 Berlin und der Beuth Verlag GmbH, Burggrafenstraße 6, 10787 Berlin erhältlich sind.

Bibliografische Information Der Deutschen Bibliothek
Die Deutsche Bibliothek verzeichnet diese Publikation in der Deutschen Nationalbibliografie; detaillierte bibliografische Daten sind im Internet über http://dnb.ddb.de abrufbar.

! Möchten Sie Ihre Meinung zu diesem Buch abgeben?
Dann schicken Sie eine E-Mail an das Lektorat im Hüthig & Pflaum Verlag:
nina.gnaedig@huethig.de
Autor und Verlag freuen sich über Ihre Rückmeldung.

ISSN 1438-8707
ISBN 978-3-8101-0354-3

© 2013 Hüthig & Pflaum Verlag GmbH & Co. Fachliteratur KG, München/Heidelberg
Printed in Germany
Titelgrafik, Layout, Satz: Schwesinger, www.galeo.de
Titelfoto: Breitband-Feldmessgerät NBM-550 und Messsonde der Firma Narda Safety Test Solutions GmbH, Pfullingen
Druck: Kessler Druck + Medien, Bobingen

Vorwort

Elektrischen Anlagen sind längst nicht mehr das, was sie früher einmal waren. Natürlich fließt der Strom auch heute noch durch Kabel und Leitungen zu den Verbrauchsmitteln. Überstrom-Schutzeinrichtungen sorgen noch immer für den Schutz vor elektrischem Schlag und vor Überstrom. Errichter legen wie eh und je nach Art der elektrischen Anlagen und angeschlossenen Verbrauchsmittel die Nennströme der Schutzeinrichtungen sowie die Leitungsquerschnitte und -längen fest.

Allerdings haben sich die angeschlossenen Verbrauchsmittel im Laufe der Zeit stark verändert. Beispielsweise werden Motoren zunehmend über Umrichter gesteuert und Leuchtstofflampen über EVGs mit Hochfrequenz betrieben. Der Einfluss modernster Elektronik hat insgesamt extrem zugenommen, und die elektrischen Geräte und Anlagen arbeiten heute wesentlich komfortabler als früher. So können wichtige Anlagenteile konstant und problemlos überwacht, Prozessabläufe gesteuert oder komplexe Informationsflüsse fehlerlos übertragen werden, und dies weitgehend unabhängig von menschlichem Versagen. Die Vorteile liegen also klar auf der Hand.

Jedoch bringt die moderne Technik auch Nachteile mit sich. Die Systeme werden nicht nur effektiver, schneller und genauer, sondern leider auch anfälliger. Bereits kleinste äußere Einwirkungen auf empfindliche Bauteile können diese außer Funktion setzen oder sogar zerstören. Hinzu kommt, dass moderne Anlagen das elektrische Versorgungssystem völlig anders belasten als dies früher der Fall war. So gibt es kaum noch gewerblich oder industriell genutzte elektrische Anlagen, in denen Strom und Spannung eine saubere Sinusfunktion beschreiben. Das wiederum stört andere Verbrauchsmittel, womit sich Funktionsfehler multiplizieren, was zum Verdruss bei den Betreibern elektrischer Anlagen führt.

Ohne Umdenken in der Elektroinstallation ist diesen Schwierigkeiten nicht mehr zu begegnen und ohne Berücksichtigung der EMV bei der Planung und Errichtung der Elektroinstallation geht zunehmend gar nichts mehr.

Mit dem vorliegenden Werk wollen wir dazu beitragen, die teilweise komplizierten Zusammenhänge verständlich darzustellen. Vor allem aber beschreiben wir Maßnahmen, die Planern und Errichtern ermöglichen, EMV-Probleme selbstständig zu erkennen und zu lösen. Das heißt, die

Theorie wird von uns nur so intensiv wie notwendig behandelt, die praktischen Anforderungen zeigen wir so deutlich auf, wie es nur geht. Die zur Thematik gehörenden Normen und Richtlinien erläutern und besprechen wir im Detail, wo sie dem Anliegen dieses Buches dienen.

Ahaus / Köln / Offenbach / Oldenburg
J. Walfort
H. Schmolke
E. A. Chun
R. Soboll

Die Autoren

Dipl.-Ing. *Erimar A. Chun* studierte an der TH Karlsruhe und war bei ABB (BBC) in Entwicklung und Forschung für Industrieanlagen tätig. Seit 1967 wirkt er auf dem Gebiet der EMV in den Gremien von ZVEI, DKE (VDE), IEC und CENELEC mit. Auch nach der Tätigkeit am VDE Prüf- und Zertifizierungsinstitut arbeitet er in DKE (Obmann UK 767.1, Netzrückwirkungen), DATech SK EMV (Vorsitz), VDE/VDI GME FA EMV von Geräten und Systemen, TA des VDE/ABB und im VdS-KA EMV-Sachkundige (Gründungsmitglied) mit.

Dipl.-Ing. *Herbert Schmolke* ist als Elektroingenieur seit 1997 bei der VdS-Schadensverhütung zuständig für die Anerkennung von Elektrosachverständigen. Darüber hinaus arbeitet er im Auftrag des GDV mit an der Erstellung und Überarbeitung von Richtlinien und Normen. Er ist Mitarbeiter im DKE-Komitee K 224 „Betrieb elektrischer Anlagen" und Unterkomitees UK 221.1 „Schutz vor elektrischem Schlag", UK 221.3 „Bauliche Anlagen für Menschenansammlungen" und UK 712.2 „Anlagen der Informationstechnik" sowie in verschiedenen Arbeitskreisen vorgenannter Gremien.

Dipl.-Ing. *Reinhard Soboll* ist seit 1991 als Fachdozent für Elektrotechnik im bfe-Oldenburg tätig. Zu seinen Spezialgebieten gehören der Blitz- und Überspannungsschutz. Seit dem Jahr 2000 ist er darüber hinaus anerkannter VdS-Sachverständiger für das Prüfen elektrischer Anlagen. Des Weiteren gehört er dem Ausschuss für Blitzschutz und Blitzforschung im VDE/ABB sowie dem VdS-Koordinierungsausschuss „EMV-Sachkundige" an.

Johannes Walfort ist Elektrotechniker-Meister im Handwerk und seit 1983 bei der Berufsbildungsstätte Westmünsterland GmbH (BBS) in der Aus- und Weiterbildung tätig.
Seit 2001 bildet der Vorsitzende der Deutschen Gesellschaft für EMV-Technologie e.V. (DEMVT) im Auftrag des VdS die EMV-Sachkundigen in Ahaus aus.

Inhaltsverzeichnis

1 Richtlinien, Gesetze und Normen 15
   1.1 Einführung 15
   1.2 Begriffe der EMV 18
   1.3 Von der europäischen Richtlinie zur harmonisierten Norm 21
       1.3.1 Europäische Richtlinien zur EMV, EMV-Gesetz 21
       1.3.2 Richtlinienkonformität 22
       1.3.3 Europäische harmonisierte und nationale Normen 24
       1.3.4 Inverkehrbringen von Produkten 25
   1.4 Besonderheiten bei ortsfesten Anlagen 25

2 Störgrößen: Quellen und Auswirkungen 27
   2.1 Oberschwingungen und Spannungsschwankungen 27
       2.1.1 Störungen durch Oberschwingungen 29
       2.1.2 Spannungsschwankungen 34
   2.2 Magnetische und elektrische Felder 36
       2.2.1 Was ist ein Feld? 36
       2.2.2 Magnetisches Feld 37
       2.2.3 Elektrisches Feld 42
       2.2.4 Natürliche Felder 44
       2.2.5 Technische Felder 45
       2.2.6 Felder im Bereich von Freileitungen 47
       2.2.7 Felder im Bereich von Kabeln und elektrischen Betriebsmitteln 49
       2.2.7.1 Berechnungsbeispiele und Messergebnisse 50
       2.2.7.2 Bewertung der Beeinflussung durch Kabel und Leitungen 52
       2.2.8 Felder im Bereich elektrischer Verbraucher 53
   2.3 Entladung statischer Elektrizität (ESD) 54
   2.4 Überspannungen infolge von Schalthandlungen 55
   2.5 Blitzschlag 57
       2.5.1 Einleitung 57
       2.5.2 Potentialanhebung 58

2.5.3 Induktionsspannungen in Leiterschleifen 59
2.5.4 Induktiver Spannungsfall in einem Leiter 60

3 Kopplungsmechanismen 63
3.1 Galvanische Kopplung 64
3.2 Induktive Kopplung 69
3.3 Kapazitive Kopplung 73
3.4 Wellen- und Strahlungskopplung 76
    3.4.1 Physikalische Grundlagen 76
    3.4.2 Wellenkopplung 79
    3.4.3 Strahlungskopplung 81
3.5 Zusammenfassung 85

4 EMV-Maßnahmen in der Elektroinstallation 87
4.1 Potentialausgleich, Massung und Erdung 87
    4.1.1 Errichten der Erdungsanlage 87
    4.1.2 Netzsysteme 90
    4.1.3 Erdung des einspeisenden Systems 94
    4.1.4 Aufbau und Ausführung des Potentialausgleichs 97
        4.1.4.1 Schutzpotentialausgleich über die Haupterdungsschiene 98
        4.1.4.2 Zusätzlicher Potentialausgleich 100
        4.1.4.3 Fremdspannungsarmer Potentialausgleich 101
        4.1.4.4 Sternförmige Potentialausgleichsanlage (Sternerdernetz Typ A) 104
        4.1.4.5 Potentialausgleichsringleiter (Ringerdernetz Typ B) 106
        4.1.4.6 Mehrfach vermaschte sternförmige Potentialausgleichsanlage (Typ C) 106
        4.1.4.7 Vermaschte sternförmige Potentialausgleichsanlage (Vermaschung Typ D) 108
        4.1.4.8 Gegenüberstellung der unterschiedlichen Potentialausgleichskonzepte 109
4.2 Leitungsbetrieb und Trassierung 111
    4.2.1 Konzept einer EMV-gerechten Verkabelung ... 111
    4.2.2 Leitungsbemessung 115
        4.2.2.1 Allgemeines 115
        4.2.2.2 Schutz des Neutralleiters 115

4.2.2.3	Mindestquerschnitt des Neutralleiters	116
4.2.2.4	Auswirkungen von Oberschwingungsströmen auf symmetrisch belastete Drehstromsysteme	116
4.2.3	Verlegeabstände und Kabelkategorien	119
4.2.3.1	Allgemeines	119
4.2.3.2	Verlegeabstände zwischen unterschiedlichen Systemen	120
4.2.3.3	Kabelkategorien	120
4.2.4	Symmetrisch und asymmetrisch betriebene Signalleitungen	126
4.2.5	Kabelrinnen und Kabelwannen	128
4.3	Schirmung	132
4.3.1	Grundlagen	132
4.3.2	Schirmung von Geräten, Gebäuden und Leitungen	135
4.3.2.1	Allgemeines	135
4.3.2.2	Gebäude- und Raumschirmung	139
4.3.2.3	Schirmung von Leitungen	142
4.3.3	Korrosionsschutz	152
4.4	Filterung	153
4.4.1	Einführung	153
4.4.2	Filtereinsatz	155
4.5	Schaltschrank	157
4.5.1	Verminderung von Einflüssen magnetischer Störfelder	157
4.5.2	Verbindung der inaktiven Teile des Schrankes bzw. Massung	160
4.5.3	Schaltschrank-Zonenkonzept	161
4.5.4	Schirmung des Schaltschrankes	163
4.5.5	Maßnahmen zur Vermeidung von Überspannungen	164
4.6	Abstände von Monitoren	167
4.7	Nachrüstungen in bestehenden Anlagen	169
4.7.1	Einführung eines TN-S-Systems	169
4.7.2	Behandlung der Einleiterkabel und parallelen Stromschienen	172
4.7.3	Nachrüstung des Potentialausgleichs	172
4.7.4	Behandlung der Schirme	173
4.7.5	Trennung und Schirmung der Systeme	173
4.7.6	Zusätzliche Maßnahmen (Ersatzmaßnahmen)	173

5 Oberschwingungen ... 175
5.1 Allgemeines ... 175
5.2 Störgrößen und ihre Auswirkungen ... 176
5.2.1 Wichtige Begriffe ... 177
5.2.1.1 Augenblickswert (Momentanwert) ... 177
5.2.1.2 Effektivwert und Gleichrichtwert ... 179
5.2.1.3 Formfaktor ... 180
5.2.1.4 Scheitelfaktor (Crestfaktor) ... 181
5.2.1.5 Weitere Begriffe ... 182
5.2.1.6 Wirk-, Blind- und Scheinleistung (ohne Oberschwingungen) ... 184
5.2.2 Grundsätzliches zur Oberschwingungstheorie ... 185
5.2.3 Oberschwingungserzeuger ... 187
5.2.4 Besonderheiten der 3. Harmonischen ... 188
5.2.5 Blindleistung durch Oberschwingungen ... 190
5.2.6 Neutralleiterüberlastung und Neutralleiterunterbrechung ... 191
5.2.7 Bemessung bzw. Auslegung des Stromversorgungssystems ... 194
5.2.8 Spannungseinbrüche bei gesteuerten Stromrichtern (Kommutierungsprobleme) ... 195
5.3 Kopplungsarten ... 196
5.3.1 Leitungsgebundene Kopplung ... 197
5.3.2 Kopplung über das magnetische Feld ... 201
5.4 Maßnahmen gegen die Auswirkungen von Oberschwingungen ... 201
5.4.1 Errichten des Stromversorgungssystems ... 201
5.4.2 Auswahl von störungsarmen Betriebsmitteln ... 202
5.4.3 Netzentlastung durch Filter ... 202
5.4.4 Maßnahmen ohne Netzentlastung ... 204
5.4.5 Verdrosselte Kompensationsanlagen ... 205
5.4.6 Aktive Netzfilter ... 206
5.5 Besonderheiten bei Frequenzumrichtern ... 209
5.5.1 Funktionsprinzip von Frequenzumrichtern ... 210
5.5.2 Frequenzumrichter als Störquelle ... 211
5.5.3 Ableitströme von Frequenzumrichtern ... 213

5.5.3.1 Stationäre Ableitströme 213
5.5.3.2 Variable Ableitströme 214
5.5.3.3 Transiente Ableitströme 215
5.5.3.4 Zusammenfassung 215
5.5.4 Filter 215
5.5.4.1 EMV-Filter 217
5.5.4.2 150-Hz-Kompensationsfilter 218
5.5.4.3 Sonstige Filter 219
5.5.5 Hinweise für die Errichtung 221
5.5.6 Isolationsüberwachung 223
    5.5.6.1 Aufbau eines IT-Systems mit Isolationsüberwachung 224
    5.5.6.2 Permanente Isolationsüberwachung in TN-Systemen 224
    5.5.6.3 Aufteilung der Umrichter auf verschiedene Stromkreise 225

6 Planungsgrundlagen 227
6.1 Die vier Planungsphasen 227
6.2 Planung an einem Beispiel 229
  6.2.1 Vorprojektphase (Phase 1) 229
    6.2.1.1 Fundamenterder 231
    6.2.1.2 Gebäudeüberschreitende Leitungen und Kabel 231
    6.2.1.3 Gebäudeschirmung und Raumschirmung 234
    6.2.1.4 EMV-gerechter Potentialausgleich 234
    6.2.1.5 Äußerer und innerer Blitzschutz einschließlich Überspannungsschutz 238
  6.2.2 Angebotsphase (Phase 2) 239
  6.2.3 Realisierungsphase (Phase 3) 240
  6.2.4 Betriebsphase (Phase 4) 247
6.3 Berücksichtigung von Oberschwingungen 247
  6.3.1 Verträglichkeitspegel 248
  6.3.2 Theoretische Netzanalyse 249
  6.3.3 Auswahl eines 150-Hz-Filters (Neutralleiterfilter) 249
  6.3.4 Zusätzliche Überlegungen bei der Planung von Frequenzumrichterantrieben 251

7 Prüfungen 255
7.1 Allgemeine Prüfpflicht für elektrische Anlagen 255
7.2 Prüfungen nach EMV-Gesichtspunkten 257
7.2.1 Erstprüfung 257
7.2.1.1 Allgemeines 257
7.2.1.2 Typische EMV-Messungen 258
7.2.1.3 Prüfung der Netzqualität bei vermuteten Oberschwingungen 260
7.2.2 Wiederkehrende Prüfungen 262
7.3 Dokumentation 263
7.4 Fachliche Voraussetzungen für Personen zum Prüfen von elektrischen Anlagen 264
7.5 Sachkundiger gemäß VdS-Richtlinien (VdS 2596) 264
7.6 Erforderliche Messgeräte 265
7.7 Kalibrierung der Messgeräte 266

Literaturverzeichnis 267
Bücher, Informationsschriften 267
Normen 268
VdS-Richtlinien 270

Stichwortverzeichnis 271

1 Richtlinien, Gesetze und Normen

1.1 Einführung

Elektromagnetische Verträglichkeit (EMV) ist als Qualitätsmerkmal einer elektrischen Einrichtung zu verstehen. Mit diesem Merkmal wird ausgedrückt, dass die Einrichtung bestimmungsgemäß zufriedenstellend funktioniert, auch wenn nicht geplante elektromagnetische Störgrößen aus der Umgebung auf sie einwirken. Die Einrichtungen müssen hinreichend störfest sein und dürfen freilich ihrerseits auch keine unzulässigen Störgrößen an ihre Umgebung aussenden.

Dieses Qualitätsmerkmal ist Voraussetzung für die selbstverständliche Benutzung beliebiger elektrischer Geräte, unabhängig von ihrer technischen Komplexität. Produkte dürfen auf dem gemeinsamen europäischen Markt nur dann gehandelt werden, wenn sie eine ausreichende elektromagnetische Verträglichkeit aufweisen. Ebenso selbstverständlich ist, dass nur elektrisch und mechanisch sichere Produkte in die Hand des Betreibers gegeben werden dürfen. Es handelt sich dabei nicht nur um eine europäische, sondern um eine weltweite Aufgabenstellung.

Die Systematik der Elektromagnetischen Verträglichkeit basiert auf einer Vereinbarung zu Grenzwerten von Störgrößen, die von einer Einrichtung ausgehen, bzw. zu deren Störfestigkeit gegenüber Störgrößen, die auf sie einwirken.

Diese Vereinbarung soll die Elektromagnetische Verträglichkeit in unserer elektrotechnischen Umgebung sicherstellen. Sie wird ständig weltweit von der *Internationalen Elektrotechnischen Kommission (IEC)* weiterentwickelt. Eine wichtige Basis dieser Vereinbarung sind einheitliche Begriffe, die der internationalen elektrotechnischen Normung zugrunde liegen und im Internationalen *Elektrotechnischen Wörterbuch (IEV)* der IEC festgelegt sind. Begriffe werden wie Geldscheine wertlos, wenn man sie verändert oder fehlerhaft verwendet. Der Abschnitt 1.2 erläutert die Begriffe der EMV ausführlicher.

Bild 1.1 verdeutlicht das System der EMV einer Einrichtung. Dies kann im konkreten Fall eine Photovoltaik-Anlage sein, ein Tischrechner oder ein Herzschrittmacher.

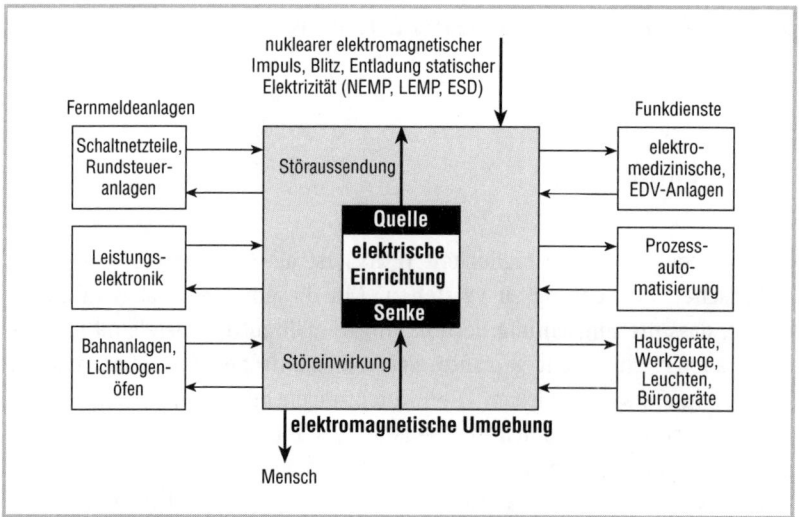

Bild 1.1 *Beeinflussungsmodell in Bezug auf eine elektrische Einrichtung*

- Die Einrichtung befindet sich in beliebiger elektromagnetischer Umgebung, in der sie betrieben wird. Zu ihr hat sie Schnittstellen, die nicht im Einzelnen dargestellt sind, wie die Anschlussleitungen oder das Gehäuse, auf das elektrische und magnetische Felder (EMF) einwirken und umgekehrt austreten.
- Die Einrichtung wirkt in der Regel sowohl als Störquelle als auch als Störsenke. Damit ist sie zum einen den Umgebungsbedingungen ausgesetzt und gestaltet sie zugleich mit.
- Alle in die Umgebung ausgesendeten Störgrößen verbreiten sich zu allen Störsenken.

Verträglichkeit ist dann gegeben, wenn die Störfestigkeit aller Einrichtungen groß genug ist und zugleich die ausgesendeten Störgrößen hinreichend begrenzt sind.

Die elektromagnetische Umgebung wird nicht alleine von der Menge der technischen Einrichtungen bestimmt, sondern auch durch natürliche Vorgänge, die sich durch eine Planung nicht oder nur sehr begrenzt beeinflussen lassen, z. B.

- atmosphärische Entladungen, Blitz (LEMP, lightning electromagnetic pulse),
- nuklearer elektromagnetischer Impuls durch Zündung einer nuklearen Waffe (NEMP, nuclear electromagnetic pulse),

1.1 Einführung

- Entladung statischer Elektrizität, z. B. vom Menschen durch Ladungstrennung erzeugt (ESD, electrostatic discharge).

Historisch betrachtet hat sich das Thema EMV aus vier Schwerpunkttechnologien entwickelt:

a) Drahtgebundene Fernmeldetechnik, beeinflusst durch Stromversorgungstechnik,

b) Funk-Entstörung, vor allem gegenüber Kommutator-Stromunterbrechungen und Schaltvorgängen, Erzeugern von Hochfrequenzenergie,

c) Betrieb von Versorgungsnetzen, Spannungsqualität,

d) Störfestigkeit analoger und digitaler Signalverarbeitung, (Zer-)Störfestigkeit gegenüber energiereichen Impulsen (Blitz- und Überspannungsschutz).

All diese Aufgabengebiete werden durch ein durchgängiges Normenwerk international und zum Teil regional (Europäischer Wirtschaftsraum) sowie national abgedeckt.

Bild 1.1 verdeutlicht die vielfältigen Verflechtungen in einer elektromagnetischen Umgebung, die mit dem Ziel der Verträglichkeit zu beachten sind. Einfacher stellt sich der Fall einer (möglichen) Unverträglichkeit in **Bild 1.2** dar.

Kommt es in einer Einrichtung zur Funktionsstörung, kann es daran liegen, dass

- die Störfestigkeit dieses Gerätes nicht den erwarteten Anforderungen genügt,
- die Störaussendung eines anderen Gerätes den geforderten Grenzwert überschreitet,
- Art und Aufbau einer elektrischen Anlage (Infrastruktur der Anlage) die Ausbreitung bzw. Kopplung von Störgrößen übermäßig begünstigen.

Die erste Aufgabe besteht in der Identifizierung von Störquelle und Störsenke und darauf folgend der Identifizierung des Kopplungswegs. Als Lösung bieten sich folgende Maßnahmen an:

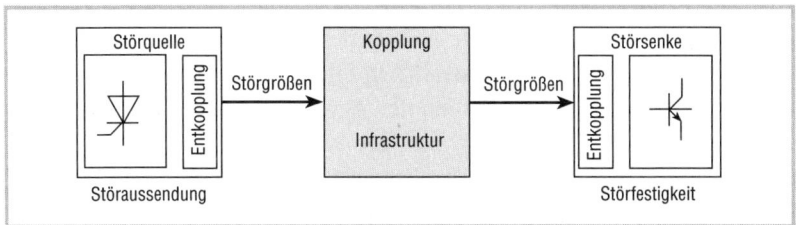

Bild 1.2 *Beeinflussungsmodell für die Wirkung einer Störquelle auf eine Störsenke*

- Verringerung der Störaussendung an der Störquelle,
- Erhöhung der Störfestigkeit der Störsenke,
- Entkopplung zwischen Störquelle und Störsenke, d. h. verbesserte Gestaltung der Anlagen-Infrastruktur unter EMV-Gesichtspunkten.

Die ersten beiden Punkte betreffen die Auswahl der geeigneten Betriebsmittel für den vorgesehenen Einsatzort und der letzte Punkt die EMV-gerechte Gestaltung der elektrischen Anlage.

Generell ist zunächst die Frage zu klären, ob die Einrichtungen den normativen Anforderungen entsprechend geplant, errichtet und betrieben werden. Ein Blick in die Anwendungsdokumentation ist dabei unumgänglich. Grundsätzlich lässt sich anmerken, dass die normativen Anforderungen an die Einrichtungen unter wirtschaftlichen Gesichtspunkten, also allgemein bzw. pauschal festgelegt werden. Konkrete Einzelfälle von Unverträglichkeit müssen also in der Regel individuell behandelt werden.

1.2 Begriffe der EMV

Die Begriffe der EMV sind, wie im vorigen Abschnitt betont, im IEV festgelegt worden. Auch die gesetzlichen Vorschriftten (Richtlinie, Gesetz) enthalten Festlegungen von Begriffen „im Sinne des Gesetzes".

Vorbemerkung

In Gesetzestexten werden die Begriffe *Einrichtungen* und *Geräte* synonym verwendet. Dabei handelt es sich ganz allgemein um
- Gegenstände oder
- Gruppen von zusammenwirkenden Gegenständen,

die dazu vorgesehen sind, eine bestimmte Funktion auszuüben.

ANMERKUNG: Eine Einrichtung oder ein Gerät kann Teil einer größeren Einrichtung oder eines größeren Gerätes sein.

Auch die Begriffe *Ausrüstungen* und *Betriebsmittel* werden in Gesetzestexten synonym gebraucht. Gemeint sind
- einzelne Geräte oder
- Zusammenfassungen von mehreren Einrichtungen oder Geräten oder
- Zusammenfassungen von wesentlichen Einrichtungen einer Anlage oder
- alle zur Ausführung einer bestimmten Aufgabe notwendigen Einrichtungen.

ANMERKUNG: Beispiele für Ausrüstungen oder Betriebsmittel sind ein Transformator, die Ausrüstung einer Maschinenanlage oder eine Messeinrichtung.

Das EMV-Gesetz von 2008 spricht grundsätzlich vom Betriebsmittel und unterscheidet darunter nur noch zwischen *Gerät* und *ortsfester Anlage.* Die *ortsfeste Anlage* ist im Sinne des EMV-Gesetzes eine besondere Verbindung von Geräten unterschiedlicher Art oder von weiteren Einrichtungen mit dem Zweck, auf Dauer an einem vorbestimmten Ort betrieben zu werden.

Der Begriff System wird im IEV nicht definiert, sondern in erklärenden Texten verwendet. In DIN 19226 lautet die Definition folgendermaßen:

„Eine in einem betrachteten Zusammenhang gegebene Anordnung von Gebilden, die miteinander in Beziehung stehen. Diese Anordnung wird aufgrund bestimmter Vorgaben von ihrer Umgebung abgegrenzt."

Im Zusammenhang mit der Planung und Errichtung elektrischer Anlagen hat sich der Begriff *Betriebsmittel* durchgesetzt und sollte aus Gründen der Verständlichkeit verwendet werden.

Die IEV-Begriffe
Elektromagnetische Verträglichkeit; EMV
Fähigkeit einer Einrichtung oder eines Systems, in ihrer/seiner elektromagnetischen Umgebung zufriedenstellend zu funktionieren, ohne in diese Umgebung, zu der auch andere Einrichtungen gehören, unzulässige elektromagnetische Störgrößen einzubringen.

Elektromagnetische Störgröße
Elektromagnetische Erscheinung, die beim Vorhandensein in der elektromagnetischen Umgebung den bestimmungsgemäßen Betrieb eines elektrischen Gerätes (Betriebsmittels, Einrichtung) beeinträchtigen kann.
NB: Diese Beschreibung wird im Sinne des EMV-Gesetzes als elektromagnetische Störung bezeichnet, steht im Widerspruch zum gesamten Normenwerk des EMV und ist unerheblich für die technische Dokumentation im Rahmen der Durchführung des Gesetzes.

Elektromagnetische Störung; elektromagnetische Funktionsstörung
Beeinträchtigung der Funktion einer Einrichtung, eines Übertragungskanals oder Systems, die durch eine elektromagnetische Störgröße verursacht wird.

Beeinträchtigung der Funktion
Unerwünschte Abweichung des Betriebsverhaltens eines Gerätes, einer Ausrüstung oder eines Systems vom beabsichtigten Betriebsverhalten. Eine

Beeinträchtigung der Funktion kann ein vorübergehender oder ein andauernder Fehlzustand sein. **Tabelle 1.1** zeigt, wie nach den Normen eine Beurteilung aussehen kann.

Oberschwingung
Sinusförmige Komponente, z. B. bei der Zerlegung von nicht sinusförmigen Strömen in sinusförmige Bestandteile (Fourier-Analyse), mit höherer Ordnungszahl als 1, deren Frequenzen ganzzahlige Vielfache der Grundfrequenz sind (s. Abschnitt 5.2.2).

Elektromagnetische Umgebung
Gesamtheit der elektromagnetischen Erscheinungen an einem gegebenen Ort. Im Allgemeinen ist die elektromagnetische Umgebung zeitabhängig und ihre Beschreibung kann eine statistische Vorgehensweise erfordern.

Störquelle
Gerät, Ausrüstung oder System, das (die) Spannungen, Ströme oder elektromagnetische Felder verursacht, welche als elektromagnetische Störgrößen wirken können.

Störsenke
Gerät, Ausrüstung oder System, dessen (deren) Funktion durch elektromagnetische Störgrößen beeinträchtigt werden kann.

Tabelle 1.1 *Beurteilung von Funktionsstörungen bzw. Funktionsbeeinträchtigungen*

Beurteilung nach Fachgrundnormen	Beschreibung nach Grundnormen
Kriterium A Die Betriebsqualität muss in einem bestimmten Maß erhalten bleiben*.	a) bestimmungsgemäßes Betriebsverhalten innerhalb der festgelegten Grenzen;
Kriterium B Die Funktion muss nach der Beeinflussung (z. B. durch ein Störfeld) wieder vorhanden sein.*	b) zeitlich begrenzter Ausfall oder zeitlich begrenzte Minderung der Funktion oder des bestimmungsgemäßen Betriebsverhaltens, der (die) nach dem Abklingen der Störgröße endet;
Kriterium C Ein zeitweiliger Funktionsausfall ist erlaubt, wenn die Funktion sich selbst wiederherstellt oder wiederherstellbar ist.*	c) zeitlich begrenzter Ausfall oder zeitlich begrenzte Minderung der Funktion oder des bestimmungsgemäßen Betriebsverhaltens, für dessen (deren) Behebung ein Eingriff der Bedienperson erforderlich ist;
Die Störfestigkeit ist nicht gegeben.	d) Ausfall oder Minderung der Funktion oder des bestimmungsgemäßen Betriebsverhaltens, die (das) nicht mehr wiederhergestellt werden kann, da das Gerät (Bauteil) oder das Betriebsprogramm (Software) zerstört wurde oder Daten verloren hat.
* gekürzte Fassung	

1.3 Von der europäischen Richtlinie zur harmonisierten Norm

1.3.1 Europäische Richtlinien zur EMV, EMV-Gesetz

Schon zu Zeiten der Europäischen Wirtschaftsgemeinschaft (EWG) wurden Europäische Richtlinien auf der Basis der sogenannten Römischen Verträge erlassen. Sie dienen dem Abbau von Handelshemmnissen im gemeinsamen Markt. Mit der Funk-Entstörung von Hausgeräten hat es damals begonnen. Die Richtlinien wurden national umgesetzt in einer Amtsblattverfügung der Deutschen Bundespost.

Die EMV-Richtlinie, die das Gesamtgebiet EMV (Funk-Entstörung, Netzrückwirkungen, Störfestigkeit) umfasst, wurde im Jahre 1989 unter der Nummer 89/336/EWG veröffentlicht. Sie setzte die Verpflichtung zur Kennzeichnung der Produkte mit dem CE-Kennzeichen fest. Diese Richtlinie wurde mit Herausgabe der Richtlinie 92/31/EWG in wesentlichen Teilen geändert. Für Festlegungen aus früheren Regelungen wurde eine Übergangszeit bis zum 1. Januar 1996 festgelegt. Bei der Umsetzung des Richtlinientextes in das jeweilige Recht der einzelnen Mitgliedstaaten sowie bei der späteren Durchführung der nationalen Regelungen entstanden Fragen, die durch die Erarbeitung und Herausgabe von sogenannten Leitfäden beantwortet werden sollten.

Die Umsetzung der EMV-Richtlinie in nationales Recht wurde in Deutschland durch das EMV-Gesetz (EMVG) verwirklicht. Es erschien im Jahre 1992. Aufgrund von Einwänden gegen diese erste Fassung sah sich die Bundesregierung veranlasst, 1995 eine novellierte Fassung zu veröffentlichen.

Bereits im Jahre 1997 gab die Europäische Kommission einen neuen EMV-Leitfaden heraus, an dessen inhaltlicher Gestaltung deutsche EMV-Experten aus den Behörden und der Wirtschaft maßgeblich beteiligt waren. Hinzu kam, dass gleichzeitig eine Reihe von nicht eindeutig formulierten Textpassagen des EMVG zu bereinigen waren. Aus diesem Grund veröffentlichte der deutsche Gesetzgeber im Jahre 1998 eine neue Fassung des EMVG. In diese Fassung fanden auch Teile des Leitfadens Eingang.

Die jüngste Richtlinie, 2004/108/EG, wurde 2004 veröffentlicht. Sie wurde national umgesetzt durch das EMVG von 2008, das in Deutschland seit 20. Juli 2009 alleingültig ist. Die auffallend kurze Übergangszeit erklärt sich daraus, dass keine grundsätzlichen Änderungen mit Auswirkung auf die Anforderungen an Geräte vorlagen.

Hinweise: 1999 wurde die Richtlinie 1999/5/EG mit dem Titel „Funkanlagen und Telekommunikationsendeinrichtungen (R&TTE-Richtlinie)" herausgegeben. Darunter fallen u.a. Computer (WLAN, Bluetooth) und Garagentoröffner mit einer Funk-Schnittstelle, die daher nicht mehr der EMV-Richtlinie unterliegen.

Auch Elektromedizingeräte unterliegen nicht der EMV-Richtlinie, sondern der Medizingeräte-Richtlinie mit der letzten Änderung 2007/47/EG (umgesetzt im Medizinprodukte-Gesetz MPG). Hier wurde berücksichtigt, dass EMV für Elektromedizingeräte als Sicherheitsaspekt verstanden wird.

Die Richtlinien werden von der Europäischen Kommission herausgegeben und wenden sich an die Mitgliedstaaten, die sie in gegebener Frist in nationales Recht umsetzen. Die Richtlinien formulieren im Bereich der EMV

- Geltungsbereich, Produkte,
- Schutzanforderungen: Elektromagnetische Verträglichkeit, Funkverträglichkeit, funktionale Sicherheit im Hinblick auf EMV,
- Sicherstellung der Einhaltung der Schutzanforderungen in Eigenverantwortung des Herstellers bzw. des Inverkehrbringers der angesprochenen Produkte,
- Konformitätsnachweis, CE-Kennzeichnung,
- Beteiligung von benannten Stellen,
- Marktbeobachtung zur Einhaltung der Richtlinienkonformität.

Der im Europäischen Wirtschaftsraum ansässige Hersteller eines Produktes bzw. die Person, die es in seinem Auftrag im Europäischen Wirtschaftsraum in Verkehr bringt, muss die Konformität des Produktes mit den Schutzanforderungen der Richtlinie durch geeignete Maßnahmen nachweisen und sicherstellen. Zu den Technischen Unterlagen des Produktes wird eine Konformitätserklärung ausgefertigt, die das Einhalten der Schutzanforderungen belegt.

1.3.2 Richtlinienkonformität

Richtlinien formulieren im Gegensatz zu früheren Konzepten die Schutzanforderung nur grundsätzlich; sie legen also grundlegende Anforderungen fest, indem sie z.B. eine elektromagnetische Verträglichkeit durch begrenzte Störaussendung und hinreichende Störfestigkeit fordern. Quantitative Forderungen (wie die Festlegung von Grenzwerten) werden dagegen nicht gestellt. Den Herstellern werden sowohl die technische als auch die juristische Kompetenz zuerkannt, in eigener Verantwortung die Erfüllung der

1.3 Von der europäischen Richtlinie zur harmonisierten Norm

Schutzanforderung herbeizuführen und technisch zu dokumentieren. Dabei können sie **freiwillig** die der jeweiligen Richtlinie zugeordneten harmonisierten und im Amtsblatt der Europäischen Union (OJEU) veröffentlichten Normen anwenden.

Stimmt ein Betriebsmittel mit den harmonisierten Normen überein, so wird **vermutet**, dass das Betriebsmittel mit den von diesen Normen abgedeckten grundlegenden Anforderungen des EMVG übereinstimmt. Diese Vermutung der Konformität beschränkt sich auf den Geltungsbereich der angewandten harmonisierten Normen bzw. auf die von diesen harmonisierten Normen festgelegten Anforderungen (siehe § 5 EMVG Vermutungsprinzip).

Dieses Vorgehen ist zwar freiwillig, entspricht aber der gängigen Praxis. In der EC-Konformitätserklärung werden das Produkt und der Verantwortliche identifiziert, der erklärt, dass das Produkt allen Konformitätsansprüchen entsprechend der Richtlinie XXX gerecht wird, z.B. durch Anwendung der harmonisierten Normen yyy.

Unter der Gültigkeit der EMV-Richtlinie kann diese Erklärung durch eine *benannte Stelle* bestätigt werden. Bei anderen Richtlinien ist die Einbeziehung einer benannten Stelle gegebenenfalls sogar erforderlich.

Die Konformitätserklärung ist zusammen mit der technischen Dokumentation vom Hersteller bis mindestens zehn Jahre nach letztmaliger Fertigung (früher: letztmaligem Inverkehrbringen) zur Verfügung zu halten.

Jedes Produkt, das in Verkehr gebracht wird, trägt die CE-Kennzeichnung (**Bild 1.3**), gegebenenfalls ergänzt mit der vierstelligen Nummer der beteiligten benannten Stelle.

ANMERKUNG: CE wird heute als Conformité Européenne gelesen – die oft genannte Bezeichnung „CE-Zeichen" ist mit der Richtlinie 93/68/EWG völlig überholt!

Zu beachten ist, dass sich die CE-Kennzeichnung als eine umfassende Erklärung auf alle für das gekennzeichnete Produkt anwendbaren Richtlinien bezieht. Es ist unerheblich, ob die einzelnen Richtlinien mit eigenen oder in einer gemeinsamen Erklärung aufgeführt werden.

Bild 1.3 *EG-Konformitätszeichen*

Die marktüberwachenden Behörden der Mitgliedstaaten – in Deutschland die Bundesnetzagentur (BNetzA, vormals Regulierungsbehörde für Telekommunikation (RegTP), die aus dem Bundesamt für Post und Telekommunikation (BAPT) hervorgegangen ist) – sorgen dafür, dass

- Geräte, die unter die EMV-Richtlinie fallen und auf dem Markt sind, CE-gekennzeichnet sind und
- die CE-Kennzeichnung zu Recht aufgebracht ist.

Für die Belange der EMV, der Funkverträglichkeit und der Kompatibilität der Schnittstellen zu Fernmeldenetzen im Rahmen der R&TTE-Richtlinie (siehe vorherigen Abschnitt 1.3.1) sowie für die nicht sicherheitsbezogenen EMV-Belange im Rahmen der MDD-Richtlinie ist in Deutschland ebenfalls die BNetzA zuständig. Die Überwachung der Maßnahmen zur Sicherheit von Geräten ist Angelegenheit der Bundesländer.

1.3.3 Europäische harmonisierte und nationale Normen

Normen werden heute international zunächst durch die *International Electrotechnical Commission (IEC)* erstellt und herausgegeben. Die Normen, die unter dem Aspekt Europäischer Richtlinien von Interesse sind, werden vor ihrer Veröffentlichung mit dem Europäischen Komitee für Elektrotechnische Normung (CENELEC) abgestimmt, um (zu 100 % oder modifiziert) als Europäische Norm (EN) übernommen zu werden. Die nationalen Normensetzer DIN-DKE übernehmen diese europäischen Normen unter der Bezeichnung DIN EN [IEC-Nummer]. Sie stehen dem Anwender über die Verlage Beuth und VDE identisch zur Verfügung.

Der deutsche Anwender der Norm (hier z. B. der Hersteller) benutzt in der Regel die deutsche Norm, stellt die Konformität des Erzeugnisses mit der Norm fest und erklärt die EG-Konformität nach dem Vermutungsprinzip unter Bezug auf die Europäische Norm(en) EN [IEC-Nummer].

Die anzuwendenden Normen gehören zur Kategorie der sogenannten Fachgrundnormen und Produktfamiliennormen. Nur sie sind im Amtsblatt der EU gelistet.

Diese gelisteten Produktnormen verweisen zu ihrer praktischen Umsetzung auf prüftechnisch orientierte, sogenannte Grundnormen. Diese sind nicht im OJEU gelistet, aber nach der gelisteten Norm verpflichtend anzuwenden.

1.3.4 Inverkehrbringen von Produkten

Das Inverkehrbringen von Produkten im Europäischen Wirtschaftsraum (EWR) beginnt am Werkstor des Herstellers oder an der Barriere des Zollhafens. Jedes einzelne Produkt ist CE-gekennzeichnet, womit insbesondere gegenüber den zuständigen Behörden erklärt wird, dass der in Verkehr befindliche Gegenstand alle Anforderungen aller anzuwendenden Europäischen Richtlinien erfüllt. Diese Erklärung wird von dem im EWR niedergelassenen Hersteller beziehungsweise von dem im EWR niedergelassenen Importeur geleistet.

Dem Käufer vermittelt die Kennzeichnung nur die Information, dass sich das Produkt zu Recht im Handel befindet. Würde die Kennzeichnung nämlich fehlen, muss vermutet werden, dass es keiner geltenden Richtlinie unterliegt.

Alle Produkte, die im EWR gehandelt werden, dürfen betrieben werden, **soweit dies nicht durch die jeweilige Betriebsanleitung eingeschränkt wird.**

1.4 Besonderheiten bei ortsfesten Anlagen

Definitionsgemäß ist nach dem EMVG eine ortsfeste Anlage eine besondere Verbindung von Geräten unterschiedlicher Art oder gegebenenfalls weiteren Einrichtungen mit dem Zweck, auf Dauer an einem vorbestimmten Ort betrieben zu werden. Dauer und Art der Verbindungen der Geräte werden dabei nicht näher definiert.

Was ist jedoch mit dem Begriff „weitere Einrichtungen" gemeint? Die Antwort ist nicht leicht. Es geht hier um die Anwendung von weiteren (besonderen) Betriebsmitteln, die wie folgt zu beschreiben sind:
- keine CE-Kennzeichnung,
- nicht im freien Handel zu erwerben,
- ohne einen Konformitätsnachweis nach dem EMVG.

Offenbar ist es gegebenenfalls nötig, solche besonderen Betriebsmittel in die Installation einer Anlage einzusetzen und am Aufstellungsort ihre elektromagnetische Verträglichkeit individuell sicherzustellen.

Wird in die ortsfeste Anlage mit dem „besonderen Betriebsmittel" ein CE-gekennzeichnetes Betriebsmittel eingebracht oder ein solches in der Umgebung der Anlage in Betrieb genommen, kann es zu Störungen innerhalb der Anlage kommen, verursacht durch das eingebrachte Betriebsmittel, oder zu Störungen des eingebrachten Betriebsmittels selbst.

Zur Behebung der Störung ist es hilfreich, den Betrieb eines Betriebsmittels, dessen elektromagnetische Verträglichkeit für die gegebene Umgebung nicht nachgewiesen ist, zu identifizieren. Voraussetzung für eine effiziente Störungs- oder Beeinflussungsanalyse ist eine geeignete **Anlagendokumentation** unter **EMV-Aspekten**.

Es geht aber nicht nur um die „besonderen Geräte", sondern auch um die Kompatibilität von Installationsanweisungen für die verwendeten Betriebsmittel, z. B. für

- das Auflegen der Schirme (einseitig/beidseitig),
- die Signalverbindungen zwischen Geräten, die aus unterschiedlichen Niederspannungsverteilungen gespeist werden.

Die Bundesnetzagentur hält einen Leitfaden zur Dokumentation von ortsfesten Anlagen entsprechend dem Gesetz über die elektromagnetische Verträglichkeit von Betriebsmitteln zur Verfügung.

2 Störgrößen: Quellen und Auswirkungen

Häufig werden Anwender und Hersteller elektronischer Ausrüstungen mit folgenden Problemen konfrontiert: Komponenten einer elektronischen Steuerung fallen ohne ersichtlichen Grund aus, Reklamationen häufen sich. Es wird ein Fehler gefunden, und alle meinen, das Problem sei gelöst. Welch eine Enttäuschung, wenn der Fehler nach kurzer Zeit wieder auftritt. Ein Funktionsausfall kann z. B. durchaus mit dem Öffnen eines Kontaktes zusammenhängen. Beispielsweise führt das Ausschalten von Induktivitäten zu Überspannungsspitzen (Transienten), die unerwünschte Funktionen in einer elektronischen Steuerung bewirken und Bauelemente zerstören können.

Eine andere Fehlerursache liegt darin begründet, dass die Versorgungsspannung durch Oberschwingungen „elektrisch verunreinigt" ist. Solche Fehlerursachen sind schwierig zu erkennen, weil hierfür spezielle Messgeräte notwendig sind und der Gerätebetreiber dieses Problem nicht erkennen kann.

In diesem Kapitel werden alle EMV-Phänomene, die für den Anlagenplaner bzw. Errichter relevant sind, beschrieben. Die **Bilder 2.1** und **2.2** geben einen kleinen Überblick über die Störphänomene (Störgrößen) und ihre Auswirkung auf die Netzspannung, und die **Tabelle 2.1** gibt eine Übersicht über die Frequenzbereiche typischer Störquellen und deren Phänomene.

Störgrößen können leitungsgebunden und als gestralte Größen übertragen werden. Im Frequenzbereich von etwa 1 bis 30 MHz werden sie in beiden Erscheinungsformen übertragen, ab etwa 30 MHz nur noch als gestrahlte Größen. **Bild 2.3** veranschaulicht den Frequenzbereich, in dem die Störaussendungen der in Tabelle 2.1 aufgeführten Störquellen liegen.

2.1 Oberschwingungen und Spannungsschwankungen

In diesem Abschnitt werden die Entstehung von Oberschwingungen kurz besprochen und ihre Ursachen und Auswirkungen aufgezeigt. Oberschwingungen und Spannungsschwankungen gehören zu den niederfrequenten Störgrößen. Hierunter fallen auch Rückwirkungen aus Stromversorgungsnetzen, die zu Oberschwingungen und Spannungsschwankungen in der

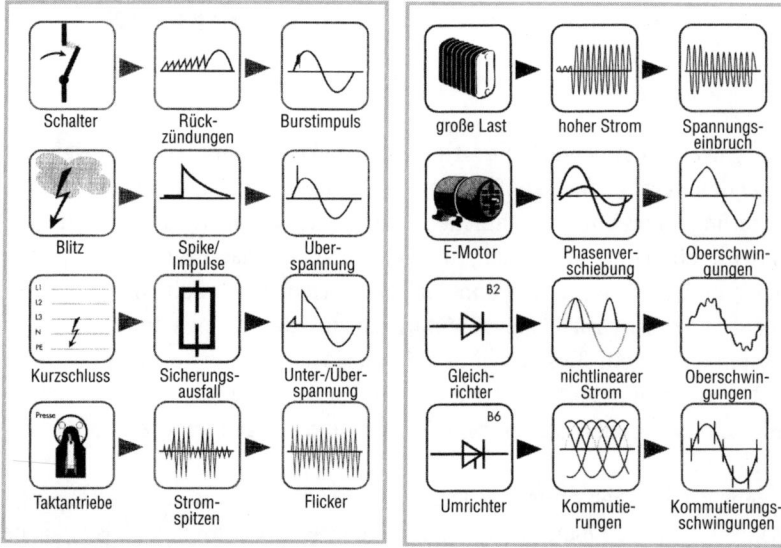

Bild 2.1 Diskontinuierliche Störgrößen   **Bild 2.2** Kontinuierliche Störgrößen

Tabelle 2.1 Störquellen und deren Phänomene

Quelle	Frequenzbereich	Phänomen
Leuchtstofflampen	100 kHz ... 5 MHz	Oberschwingungen, Phasenverschiebung
Rechner	50 kHz ... 25 MHz	Funkstörungen
Motoren	10 kHz ... 400 kHz	Phasenverschiebung, Oberschwingungen
Schaltnetzteile	100 kHz ... 30 MHz	Oberschwingungen, Funkstörungen
Leistungsschalter	100 kHz ... 300 MHz	Funkstörungen
Leistungsleitungen	50 kHz ... 4 MHz	Transienten*
Stromrichter	10 kHz ... 200 MHz	Oberschwingungen, Funkstörungen
Schaltlichtbögen	20 MHz ... 300 MHz	Transienten, Funkstörungen
Schützspulen	1 MHz ... 25 MHz	Transienten, Burst
Kontakte	50 kHz ... 25 MHz	Rückzündung, Transienten
* Transienten = impulsförmige Überspannungen		

Verbraucheranlage führen. Die Theorie zu dem Thema wird im Kapitel 5 „Oberschwingungen" ausführlich behandelt.

Mit den o. g. Problemen müssen sich drei Gruppen befassen:

- Die erste Gruppe bilden Betreiber von Geräten, die Oberschwingungen in das Netz zurückspeisen. Verantwortlich für die Oberschwingungen sind beispielsweise Energiesparlampen, Netzteile von Computern, USV-Anlagen, Dimmer, regelbare Gleichstromantriebe und Frequenzumrichter.

2.1 Oberschwingungen und Spannungsschwankungen

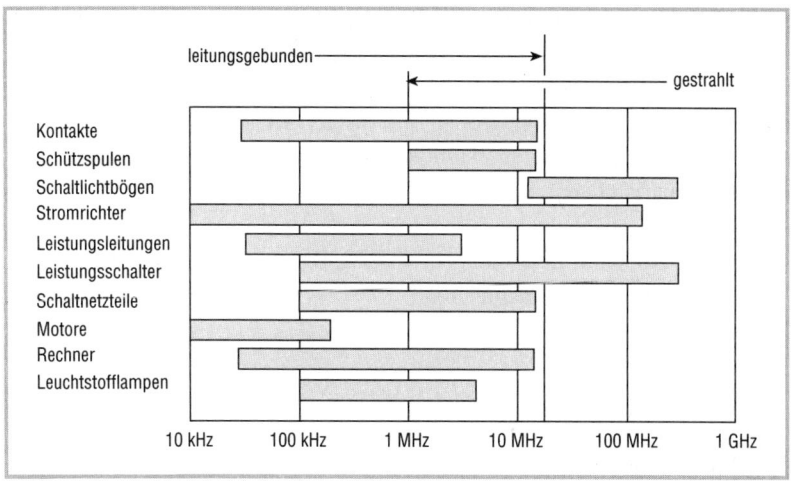

Bild 2.3 *Frequenzspektrum*

- Zur zweiten Gruppe gehören Betreiber von Geräten, die auf Oberschwingungen empfindlich reagieren und deshalb eine Mindestqualität der Netzspannung verlangen, beispielsweise Computer, SPS, Blindstromkompensationsanlagen, Rundsteueranlagen (diese Interessengruppe kann, muss jedoch nicht mit der erstgenannten identisch sein).
- Als dritte Interessengruppe sind die Netzbetreiber (NB) zu sehen. Da die NBs üblicherweise nicht Verursacher der o. g. Störgrößen, als Lieferanten jedoch für die Qualität der Netzspannung verantwortlich sind, muss auch von dieser Seite aus von einem hohen Interesse an „sauberen Netzen" ausgegangen werden.

2.1.1 Störungen durch Oberschwingungen

Oberschwingungen entstehen grundsätzlich bei Verbrauchern mit nichtlinearer Stromaufnahme (VdS-Richtlinien 2349 „Störungsarme Elektroinstallation"). Lineare Stromaufnahme bedeutet, dass bei sinusförmiger Netzspannung auch ein sinusförmiger Strom (mehr oder weniger phasenverschoben) zum Verbraucher fließt. Treten beim Strom dagegen Verzerrungen gegenüber der Sinusform auf, ist er beispielsweise rechteck- oder impulsförmig, so spricht man von einem *nichtlinearen Verbraucher.*

Nichtlineare Verbraucher sind vor allem elektrische Geräte mit Gleichrichtertechnik (Schaltnetzteile). Sie bestehen aus Schaltungen mit elektroni-

schen Bauteilen. Die Eingangsschaltung solcher Geräte wird häufig durch einen Brückengleichrichter mit kapazitiver Glättung gebildet. Derartige Schaltungen entnehmen dem Netz impulsförmige Ströme (**Bild 2.4**).
Solche Geräte werden in großen Stückzahlen eingesetzt, z. B. in

- elektronischen Vorschaltgeräten in Leuchten und Lichtregelanlagen,
- Energiesparlampen,
- Dimmern,
- Schaltnetzteilen in EDV-Anlagen, wie PC, Drucker, Scanner, Anlagen für Telefon, Audio- und Videotechnik,
- Kopiergeräten,
- Ladegeräten,
- Kleinschweißgeräten,
- Systemteilen von Prozess- oder Gebäudeleittechniken,
- Frequenzumrichtern.

Oberschwingungsströme verfügen über ein breites EM-Störpotential. Die nachfolgend aufgeführten Störpotentiale werden hier kurz beschrieben:

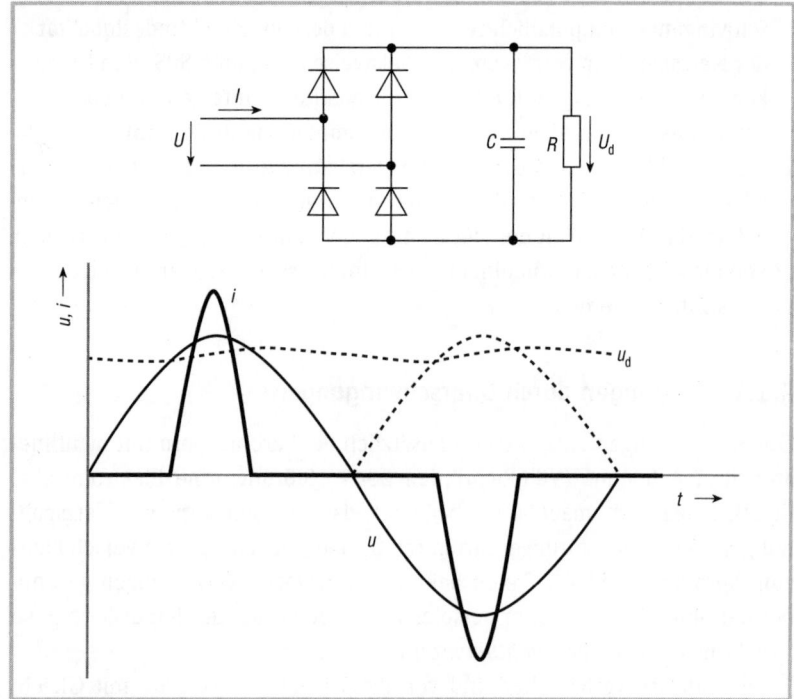

Bild 2.4 *Gleichrichterschaltung mit kapazitiver Glättung*

■ **Verzerrung von Strom und Spannung**
Durch Überlagerung der sinusförmigen Grundschwingung mit sinusförmigen Oberschwingungen unterschiedlicher Frequenz und Phasenlage zur Grundschwingung kommt es zu Verzerrungen (**Bild 2.5**).

■ **Beeinflussung von Drehfeldern**
Probleme mit der EMV entstehen auch durch die unterschiedlichen Drehrichtungen der Oberschwingungen. Das 50-Hz-Drehstromnetz hat bei richtiger Reihenfolge der Außenleiter (L1, L2, L3) ein rechts umlaufendes Drehfeld. Die Oberschwingungen der 5. und 11. Ordnung drehen **gegen** das Drehfeld der 50-Hz-Grundschwingung und bewirken somit eine Abschwächung des Drehfeldes für einen Asynchronmotor. Dies hat zur Folge, dass das Drehmoment des Motors reduziert wird. Der Motor nimmt einen höheren Strom auf und erwärmt sich. Andere Oberschwingungen drehen zwar in gleicher Richtung wie die Grundschwingung, jedoch mit einer höheren Drehzahl – dies lässt den Motor unruhig laufen und erhöht die Verluste.

■ **Erhöhung des Stromes im Neutralleiter**
Die Oberschwingungsströme, die mit dem Drehfeld der Grundschwingung drehen, und solche, die ein entgegengesetztes Drehfeld erzeugen, heben sich bei gleichmäßiger Lastverteilung im Sternpunkt auf, fließen daher nicht im Neutralleiter. Die Außenleiterströme z. B. der 3. harmonischen Oberschwingung (150-Hz-Nullsystem) bilden hingegen überhaupt kein Drehfeld und addieren sich im Sternpunkt (**Bild 2.6**). Sie fließen daher in Summe über den Neutralleiter zur Spannungsquelle zurück. Der Anteil der 3. harmonischen Oberschwingung am Effektivstrom ist bei

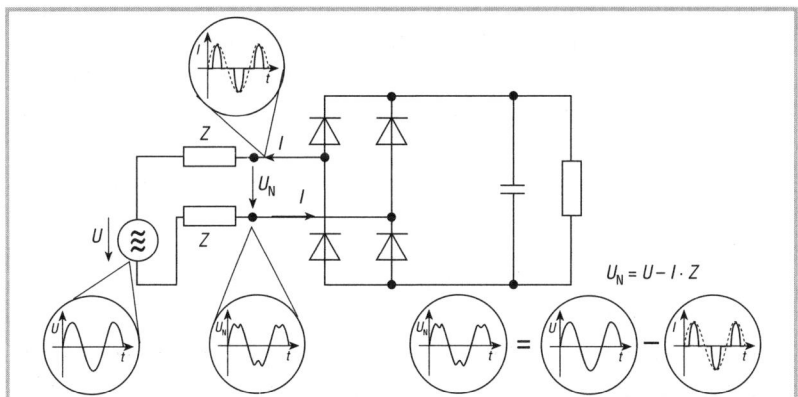

Bild 2.5 *Durch die 3. harmonische Oberschwingung verzerrte Netzspannung*

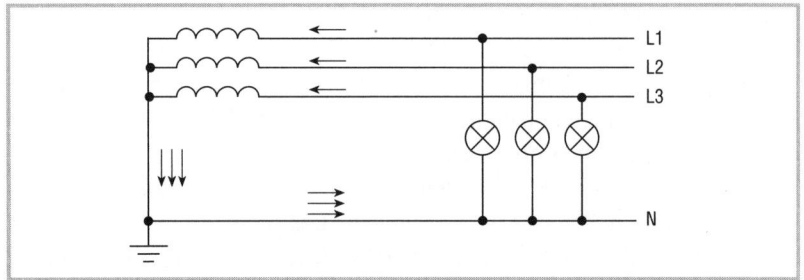

Bild 2.6 *Addition der Außenleiterströme der 3. harmonischen Oberschwingung im Neutralleiter*

Netzteilen mit kapazitiver Glättung und bei Leuchten mit elektronischen Vorschaltgeräten so groß, dass trotz gleichmäßiger Lastverteilung auf die drei Außenleiter dieser resultierende Neutralleiterstrom größer wird als der Außenleiterstrom. Dafür ist der Neutralleiter häufig nicht ausgelegt – und das kann Folgen haben. Genaueres zur Theorie wird im Kapitel 5 „Oberschwingungen" gesagt.

▌ **Erhöhung des Scheitelwertes von Strom und Spannung**
Maßgeblich dafür verantwortlich, dass sich die Scheitelwerte von Strom und Spannung erhöhen, sind die Oberschwingungen der niedrigen Ordnungszahlen (bis zur 9. Ordnung). Die Theorie und die möglichen Folgen für die elektrische Anlage, Geräte und Betriebsmittel werden im Kapitel 5 „Oberschwingungen" ausführlich behandelt. Das **Bild 2.7** zeigt Oberschwingungsströme der 3., 5. und 7. Harmonischen und deren Resultierende nach Addition der einzelnen Oberschwingungsströme.

▌ **Erhöhung der Leistungsverluste und der Blindleistung im Netz**
In Installationen und den elektrischen Betriebsmitteln verursachen Oberschwingungen zusätzliche Leistungs- und Blindleistungsverluste. Verantwortlich dafür sind die verzerrten Ströme und Spannungen. Wirkleistungsbildend sind nur die Oberschwingungen aus Strom und Spannung, die gleichfrequent und phasengleich sind.

▌ **Anregung von hohen Strömen und Spannungen durch Resonanzkreisbildung**
Die Impedanz des Netzes besteht aus ohmschen, induktiven und kapazitiven Widerständen. Wie im **Bild 2.8** dargestellt, sind dies Widerstände mit unterschiedlichem Verhalten bei sich ändernder Frequenz. Der ohmsche Anteil ist frequenzunabhängig angenommen. Bei einer bestimmten Frequenz f_r (der *Resonanzfrequenz*) sind der kapazitive und der induktive Widerstand gleich groß. Für bestimmte Oberschwingungsströme kann

2.1 Oberschwingungen und Spannungsschwankungen

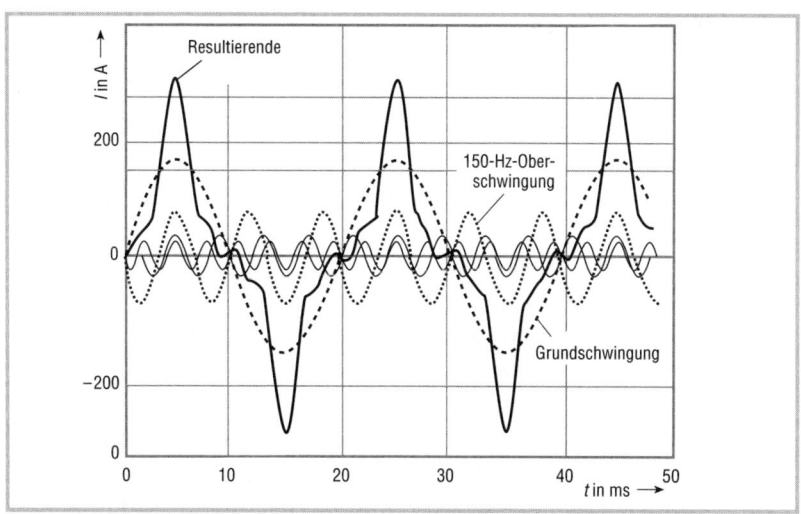

Bild 2.7 *Oberschwingungsströme eines aktiven Leiters*
Die „Resultierende" ist die Summe aller Oberschwingungen und der Grundschwingung.

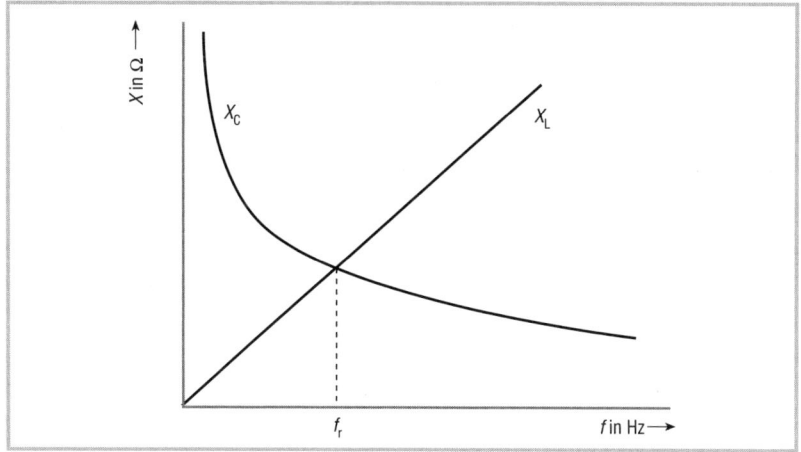

Bild 2.8 *Verhalten von induktiven und kapazitiven Widerständen bei unterschiedlichen Frequenzen*

es aus diesem Grund dazu kommen, dass X_L und X_C den gleichen Betrag aufweisen. Hier entsteht auf diese Weise ein Schwingkreis (Reihen- bzw. Parallelschwingkreis), der durch die beteiligten Oberschwingungen erregt wird bzw. bleibt. Welche Auswirkungen das für die elektrische Anlage haben kann, wird im Abschnitt 5.3.1 näher erläutert.

▌ **Störungen von Einrichtungen zur Übertragung von Rundsteuersignalen**
Zwischen den Oberschwingungen in der Netzspannung und den Einrichtungen zur Übertragung von Rundsteuersignalen, z.B. für die Umschaltung von Hochtarif auf Niedrigtarif für das Laden von elektrischen Speicheröfen, bestehen Wechselwirkungen. Liegen die Frequenzen der Oberschwingungsströme in der Nähe der Frequenz von Rundsteuersignalen, so können die Empfänger der Rundsteuersignale gestört werden. Die Rundsteuersignale werden entweder verstärkt (Parallelschwingkreis) oder geschwächt (Reihenschwingkreis) und somit verfälscht.

▌ **Verfälschung von Messwerten**
Oberschwingungen sind höherfrequente Schwingungen und können daher nur mit Messgeräten gemessen werden, die für derartige Frequenzen ausgelegt sind. Für die Messung z.B. von Strom und Spannung in einem Netz mit Oberschwingungen ist es daher erforderlich, Echteffektivwert-Messgeräte (TRMS) einzusetzen (s. Abschnitt 7.6).

Zum Abschluss sei noch gesagt, dass ab einer Frequenz von 2 kHz die Oberschwingungen bezüglich ihrer Wirkung auf die Netzbetriebsmittel eine zunehmend geringe Rolle spielen. Bei höheren Frequenzen wirken sie als Funkstörgrößen auf den Funkempfang.

2.1.2 Spannungsschwankungen

Spannungsschwankungen können durch Zu- oder Abschaltung leistungsstarker Verbrauchsmittel entstehen. Diese sind beispielsweise
▌ gesteuerte bzw. geregelte Heizungssteuerungen (eventuell mittels Schwingungspaketsteuerungen),
▌ gesteuerte Stromrichterschaltungen,
▌ Schweißgeräte,
▌ Käfigläufermotoren größerer Leistung bei Direktanlauf.

Als besonders störend werden vom Menschen periodische, kurzzeitige Spannungsschwankungen, die zu Helligkeitsschwankungen in Beleuchtungsanlagen führen, empfunden. Man bezeichnet diese Helligkeitsschwankungen als *Flickerstörungen* (**Bild 2.9**).

Flicker werden mit einem Flickermeter gemessen. Dieses Messgerät berücksichtigt die Wirkungskette Spannungsänderung → Leuchtdichteschwankung → Auge → Gehirn. In VDE 0846-0 (sowie VDE 0838-3) wird zwischen Kurzzeit- und Langzeit-Flickerstärke unterschieden. Die Beobach-

2.1 Oberschwingungen und Spannungsschwankungen

tungsdauer einer Kurzzeitmessung beträgt 12 min. Bei einer Langzeitmessung berechnet sich die Beobachtungszeit nach einer Formel, welche die Störwirkung von Verbrauchern mit zufälligem Lastverhalten berücksichtigt.

Im **Bild 2.10** sind die Grenzwerte gemäß EN 61000-2-2 (VDE 0839-2-2) und EN 61000-3-3 (VDE 0838-3) für sprunghafte Spannungsänderungen und Flicker dargestellt. Die Grenzkurve zeigt den Verlauf der Amplitude für die höchste zulässige prozentuale Spannungsänderung $\Delta U/U$ (mathematisch genauer: dU/U) (in %) als Funktion der Anzahl der Spannungsände-

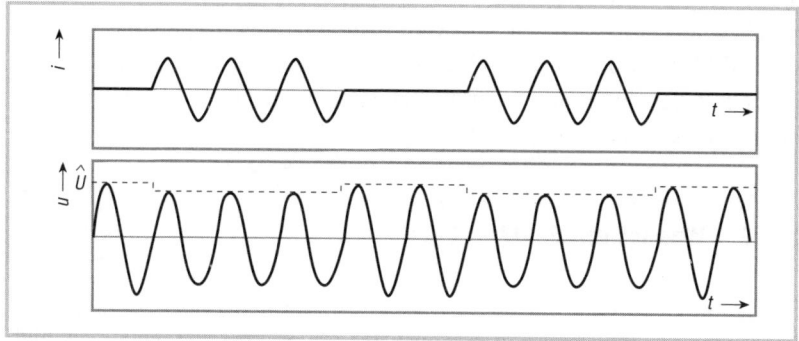

Bild 2.9 *Flickerstörungen (zu sehen im Liniendiagramm oben) infolge einer Schwingungspaketsteuerung (zu sehen im Liniendiagramm unten)*

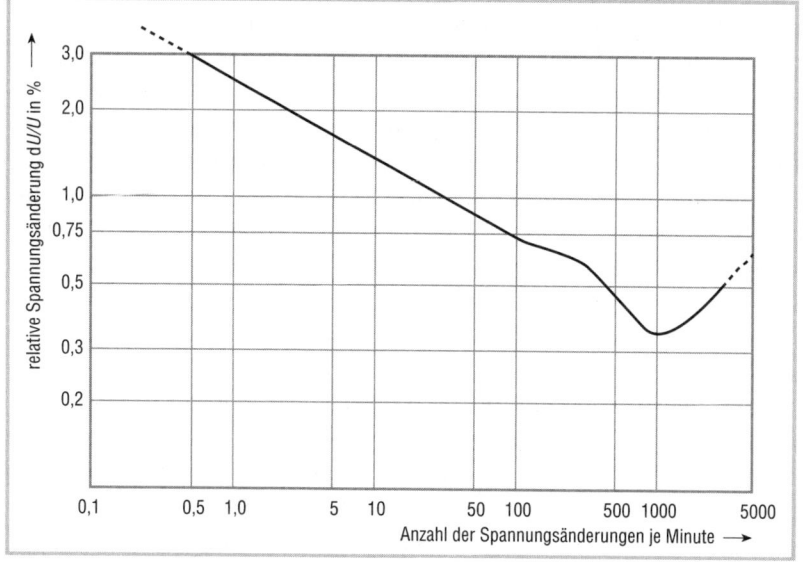

Bild 2.10 *Sprunghafte Spannungsänderungen und Flicker*

rungen je Minute. Der Grenzwert beschreibt die zulässige relative Spannungsänderung an den Anschlüssen eines Prüflings zwischen Außenleiter und Neutralleiter (Glühlampe 230 V / 60 W).

2.2 Magnetische und elektrische Felder

Was genau die Begriffe „elektrisches Feld" oder „magnetisches Feld" bedeuten, ist zwar wissenschaftlich exakt definiert, aber häufig für den Praktiker ziemlich unanschaulich. Für die Wahrnehmung elektrischer und magnetischer Felder besitzt der Mensch kein direktes Sinnesorgan. Man muss sich daher mit den Erfahrungen auseinandersetzen, die über Messungen oder Experimente gesammelt wurden.

2.2.1 Was ist ein Feld?

In der Physik werden mit dem Begriff „Feld" Zustände und Wirkungen im Raum beschrieben. Typische Beispiele für ein elektrisches Feld sind Bildschirme von Fernsehgeräten oder „elektrisch geladene" Kunststoffe, die den Staub anziehen. Ein bekanntes Beispiel für ein magnetisches Feld ist die Ausrichtung der Kompassnadel in Nord-Süd-Richtung.

Ein wesentlicher Erklärungsansatz für die Entstehung und Wirkung solcher Felder findet sich in der Theorie vom Elektromagnetismus, die weitgehend von Maxwell im 19. Jahrhundert entwickelt wurde (Maxwell'sche Gleichungen). Diese Theorie geht von der Beobachtung aus, dass zwischen elektrischen Ladungen eine Kraft wirkt, also Ladungen sich gegenseitig beeinflussen. Maxwell gelang es, elektrische und magnetische Erscheinungen so miteinander zu verknüpfen, dass eine genaue Bestimmung der Stärke und Richtung dieser Kraft möglich ist.

Es gibt zwei Formen dieser Kraft: die elektrostatische und die magnetische Kraft.

Die *elektrostatische Kraft* geht von ruhenden elektrischen Ladungen aus. Die *magnetische Kraft* tritt beispielsweise auf, wenn sich Ladungen bewegen, etwa Elektronen in einem elektrischen Leiter. Um diese Kräfte und ihre räumliche Verteilung darzustellen, haben Physiker den Begriff „Feld" geprägt. Felder können durch die schematische Darstellung ihrer Wirkungslinien anschaulich gemacht werden.

2.2.2 Magnetisches Feld

Magnetfelder entstehen bei der Bewegung elektrischer Ladungen, also dann, wenn ein elektrischer Strom fließt. Die Kraftwirkung des Feldes wird üblicherweise durch *Feldlinien* angegeben, die die Richtung und den Verlauf der Kräfte kennzeichnen (**Bild 2.11**). Die Stärke des Feldes wird durch die Dichte der Feldlinien veranschaulicht – je mehr Feldlinien pro Fläche, umso größer die Kraftwirkung des Feldes.

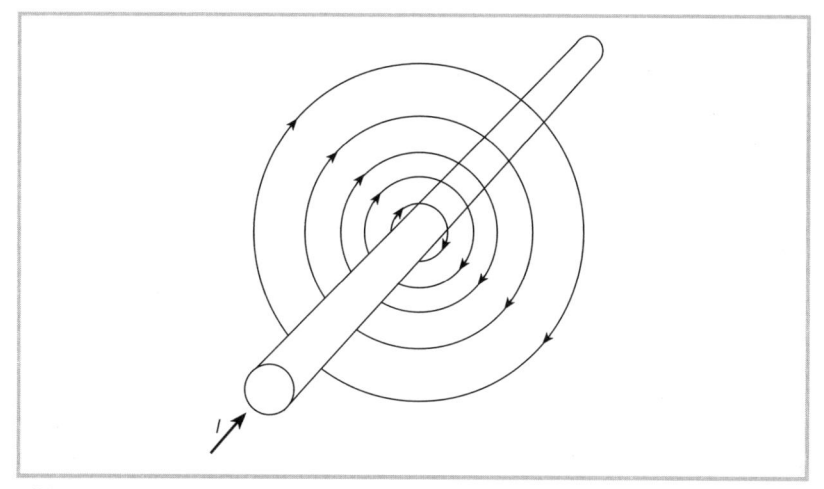

Bild 2.11 *Darstellung eines magnetischen Feldes*

Magnetischer Fluss
Magnetische Felder werden durch den magnetischen Fluss beschrieben. Der magnetische Fluss kennzeichnet die Gesamtheit aller Feldlinien bzw. die Gesamtheit der Kräfte des magnetischen Feldes. Das Formelzeichen für den magnetischen Fluss ist Φ, die Einheit ist Voltsekunde (Vs) oder Weber (Wb): $1\,\text{Wb} = 1\,\text{Vs}$.

Magnetische Flussdichte
Die magnetische Flussdichte (auch *Induktion* genannt) ist ein Maß für die Dichte der Feldlinien. Je dichter die Feldlinien verlaufen, je konzentrierter die Kräfte des Feldes also sind, umso stärker ist die Wirkung des magnetischen Feldes. Die Flussdichte bezieht den magnetischen Fluss auf eine senkrecht zu den Feldlinien stehende Fläche. Das Formelzeichen für die magnetische Flussdichte ist B, die Einheit Tesla (T): $1\,\text{T} = 1\,\text{Vs/m}^2$.

$$B = \frac{\Phi}{A};$$

B magnetische Flussdichte in T = Vs/m^2,
Φ magnetischer Fluss in Vs = Wb,
A Fläche in m^2.

Da 1 T eine extrem große Flussdichte ist, sind in der Praxis mT = 10^{-3} T und µT = 10^{-6} T üblich.

Durchflutung

Jede bewegte elektrische Ladung hat ein Magnetfeld zur Folge. Die Durchflutung ist ein Maß für die Summe dieser am Aufbau des Magnetfeldes beteiligten Ladungen mit gleicher Bewegungsrichtung und damit ein Maß für die das Feld hervorrufenden Kräfte:

$$\Theta = I \cdot N;$$

Θ Durchflutung in A,
I elektrische Stromstärke in A,
N Anzahl der Windungen einer Spule, Einheit 1.

Magnetische Feldstärke

Die magnetische Feldstärke gibt an, über welche Länge sich die magnetische Kraft, die durch die Durchflutung entsteht, verteilen muss – wie lang also der Weg ist, den die Feldlinien, die durch die Durchflutung entstehen, nehmen. Je kürzer der Weg ist, umso höher ist die Wirkung der Durchflutung. Die magnetische Feldstärke wird nach folgender Formel berechnet:

$$H = \frac{\Theta}{l_m};$$

H magnetische Feldstärke in A/m,
Θ Durchflutung in A,
l_m mittlere Feldlinienlänge in m.

Die magnetische Feldstärke H ist ebenfalls ein Maß dafür, wie effektiv das magnetische Feld ist. Damit steht H in direkter Beziehung zu der magnetischen Flussdichte B. Zwischen H und B steht mathematisch lediglich ein Faktor, der vom Material abhängt, in dem sich das magnetische Feld aufbauen muss:

$$B = \mu_0 \cdot \mu_r \cdot H;$$

μ_0 magnetischeFeldkonstante in Vs/(A · m),
μ_r Permeabilitätszahl.

Selbstinduktion und Induktivität

Fließt durch eine Spule ein sich ändernder Strom, dann induziert das (von ihm erzeugte) sich ändernde Magnetfeld in dieser Spule wieder eine Spannung. Dieser Vorgang heißt *Selbstinduktion*. Die Selbstinduktionsspannung ist gegenüber der angelegten Spannung entgegengesetzt gerichtet. Dadurch wird insgesamt die Impedanz erhöht, denn zum sowieso vorhandenen ohmschen Widerstand kommt der induktive Blindwiderstand hinzu. Die Selbstinduktionsspannung kann wie folgt berechnet werden:

$$u_0 = -N \cdot \frac{\Delta \Phi}{\Delta t} \; ;$$

u_0 Selbstinduktionsspannung in V,
$\Delta \Phi$ Flussänderung in Vs,
Δt Zeit, in der die Flussänderung geschieht, in s,
N Anzahl der Windungen der Spule, Einheit 1.

Die in obiger Formel genannte Flussänderung $\Delta \Phi$ ist abhängig von der Stromänderung Δi des Stromes, der den magnetischen Fluss Φ hervorruft. Ebenso ist die entstehende Selbstinduktionsspannung nicht nur abhängig von der Windungszahl N, sondern auch von der Art der Spule (hat sie beispielsweise einen Eisenkern oder nicht – hier spielt die magnetische Permeabilität μ eine Rolle). Diese Abhängigkeit wird zusammengefasst in der *Induktivität L*. Sie hat die Einheit Henry (H): 1 H = Vs/A. Somit kann man die o.g. Formel wie folgt angeben:

$$u_0 = -L \cdot \frac{\Delta i}{\Delta t};$$

u_0 Selbstinduktionsspannung in V,
L Induktivität in H,
Δi Stromänderung in A,
Δt Zeit, in der die Stromänderung geschieht, in s.

Die Selbstinduktionsspannung ist letztlich dafür verantwortlich, dass beim Ausschalten induktiver Verbraucher oder auch bei raschen Stromänderungen hohe Überspannungen entstehen können (s. Abschnitt 2.4). Das liegt daran, dass die Wirkung (Induktionsspannung) stets der Ursache (magnetische Flussänderung oder Änderung des elektrischen Stromes – $\Delta \Phi$ oder Δi) *entgegengerichtet* ist. Je schneller die Änderung vor sich geht, umso stärker ist die Wirkung. Der Gegensatz zwischen Ursache und Wirkung wird durch das Minuszeichen in den Formeln deutlich gemacht. Bei den üblichen Berechnungen von Strom, Spannung und Impedanz innerhalb eines Stromkreises spielt dieses Minuszeichen keine Rolle mehr.

Im magnetischen Feld werden somit Kräfte wirksam, die bei der Induktion unter gewissen Bedingungen weitergeleitet werden können. Das heißt zugleich, dass im magnetischen Feld eine Energie gespeichert ist. Die *Energie* des magnetischen Feldes berechnet sich aus:

$$W = \frac{L}{2} \cdot I^2 ;$$

W magnetische Feldenergie in Ws,
L Induktivität in H,
I Stromstärke in A.

Verhalten einer Leitung bei höheren Frequenzen

Der Widerstand einer elektrischen Leitung (Doppelleitung oder Leiter gegen Nullpotential) setzt sich neben dem ohmschen Anteil auch aus einem induktiven und einem kapazitiven Anteil zusammen. Im Ersatzschaltbild (**Bild 2.12**) liegt die Induktivität in Reihe mit dem Wirkwiderstand und die Kapazität parallel zum Isolationswiderstand R_i der Leitung.

Bei niedrigen Frequenzen, z. B. 50 Hz, und kurzen Leitungsstrecken haben die induktiven und kapazitiven Größen nur einen geringen Einfluss. Bei hohen Frequenzen und bei großen Leitungsquerschnitten, bei denen R_i sehr klein ist, bestimmen sie praktisch die Leitungsimpedanz.

Diese Frequenzabhängigkeit wird an der Formel für den *induktiven Widerstand X_L* deutlich:

$$X_L = \omega \cdot L = 2 \cdot \pi \cdot f \cdot L.$$

Wie sehr der induktive Widerstand X_L einer Leitung von der Frequenz abhängt, zeigt das folgende Beispiel.

Beispiel:
Betrachtet wird eine Leitung mit einem *Induktivitätsbelag* (Induktivität/Länge) von 1 µH/m.
Bei f = 50 Hz ergibt sich

$$X_L = \frac{2 \cdot \pi \cdot 50}{s} \cdot \frac{10^{-6} \cdot \Omega \cdot s}{m} = 0{,}314 \, \frac{m\Omega}{m}$$

und bei f = 500 kHz

$$X_L = \frac{2 \cdot \pi \cdot 5 \cdot 10^5}{s} \cdot \frac{10^{-6} \cdot \Omega \cdot s}{m} = 3{,}14 \, \frac{\Omega}{m}.$$

Das ist der 10 000-fache Wert!

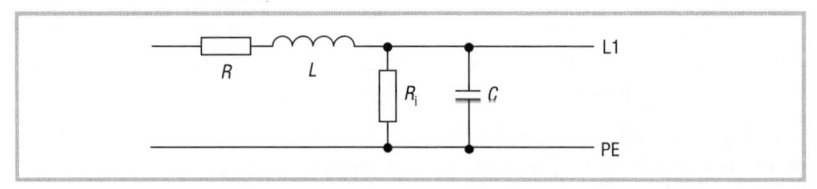

Bild 2.12 *Ersatzschaltbild einer zweiadrigen Leitung*

2.2 Magnetische und elektrische Felder

Der induktive Widerstand erhöht sich also proportional mit der Frequenz.
Neben der Frequenz ist die Induktivität L bestimmend für den induktiven Widerstand. Sie ist von der Leitungslänge und der Geometrie des Leiters abhängig. **Bild 2.13** soll dies verdeutlichen.

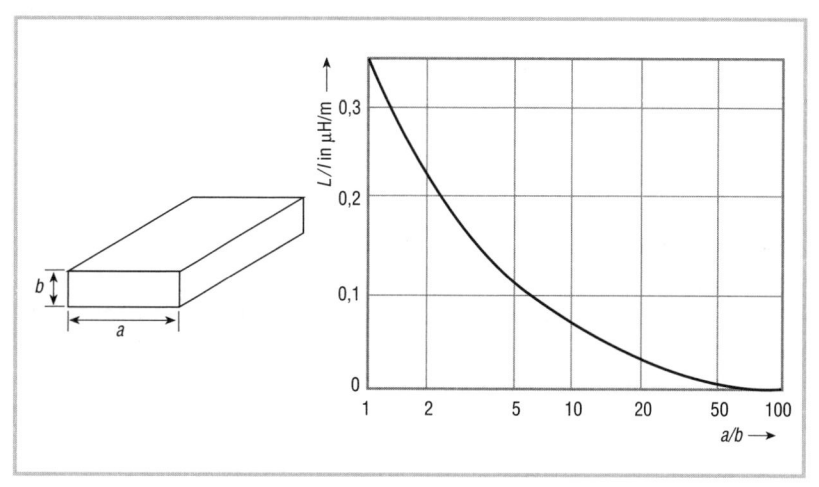

Bild 2.13 *Abhängigkeit der Induktivität L bzw. des Induktivitätsbelags L/l von der Geometrie bzw. den Abmessungen des Leiters*

Die auf die Länge l des Leiters bezogene Induktivität L wird *Induktivitätsbelag (L/l)* der Leitung genannt. Aus Bild 2.13 ist zu erkennen, dass die Induktivität L (bzw L/l) abnimmt, je flacher der Leiter ist. Bei einem Verhältnis $a/b = 1$ wäre der Querschnitt quadratisch. Diese Form käme einem Rundleiter bereits recht nahe. Ein Rundleiter hat die höchste Induktivität.

Beispiel:
Es wird ein Schutzleiterquerschnitt von 16 mm² gefordert. Für einen runden Draht kann man in der Regel von einem Induktivitätsbelag von 1 µH/m ausgehen. Bei einer Länge $l = 0,2$ m z. B. für einen Massedraht beträgt also $L = 0,2$ µH. Liegt die angenommene Störfrequenz bei 27 MHz, so errechnet sich die Impedanz des Massedrahtes zu $\omega \cdot L = 34 \, \Omega$.

Wird stattdessen ein flacher Leiter mit gleichem Querschnitt (16 mm²) verwendet, so ergibt sich für ein Verhältnis von $a/b = 7,5$ aus Bild 2.13 ein Induktivitätsbelag von 0,1 µH/m und bei einer Länge von 0,2 m für L ein Wert von 0,02 µH. Unter Annahme der gleichen Störfrequenz wie zuvor ergibt sich eine Impedanz von $\omega \cdot L = 3,4 \, \Omega$.

Induktionsarme Verbindungen lassen sich also mit kurzen Leiterlängen und noch besser mit kurzen und rechteckig-flachen Leitern realisieren.

2.2.3 Elektrisches Feld

Jede elektrische Ladung und damit jeder spannungsführende Leiter ist von einem elektrischen Feld umgeben. Dessen Stärke und Richtung lassen sich – wie beim magnetischen Feld – durch *Feldlinien* darstellen. Die elektrischen Feldlinien führen per Definition von einer positiven zu einer negativen Ladung. Dies ist ebenfalls der Weg, den ein beweglicher Ladungsträger nehmen würde. Die Dichte der Feldlinien ist ein Maß für die elektrische Feldstärke E.

Elektrische Feldstärke
Zwischen ebenen und parallel angeordneten leitenden Platten, zwischen denen eine Potentialdifferenz besteht, entsteht ein gleichförmiges oder *homogenes elektrisches* Feld (wenn von den Randgebieten abgesehen wird). Im homogenen elektrischen Feld verlaufen die Feldlinien parallel. Die Stärke des elektrischen Feldes (elektrische Feldstärke) ist abhängig von der anstehenden Spannung und von dem Abstand zwischen den beiden Platten (also im Grunde von der Länge der Feldlinien). Die elektrische Feldstärke E ist im homogenen Feld an jedem Ort gleich und lässt sich leicht berechnen:

$$E = \frac{U}{l} \; ;$$

E elektrische Feldstärke in V/m,
U Spannung zwischen den Platten in V,
l Abstand der Platten in m.

Bei *inhomogenen Feldern* (nichthomogenen Feldern) verlaufen die Feldlinien nicht mehr parallel (**Bild 2.14**). Inhomogene Felder entstehen beispielsweise auch zwischen zwei parallel verlaufenden Rundleitern oder zwischen einem Rundleiter und der parallel verlaufenden metallenen Kabelwanne.

Wie beim magnetischen Feld gibt die Dichte der Feldlinien Auskunft über die Dichte der Kraftwirkungen, die diese Feldlinien darstellen. Diese Dichte ist wiederum ein Maß für die Stärke des Feldes (Feldstärke). Weist eine der beteiligten Kondensatorflächen an der Oberfläche scharfe Kanten oder Spitzen auf, so bündeln sich die Feldlinien an diesen Stellen. Hier treten also besonders hohe Werte der elektrischen Feldstärke auf.

Befinden sich leitfähige Gegenstände, wie Metallgehäuse, Gebäude, Bäume, im Bereich des elektrischen Feldes, so beeinflussen sie das Feld, weil die Feldlinien in der Regel den Weg über diese Körper nehmen und so ab-

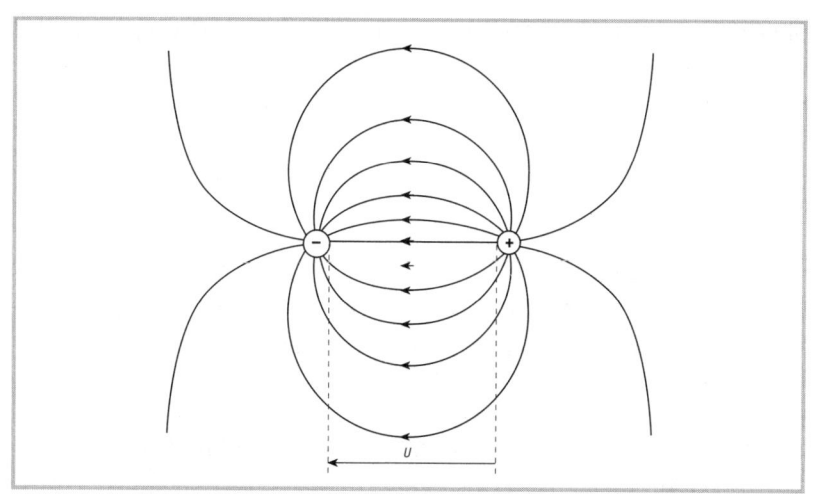

Bild 2.14 *Darstellung eines inhomogenen elektrischen Feldes*

gelenkt werden. Durch ein leitfähiges Gehäuse werden die Feldlinien auf diese Weise über das Gehäusematerial abgelenkt, so dass der Innenraum feldfrei bleibt *(Faraday'scher Käfig)*.

Durch eine leitfähige Umhüllung kann also ein elektrisches Feld abgeschirmt werden. Die Leitfähigkeit der meisten Baustoffe reicht aus, um ein von außen wirkendes elektrisches Feld im Innern eines Gebäudes auf vernachlässigbar kleine Werte zu reduzieren.

Kapazität des Kondensators

Stehen sich zwei leitfähige Materialien gegenüber, zwischen denen eine elektrische Spannung ansteht, so entsteht ein Kondensator. Am deutlichsten wird dies bei zwei parallelen Platten aus leitfähigem Material, zwischen denen eine Spannung ansteht und die durch eine Isolierschicht (Luft oder Isolationsmaterial), das *Dielektrikum*, getrennt sind.

Der Kondensator kann elektrische Ladungen speichern. Diese Fähigkeit bezeichnet man als *Kapazität*. Die Anzahl der so gespeicherten Ladungsträger Q ist umso höher, je höher die anstehende Spannung ist und je größer die *Kapazität*:

$$Q = C \cdot U;$$

Q gespeicherte Ladung in As,
U Spannung in V,
C Kapazität in Farad (F), 1 F = 1 As/V.

Die Größe der Kapazität C wiederum hängt ab von der Fläche, die an der Ladungsspeicherung beteiligt ist, dem Abstand der leitfähigen Teile voneinander und von der Art des Dielektrikums (Luft, Papier, Kunststoff, Keramik o. Ä.).

Da 1 F eine sehr große Kapazität ist, sind in der Praxis die Einheiten pF = 10^{-12} F, nF = 10^{-9} F und µF = 10^{-6} F üblich.

Lade- und Entladestrom

Da ein Kondensator elektrische Ladungen speichert, führt jede Spannungsänderung zu einer Änderung des Ladungszustandes. Ändert sich jedoch die Ladung, so bedeutet das, dass ein Strom fließt. Bei einer steigenden Spannung nimmt der Kondensator Ladungen auf, es fließt ein *Ladestrom*, und bei einer fallenden Spannung dementsprechend ein *Entladestrom*:

$$i_c = C \cdot \frac{\Delta u_c}{\Delta t} \ ;$$

i_c Augenblickswert des Stromes in A,
C Kapazität des Kondensators in F,
Δu_C Spannungsänderung am Kondensator in V,
Δt Zeit der Spannungsänderung in s.

Kondensator als Energiespeicher

Auch im elektrischen Feld eines Kondensators wird eine Energie gespeichert. Sie wird wie folgt berechnet:

$$W = \frac{C}{2} \cdot U^2 ;$$

W Energie in Ws,
U Spannung an den Belägen in V,
C Kapazität in F.

2.2.4 Natürliche Felder

Auch in der natürlichen Umwelt kommen elektrische und magnetische Felder vor. Es existiert das Erdmagnetfeld (Kompassnadel) sowie das bei Gewittern in Erscheinung tretende elektrische Feld (**Bild 2.15**).

Die Eigenschaften der natürlichen Felder unterscheiden sich jedoch von den meisten technischen Feldern. Das Erdmagnetfeld ist ein nahezu konstantes Gleichfeld, das seine Größe und Richtung nur geringfügig in langen Zeiträumen ändert. In Deutschland beträgt die Feldstärke etwa 36 A/m und die Flussdichte etwa 45 µT.

2.2 Magnetische und elektrische Felder

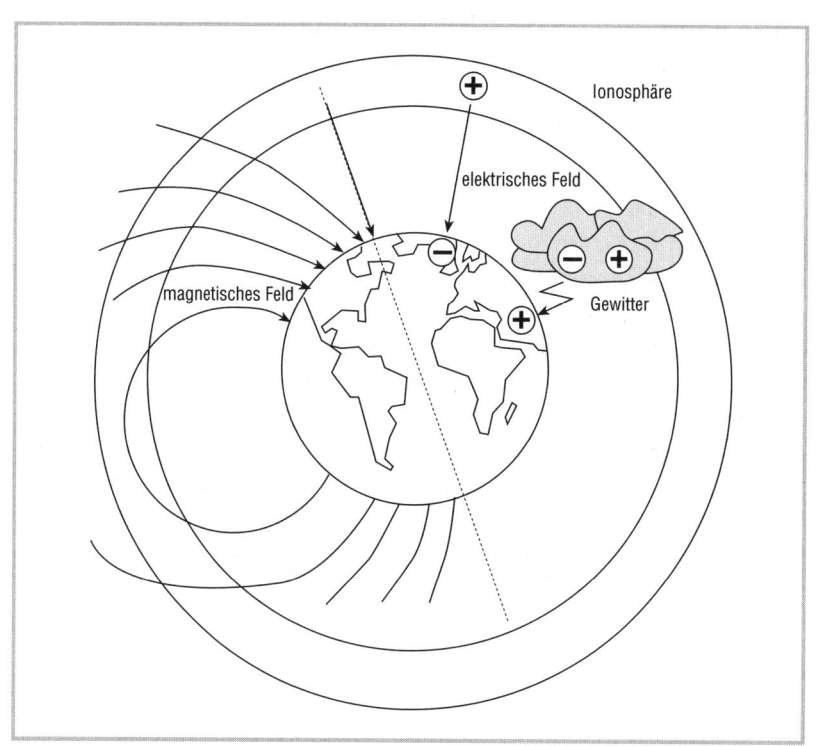

Bild 2.15 *Natürliche Felder*

An der Erdoberfläche herrscht ein elektrisches Gleichfeld. Seine Stärke wird durch die ionisierende Wirkung kosmischer Strahlung auf höhere Luftschichten (Ionosphäre) und durch Luftbewegungen in der Atmosphäre bestimmt. Die beiden Pole sind also Ionosphäre und Erde. Die elektrische Feldstärke beträgt maximal etwa 0,5 kV/m.

Unter Gewitterwolken kann das elektrische Feld auf ebenem Gelände auf 20 kV/m anwachsen. An den Spitzen von Türmen treten noch wesentlich höhere Feldstärken auf (Verdichtung der Feldlinien).

2.2.5 Technische Felder

Technische Einrichtungen benutzen meistens Wechselspannungen bzw. Wechselströme. Deshalb ändern die daraus resultierenden Felder periodisch ihre Richtung und Größe. Die Frequenz des technischen Wechselstromes beträgt in der Regel 50 Hz (50 Schwingungen pro Sekunde), in einigen außereuropäischen Ländern 60 Hz. Die Bahn verwendet 16 $^2/_3$ Hz. Es werden jedoch auch wesentlich höhere Frequenzen genutzt, beispielsweise Funkwellen oder Mikrowellen.

Das Spektrum der Felder reicht von Gleichfeldern (0 Hz) bei Gleichstromversorgung (die für Straßenbahnen und Elektrolyseanlagen wichtig ist) über niederfrequente Felder der Energietechnik und Funkwellen bis hin zur Röntgen- und Gammastrahlung im Frequenzbereich oberhalb von 10^{15} Hz. Alle diese Felder, natürliche und technische, gehören zum *elektromagnetischen Spektrum* (Bild 2.16). Das sichtbare Licht gehört genauso dazu wie das unsichtbare Infrarotlicht oder die sehr energiereiche Röntgen- und Gammastrahlung. Der Unterschied liegt außer in der Stärke der Felder vor allem in der Frequenz.

Im Hochfrequenzbereich treten elektrisches und magnetisches Feld gekoppelt auf, d. h., sie können dann nicht mehr unabhängig voneinander betrachtet werden. Deshalb ist im Hochfrequenzbereich, aber eben auch nur hier, der Ausdruck *elektromagnetisches Feld* zutreffend.

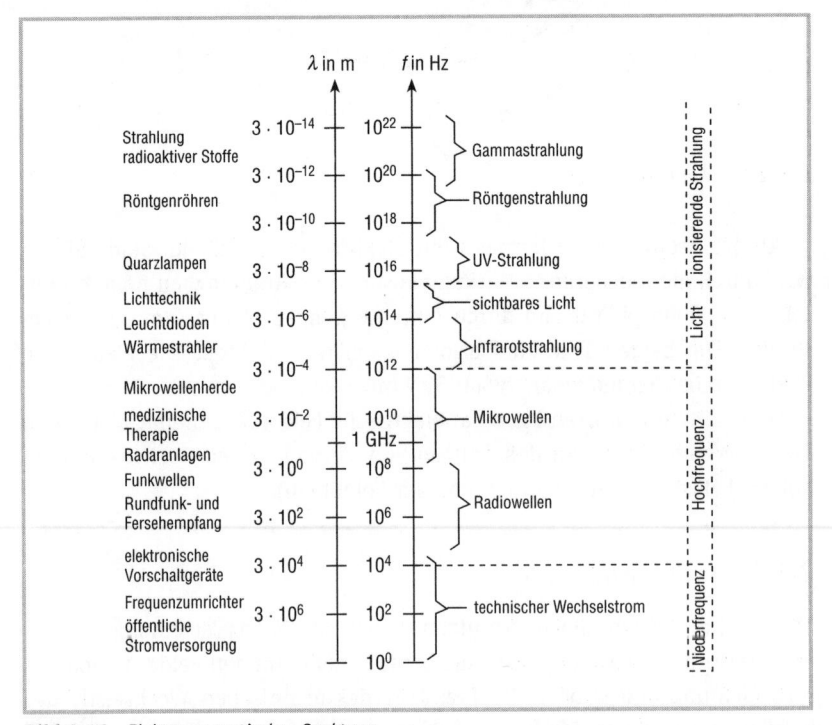

Bild 2.16 *Elektromagnetisches Spektrum*

Viele Stoffe absorbieren einen Teil der Energie von Hochfrequenzfeldern und erwärmen sich dabei. Dieser Effekt wird in Mikrowellenherden, Trockenöfen und in der medizinischen Therapie ausgenutzt. Bei Arbeiten in unmittelbarer Nähe von Fernsehsendern oder Radaranlagen können so starke Hochfrequenzfelder auftreten, dass für die Monteure Schutzmaßnahmen gegen zu starke Erwärmung getroffen werden müssen.

Niederfrequente Felder bilden sich nur in unmittelbarer Nähe spannungs- und stromführender Leiter aus. Sie können, da elektrisches und magnetisches Feld unabhängig voneinander sind, nicht „abgestrahlt" werden.

Für niederfrequente Felder gilt:
- Ursache des elektrischen Feldes ist die Spannung; niederfrequente elektrische Felder sind daher unabhängig von der Höhe des Stromes.
- Ursache des magnetischen Feldes ist der fließende Strom, niederfrequente magnetische Felder sind daher unabhängig von der Höhe der Spannung.

2.2.6 Felder im Bereich von Freileitungen

Um jeden stromführenden Leiter bilden sich ein elektrisches und ein magnetisches Feld. Bei Drehstromübertragungssystemen heben sich die elektrischen und magnetischen Felder zum Teil auf (in jedem Augenblick ist die Summe der Augenblickswerte der Außenleiterspannungen und -ströme null). Weil die aktiven Leiter jedoch nicht an einem Punkt zentriert verlaufen, sondern auf dem Mast in bestimmten Abständen voneinander montiert sind, bleibt stets ein Restfeld, das mit zunehmendem Abstand vom Mast kleiner wird.

Besonders interessant ist die Feldstärke in Bodennähe. Sie ist umso größer, je geringer der Abstand zu den feldverursachenden Freileitungen und je größer der Strom ist. Die Feldverhältnisse einer Leitung werden üblicherweise als Querprofil dargestellt. Das *Querprofil* wird immer dort ermittelt, wo die höchste Feldkonzentration herrscht, d. h. bei tiefstem Durchhang der Leiterseile.

Die Spannung einer Freileitung wird in engen Grenzen geregelt, sie schwankt kaum. Damit ist das elektrische Wechselfeld im Mittel nahezu konstant. Der Strom ist belastungsabhängig und je nach Tageszeit erheblichen Schwankungen ausgesetzt. Im gleichen Maße schwankt auch das Magnetfeld.

Für die Feldstärke am Erdboden sind bestimmend:
- die Spannung für das elektrische Feld,
- der Strom für das magnetische Feld,
- die Anzahl der Stromkreise und die Anordnung der Leiterseile und die Phasenfolge,
- die Höhe der Leiterseile über der Erde,
- der seitliche Abstand von der Leitungsachse.

Im **Bild 2.17** wird als Beispiel der Verlauf des magnetischen Feldes (magnetische Flussdichte B) in Bodennähe in Abhängigkeit vom Abstand zum Mast dargestellt. Die Feldverläufe bei den verschiedenen Spannungsebenen kommen dadurch zustande, dass die jeweiligen Maste unterschiedliche Höhen aufweisen und in der Regel auch verschiedene Mastformen (geometrische Anordnung der aktiven Leiter).

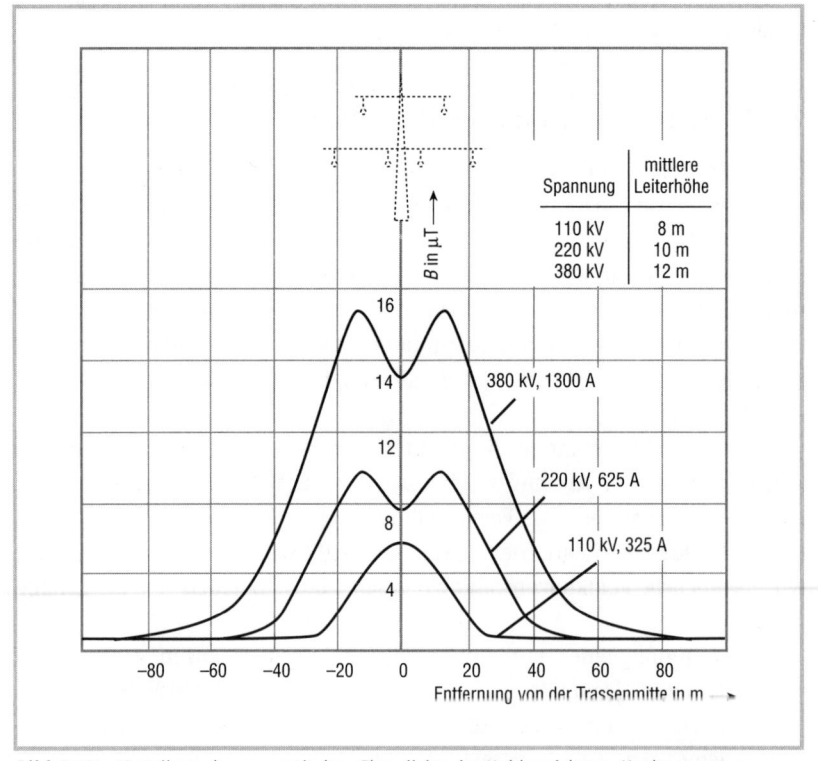

Spannung	mittlere Leiterhöhe
110 kV	8 m
220 kV	10 m
380 kV	12 m

Bild 2.17 *Verteilung der magnetischen Flussdichte im Nahbereich von Hochspannungsleitungen*

2.2.7 Felder im Bereich von Kabeln und elektrischen Betriebsmitteln

Bei den Niederspannungskabeln sind die drei Außenleiter eng verdrillt oder so angeordnet, dass sie mit einem zusätzlichen Neutralleiter die Form eines vierblättrigen Kleeblatts bilden. Die elektrischen Felder einer solchen Anordnung bleiben gering, da die Spannung der drei Leiter im Allgemeinen gut symmetriert und relativ niedrig ist. Nennenswerte Magnetfelder entstehen bei ungleichmäßiger Strombelastung der einzelnen Leiter insbesondere im TN-C-System (Näheres hierzu im Kapitel 4).

Ein Mittelspannungs- (üblicherweise 10 bis 30 kV) oder Hochspannungskabel (üblicherweise 110 bis 380 kV) besteht aus einem zentralen Leiter, der von einer oder mehreren elektrischen Isolierschichten umgeben ist. Ein leitfähiger Schutzmantel, der elektrisch geerdet wird, bildet die äußere Hülle. Wegen der metallenen Umhüllung des Kabels entsteht auch in der unmittelbaren Nähe kein elektrisches Feld.

Da sich niederfrequente magnetische Felder kaum abschirmen lassen, kommen jedoch in Abhängigkeit vom Kabeltyp, von der Art der Belastung und von der Art der Verlegung mehr oder weniger hohe Werte vor, die in der Regel höher liegen als bei vergleichbaren Freileitungen (**Bild 2.18**).

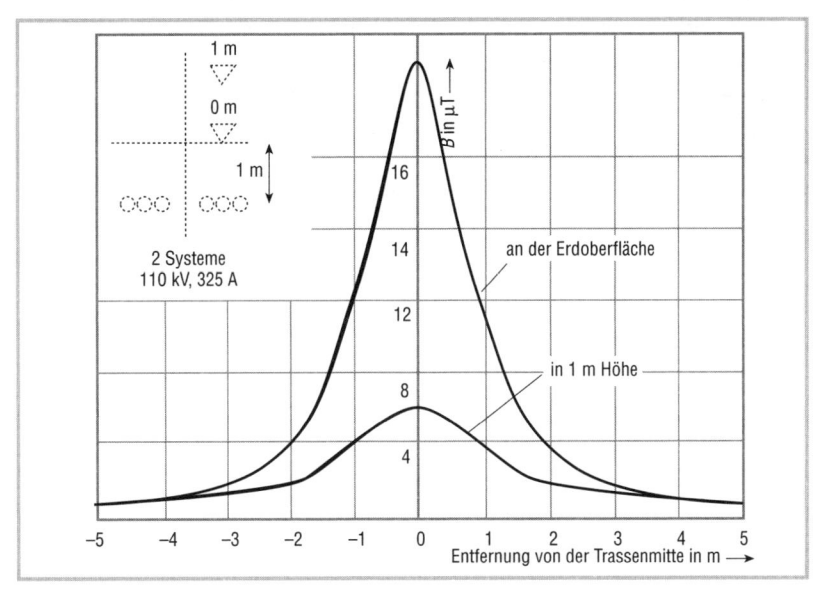

Bild 2.18 *Magnetische Flussdichteverteilung im Bereich von Hochspannungskabeln*

Eine ähnliche Betrachtung und ähnliche Werte erhält man bei Niederspannungs-Einleiterkabeln. Aber auch bei einem Mehrleiterkabel mit PEN-Leiter kommt es zu ähnlich hohen Werten für das magnetische Feld, da parallel zum PEN-Leiter immer auch Betriebsströme über den Potentialausgleich bzw. über leitfähige Teile des Gebäudes zur Spannungsquelle zurückfließen. Dadurch wirkt das Mehrleiterkabel wie ein Einleiterkabel (Näheres hierzu im Kapitel 4).

Für Felder im Bereich von Kabeln gilt:

- Die auftretenden elektrischen Felder sind gering.
- Bei **Einleiterkabeln** und bei **unsymmetrisch belasteten Mehrleiterkabeln mit PEN-Leiter** treten im Bereich von wenigen Metern relativ hohe Magnetfelder auf.

2.2.7.1 Berechnungsbeispiele und Messergebnisse

Betrachtet man die durch 50-Hz-Magnetfelder hervorgerufenen Störungen, so stellt man fest, dass Feldstärken zwischen 2 und 20 A/m unakzeptable Verzerrungen und Farbverfälschungen auf Monitoren hervorrufen können.

Erheblichen Einfluss auf die Feldstärke haben der Abstand von der Störquelle und die Leiteranordnung (**Tabellen 2.2** und **2.3**).

Die magnetische Feldstärke in einem Punkt P zwischen zwei stromdurchflossenen Leitern lässt sich berechnen. In **Tabelle 2.4** werden einige Berechnungsergebnisse beispielhaft dargestellt. Solche Leiteranordnungen findet man häufig in Schalt- und Verteilerschränken.

Tabelle 2.2 *Magnetische Feldstärke in Abhängigkeit vom Abstand beim Einphasensystem*
a Abstand der einzelnen Leiter voneinander
r Abstand des Messpunktes von den Leitern

Leiteranordnung	Stromstärke je Leiter in A	Magnetische Feldstärke in A/m für			
		$r = 1$ m	$r = 2$ m	$r = 4$ m	$r = 8$ m
● ⟵ r ⟶	500	80	40	20	10
⊗ ● ⟵ a=50 ⟶⟵ r ⟶	500	40	10	2,5	0,6
⊗● ⟵ r ⟶ *a* sehr klein	500	4	1	0,25	0,06

2.2 Magnetische und elektrische Felder

Tabelle 2.3 *Magnetische Feldstärke in Abhängigkeit vom Abstand beim Dreiphasensystem – Betrachtung zu verschiedenen Zeitpunkten innerhalb einer Periode der 50-Hz-Schwingung (t_1 und t_2)*
a Abstand der einzelnen Leiter voneinander
r Abstand des Messpunktes von den Leitern

Leiteranordnung	Stromstärke je Leiter in A	Magnetische Feldstärke in A/m für			
		$r = 1$ m	$r = 2$ m	$r = 4$ m	$r = 8$ m
t_1 ; $a = 10$ cm	$I_2 = 500$ $I_1 = I_3 = I_2/2$	−1	−0,1	−0,01	≈ 0
t_2 ; $a = 10$ cm	$I_2 = 0$ $I_1 = -I_3 = 433$	14	3,5	0,9	0,22
t_2 ; $a = 50$ cm	$I_2 = 0$ $I_1 = -I_3 = 433$	92	18,4	4,4	1,1

Tabelle 2.4 *Magnetische Feldstärke in einem Punkt P*

Wechselstromkreis mit 5 A	Magnetische Feldstärke in A/m im Punkt P
$a = 5$ cm	64
$a = 2,5$ mm	3,2

2.2.7.2 Bewertung der Beeinflussung durch Kabel und Leitungen

Betrachtet man die Tabellen 2.2 und 2.3, so wird deutlich, dass die magnetische Feldstärke H (und damit die magnetische Flussdichte B) in einem bestimmten Abstand umso kleiner ist, je dichter die Leiter eines Stromkreises zusammen gelegt sind und je größer der Abstand von der Störquelle ist (**Bild 2.19**).

Aus den Beispielen (s. Tabellen 2.2 und 2.3) und aus Bild 2.19 lassen sich folgende Aussagen ableiten:

Grundsätzlich ist die Höhe der magnetischen Flussdichte B abhängig

- vom Abstand r des Messpunkts zum Leiter, der das Magnetfeld erzeugt und
- von der jeweiligen Leiteranordnung.

Letzteres bedeutet:

- Bei der **Einleiteranordnung** sinkt die magnetische Feldstärke bei einer Verdopplung des Abstandes auf rund die Hälfte – das heißt, **die magnetische Feldstärke** nimmt mit $1/r$ ab.

Dies ist der Fall mit der **höchsten Beeinflussung**.

Eine solche Anordnung liegt beispielsweise in folgenden Fällen vor:
- Gebäudeteile (beispielsweise ein Metallrohr) werden zum stromführenden „Einleiterkabel", weil im Gebäude ein TN-C-System installiert wurde und dadurch Teilbetriebsströme über diese Gebäudeteile fließen.

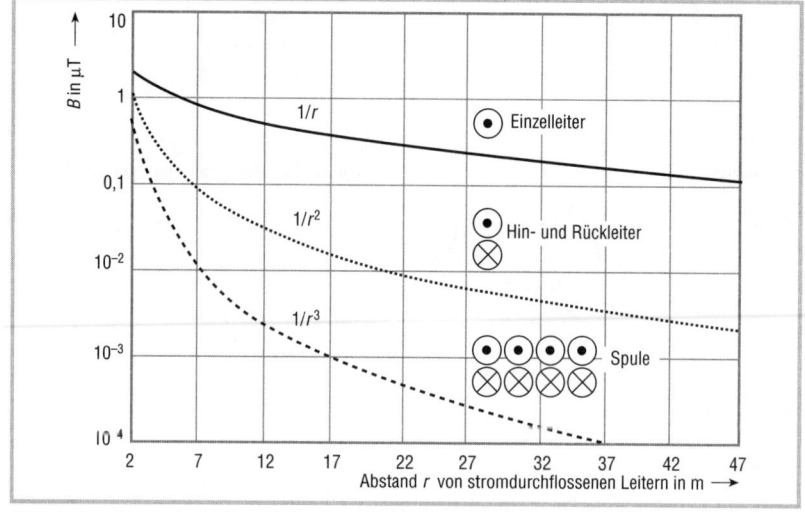

Bild 2.19 *Magnetische Flussdichte in Abhängigkeit von Quelle und Abstand (Strom I = 30 A)*

- Ein Mehrleiterkabel mit vier Leitern (einschließlich PEN-Leiter) wirkt wie ein Einleiterkabel, weil die Summe der Ströme im Kabel nicht mehr null ist, da Teilbetriebsströme über Gebäudeteile zurückfließen.

Im ersten Fall wirken die stromführenden Rohre als Einleiterkabel und im zweiten Fall das Mehrleiterkabel selbst (das hier in Summe wie ein Einleiterkabel wirkt).

- Bei Einphasen- und Dreiphasenleitungen, bei denen hin- und rückfließende Ströme gleich sind (Stromsumme ist null), sinkt die magnetische Feldstärke bei einer Verdopplung des Abstandes auf etwa ein Viertel, d. h., **die magnetische Feldstärke nimmt mit $1/r^2$ ab**.
- Bei Spulen, Transformatoren oder Motoren sinkt die magnetische Feldstärke bei einer Verdopplung des Abstandes auf ein Achtel, d. h., **die magnetische Feldstärke nimmt mit $1/r^3$ ab**.

Diese Überlegungen müssen bei der Standortplanung empfindlicher Geräte und Anlagen (beispielsweise informationstechnische Einrichtungen, Brandmeldeanlagen) stets berücksichtigt werden.

2.2.8 Felder im Bereich elektrischer Verbraucher

Elektrische Felder sind in diesem Bereich meistens zu vernachlässigen, da die auftretenden Spannungen gering sind. Magnetische Felder treten dagegen in unmittelbarer Nähe der Quellen mit relativ hohen Feldstärken auf.

Quellen magnetischer Felder sind beispielsweise Leuchten, insbesondere an Freileitungen hängende Halogenlampen (hoher Strom!), aber auch Haartrockner, Bügeleisen, Elektroherde, Fernsehgeräte, Monitore und Durchlauferhitzer.

Beispielsweise ergab eine Messung in der Nähe der Leitungen von Niedervolt-Halogenlampen ($P = 6 \cdot 35\,W$, $I = 17{,}5\,A$) im Abstand von 10 cm Flussdichten von 40 µT.

Im Abstand von 20 cm betrug der gemessene Wert noch 8...10 µT, während er in 1,5 m Abstand unter 1 µT lag.

Leistungsstarke Geräte erzeugen aufgrund der hohen Betriebsströme starke Magnetfelder, jedoch nur in unmittelbarer Nähe der Geräte. Diese Magnetfelder sind theoretisch nicht zu bestimmen, sondern können nur messtechnisch ermittelt werden (**Bild 2.20**).

Abstand 1 cm
bis 200 µT

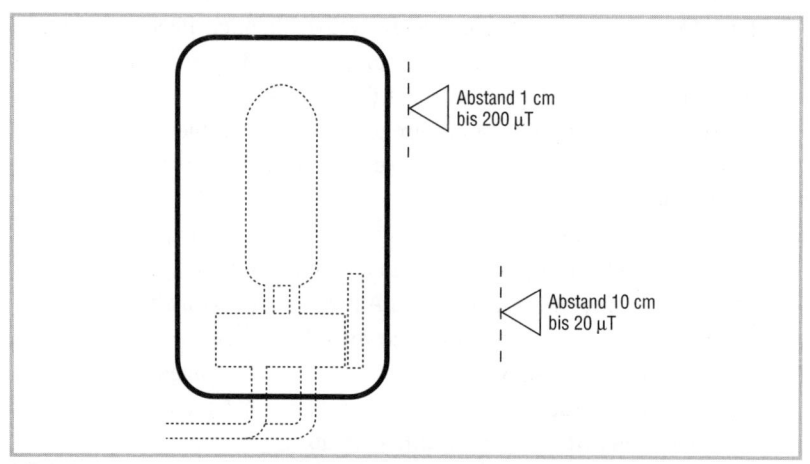

Abstand 10 cm
bis 20 µT

Bild 2.20 *Messung der magnetischen Flussdichten B an einem Durchlauferhitzer*

2.3 Entladung statischer Elektrizität (ESD)

ESD heißt electrostatic discharge = Entladung statischer Elektrizität. Das Phänomen der elektrostatischen Aufladung von Menschen oder Materialien ist seit langem bekannt und wird bereits in den Anfängen des Physikunterrichts mit anschaulichen Versuchen demonstriert, z. B. durch das Reiben eines Tuches an einem Isolierstab. Bei ungünstiger Materialkombination und geringer Luftfeuchtigkeit können Spannungen bis zu 30 kV festgestellt werden (**Bild 2.21**).

Das ESD-Phänomen hat zwei wesentliche Auswirkungen:
- **Zerstörung** elektronischer Bauelemente und Baugruppen,
- **Funktionsstörungen** elektronischer Geräte und Systeme
während des Betriebes.

Bezüglich der Zerstörung von Bauelementen sind in letzter Zeit wesentliche Fortschritte erreicht worden. Das Erstellen von EGB-Richtlinien (elektronische geschützte Bauelemente), das Ausrüsten der Arbeitsplätze mit Schutzmaßnahmen (Handschellen, antistatische Beläge) hat zu einer verbesserten Qualität und zu reduzierten Ausfallraten geführt.

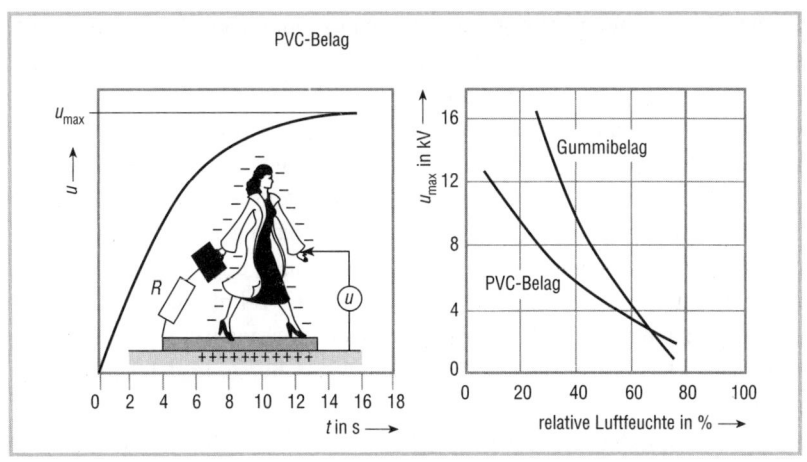

Bild 2.21 *Prinzip der elektrostatischen Aufladung*

2.4 Überspannungen infolge von Schalthandlungen

Bei Schaltvorgängen mit mechanischen Kontakten oder Halbleiterbauelementen treten immer schnelle Strom- bzw. Spannungsänderungen auf. Diese erzeugen Störgrößen, deren Einkopplung leitungsgebunden (induktiv oder kapazitiv) oder als Strahlung erfolgen kann.

Die mit Abstand größten und schwerwiegendsten Störgrößen entstehen beim **Abschalten induktiver Lasten (Bild 2.22)**. Das bedeutet, dass bei jedem Ausschalten eines Relais, Schützes oder Ventils extreme Störgrößen in Form von Überspannungen auftreten können. Die Überspannungen treten als Mehrfachimpulse *(Bursts)* in Erscheinung **(Bild 2.23)**.

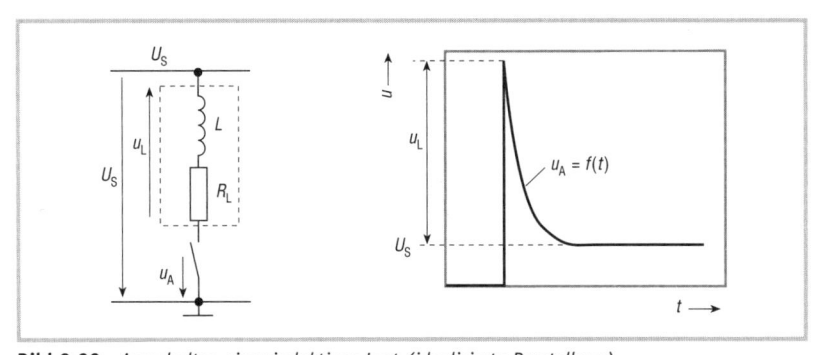

Bild 2.22 *Ausschalten einer induktiven Last (idealisierte Darstellung)*

Die Überspannung beim Ausschalten eines induktiven Verbrauchers entsteht ursächlich dadurch, dass der Strom innerhalb kürzester Zeit unterbrochen wird. Über den sich öffnenden Kontakt kommt es infolge der Induktivität der geschalteten Spule zu einem hohen Spannungsimpuls. Die dabei entstehende elektrische Feldstärke bewirkt einen Durchschlag über die Luftstrecke, und es tritt eine *Lichtbogenentladung* auf. Häufig wird die Lichtbogenstrecke mehrmals gezündet (Burst), bis die in der Spule gespeicherte Energie abgebaut ist (Bild 2.23). Bei Schütz- oder Relaisspulen sind Abschaltspannungen in der Größenordnung der zehnfachen Betätigungsspannung zu erwarten. Die maximale Spannungsanstiegsgeschwindigkeit kann dabei 1 kV/µs erreichen. Die Dauer eines Bursts liegt höchstens bei einigen ms.

Weitere Ursachen für Schaltüberspannungen in Niederspannungsnetzen können sein (s. auch Bilder 2.1 und 2.2):

▌ **Unbeabsichtigte Schalthandlungen**
Darunter fallen beispielsweise das Auslösen von Sicherungen oder Schutzschaltern oder Leitungsbruch. Auch in diesem Fall werden durch die raschen Stromänderungen Schaltüberspannungen (meist in Form von gedämpften Schwingungen) erzeugt, die ein Mehrfaches der Anlagenspannung betragen.

▌ **Betriebsbedingte Schalthandlungen**
Schaltüberspannungen können durch Bürstenfeuer von Motoren mit Kommutator oder Schleifringen und bei Kommutierungsvorgängen in Gleichrichtern entstehen.

▌ **Zu- oder Wegschalten von Lasten**
Schaltüberspannungen können auch durch plötzliches Belasten oder Entlasten von Maschinen und Transformatoren entstehen.

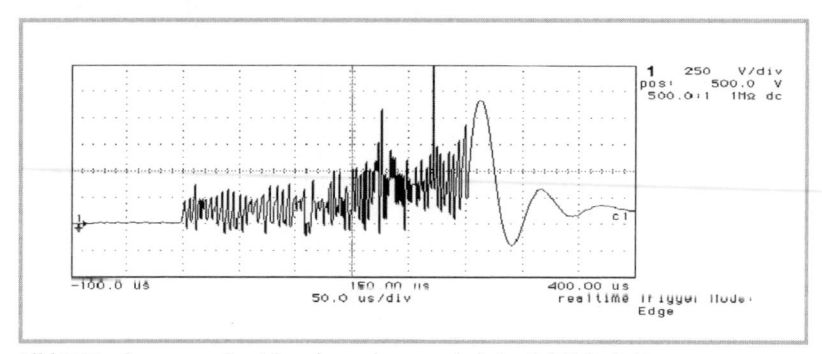

Bild 2.23 *Gemessener Burst-Impuls an einem geschalteten Schützkontakt*

▌ Trennen von leerlaufenden Leitungen

Werden leerlaufende lange Leitungen vom Netz getrennt, so ist die Leitungskapazität der abgeschalteten Leitung auf den Spannungswert der Netzspannung aufgeladen, der zum Zeitpunkt des Öffnens anstand. Dadurch entsteht schon nach wenigen ms eine große Spannungsdifferenz zwischen dem Netz und der abgeschalteten Leitung. Es kommt zu einem *Lichtbogen* des sich öffnenden Kontaktes. Über den leitenden Lichtbogen pendelt sich die Leitungsspannung auf den neuen Augenblickswert ein – der Lichtbogen erlischt wieder. Dieser Vorgang kann sich mehrmals wiederholen. Die dadurch entstehenden Schaltüberspannungen haben den Verlauf einer gedämpften Schwingung mit einer Frequenz von einigen 100 kHz.

2.5 Blitzschlag

2.5.1 Einleitung

Bei einem direkten Blitzeinschlag treten, hervorgerufen durch den hohen und sich schnell ändernden Blitzstrom, unterschiedliche Wirkungen auf. Das **Bild 2.24** zeigt den theoretischen Blitzstromverlauf (Prüfstromverlauf für Bauteile) mit den wichtigsten Parametern.

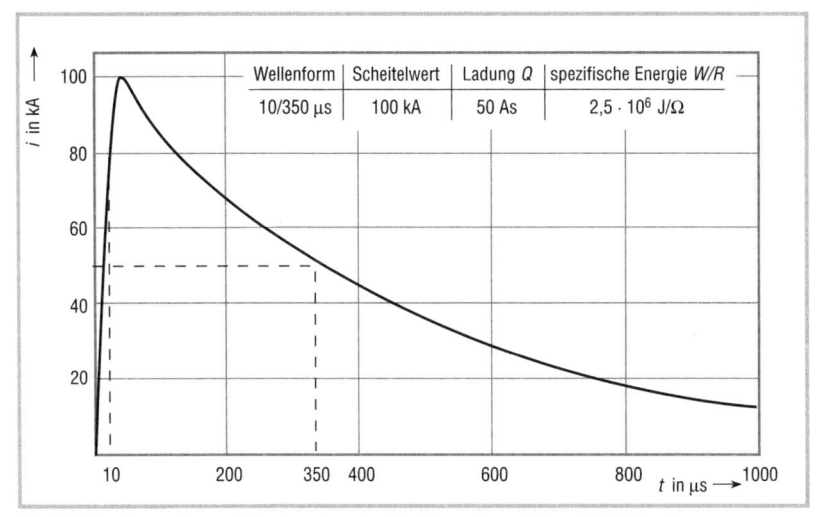

Wellenform	Scheitelwert	Ladung Q	spezifische Energie W/R
10/350 µs	100 kA	50 As	$2{,}5 \cdot 10^6$ J/Ω

Bild 2.24 *Theoretischer Blitzstromimpuls (Prüfstrom-Impulsform 10/350 µs)*

Als Folgeschäden treten bei einem direkten Einschlag häufig Brände durch Kurzschlusslichtbögen oder durch die Funkenbildung an hochohmigen Stromübergängen auf. Außerdem sind alle Geräte mit überwiegend elektronischen Bauelementen (EDV, Radio, Fernsehgeräte usw.) durch die entstehenden Überspannungsimpulse gefährdet.

Schlägt der Blitz nicht direkt, sondern in einiger Entfernung ein, oder handelt es sich um eine sog. Wolke-Wolke-Entladung, so können durch induktive Einkopplung gleichfalls Schäden an spannungsempfindlichen Geräten entstehen.

2.5.2 Potentialanhebung

Fließt bei einem direkten Einschlag der im **Bild 2.25** gezeigte Blitzstromimpuls über einen Ableiter mit einem angeschlossenen Erder, so entsteht zwischen dem Ableiter und der Erde eine sehr hohe Spannung.

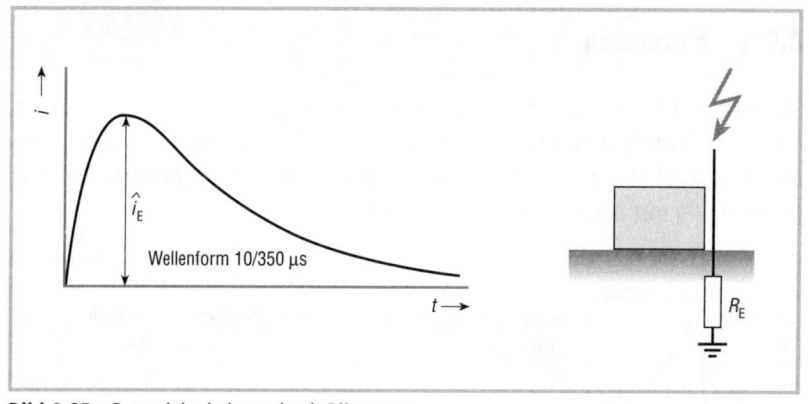

Bild 2.25 *Potentialanhebung durch Blitzstrom*

Beispiel:
gegeben: $R_E = 1\ \Omega$ Erderwiderstand
$\hat{\imath}_E = 100$ kA Blitzstrommaximum
gesucht: $\hat{u}_E$ Spannungsfall am Erder

$\hat{u}_E = \hat{\imath}_E \cdot R_E = 100\ \text{kA} \cdot 1\ \Omega = 100\ \text{kV}$

Diese Rechnung berücksichtigt nicht die Induktivität des Leiters (s. Abschnitt 2.5.4).

2.5.3 Induktionsspannungen in Leiterschleifen

Induktionsspannungen entstehen in Leiterschleifen (s. auch Kapitel 3), zum einen in eventuell vorhandenen Ableiterschleifen, zum anderen in Leiterschleifen, die sich im Einflussbereich des magnetischen Feldes, das durch den Blitzstrom entsteht, befinden. Das Bild **2.26** zeigt zwei Beispiele für verschiedene Leiterschleifen. Ausschlaggebend für die induzierten Spannungen ist die *Blitzstromsteilheit,* die in der Größenordnung 100 kA/µs liegt sowie die Abmessung der Induktionsschleife. Bei hohen Anforderungen an den Überspannungsschutz wird eine Steilheit von 200 kA/µs angenommen.

M^*	5 µH
Blitzstromsteilheit	100 kA/µs
Abmessungen der Installationsschleife	a = 10 m s = 1 m
Überspannung	$\hat{u}_s$ = 500 kV

Berechnung: $\hat{u}_s = M \cdot \dfrac{\Delta I}{\Delta t}$

$\dfrac{\Delta I}{\Delta t}$ Blitzstromsteilheit

M Gegeninduktivität der Leiterschleife

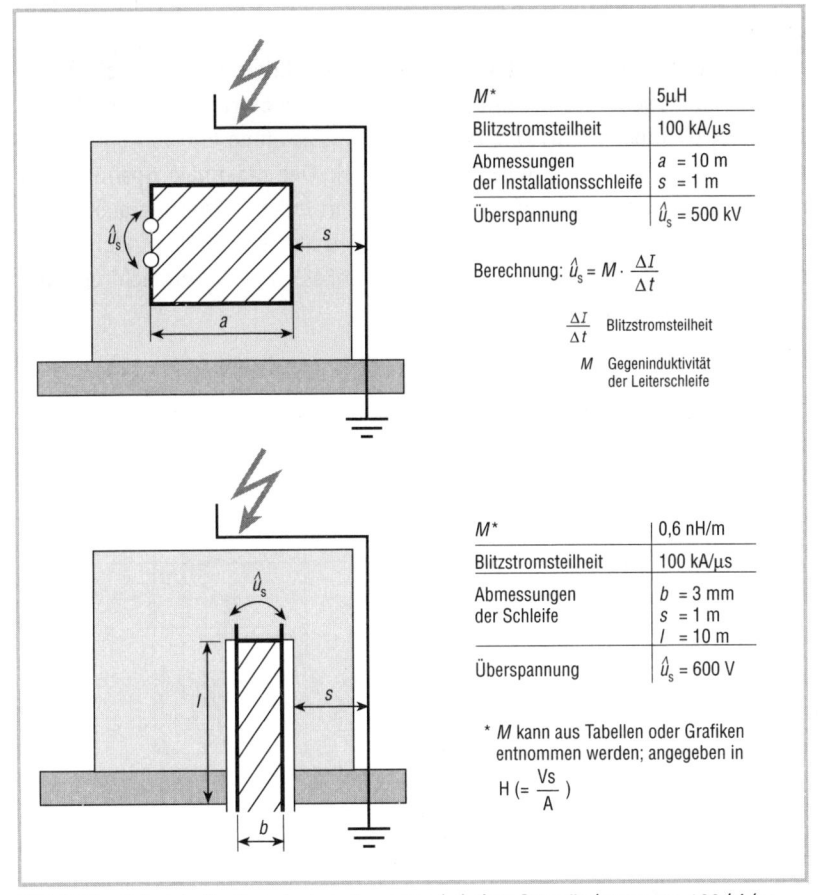

M^*	0,6 nH/m
Blitzstromsteilheit	100 kA/µs
Abmessungen der Schleife	b = 3 mm s = 1 m l = 10 m
Überspannung	$\hat{u}_s$ = 600 V

* M kann aus Tabellen oder Grafiken entnommen werden; angegeben in $H \; (= \dfrac{Vs}{A})$

Bild 2.26 *Beispiele für die induzierte Spannung bei einer Stromänderung von 100 kA/µs*

2.5.4 Induktiver Spannungsfall in einem Leiter

Zur Begrenzung von Überspannungen ist der Einsatz von *Blitzstrom-* und *Überspannungsableitern* erforderlich. Hierbei ist darauf zu achten, dass die Anschlussleitungen zu den Ableitern mit ihren phasen- und erdseitigen Anschlüssen so kurz wie möglich ausgeführt werden. Der induktive Spannungsfall kann bei zu langen Verbindungen zum Potentialausgleich die Eingänge der zu schützenden Geräte überlasten. Dies gilt sowohl für informationstechnische als auch für energietechnische Systeme und Geräte.

Als Beispiel für das energietechnische Netz zeigt das **Bild 2.27** den Anschluss von Blitzstromableitern im TN-C-S-System. Bei den Ableitern müssen die Anschlussleitungen grundsätzlich so kurz wie möglich ausgeführt werden.

Der Grund dafür ist die stets vorhandene Induktivität L eines Leiters. Sie ist zwar nicht sehr hoch, kann aber aufgrund der extrem schnellen Stromänderung (Stromsteilheit) von 100 bis 200 kA/µs einen enorm hohen Spannungsfall hervorrufen (s. folgendes Beispiel). Der maximale Spannungsfall u_{max} in den Anschlussleitungen ergibt sich in erster Näherung aus der Induktivität L der Leitungen und der maximalen Stromsteilheit (Änderungsgeschwindigkeit) $\Delta i / \Delta t$ (genauer: di/dt) des Stoßstromes. Vereinfacht gilt also

$$u_{max} = L \cdot (\Delta i / \Delta t)_{max};$$

u_{max} maximaler Spannungsfall in V oder kV,
L Induktivität der Leitung in H,
$(\Delta i / \Delta t)_{max}$ Stromsteilheit (Änderungsgeschwindigkeit) in A/s oder kA/µs.

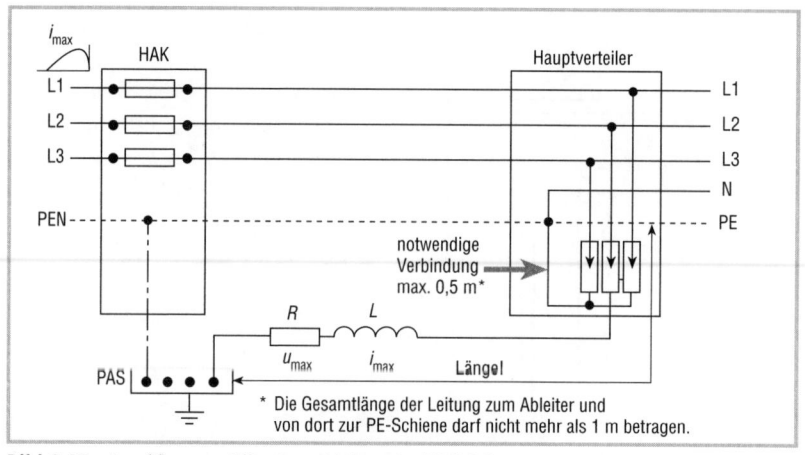

Bild 2.27 *Anschluss von Blitzstromableitern im TN-C-S-System*

2.5 Blitzschlag

Beispiel:
Leitungslänge: $l = 1$ m
Die Induktivität von üblichen Anschlussleitungen wird in der Regel als *Induktivitätsbelag* angegeben. Das ist die Induktivität, bezogen auf die Länge der Leitung. Üblicherweise geht man bei Rundleitern von einem Induktivitätsbelag von 1 µH/m aus.
Damit ergibt sich pro Meter Leitungslänge eine Induktivität $L = 1$ µH.
Die Blitzstromsteilheit liegt bei 1 ... 100 kA/µs (im Extremfall 200 kA/µs). Um zu zeigen, dass es in diesem Beispiel nicht um Extremfälle geht, wird eine Steilheit von nur 1 kA/µs angenommen. Der maximale Spannungsfall wäre dann

$$u_{max} = L \cdot (\Delta i / \Delta t)_{max}$$
$$= 1 \text{ µH} \cdot 1 \text{ kA/µs} = 1 \text{ kV}.$$

Bei dieser sehr vorsichtigen Abschätzung kommt man also auf folgende „Faustformel":

→ Bei einem üblichen Blitzimpuls muss mit mindestens 1 kV/m Leitungslänge gerechnet werden.

Jeder Meter Anschlussleitung bei dem o.g. Überspannungsableiter bewirkt also eine zusätzliche Spannung von mindestens 1000 V, die sich in der durch den Überspannungsableiter geschützten Anlage auswirken wird.

de fachbücher

Basiswissen
Schritt für Schritt erklärt

Schritt für Schritt führt dieses Buch in die Grundlagen der fachgerechten Elektroinstallation ein. Aufgrund aktueller Änderungen in Normen und Bestimmungen wurde diese 6. Auflage neu überarbeitet und an den aktuellen Stand angepasst.

Thema des Buches sind u.a.:
→ übliche Schaltungen in Beleuchtungs- und Motorstromkreisen,
→ Bemessung und Verlegung von Leitungen,
→ Sicherheit beim Arbeiten in elektrischen Anlagen,
→ Elektromagnetische Verträglichkeit,
→ Prüfung von Elektroinstallationen,
→ Fehlersuche in festen und ortsveränderlichen Anlagen,
→ sowie neue Themen wie z.B. der Basisschutz bei Niederspannungsanlagen und
→ Stern- und Dreiecksschaltungen.

Einführung in die Elektroinstallation
Von Heinz O. Häberle.
6., überarbeitete Auflage 2012. 352 Seiten.
Softcover. € 28,00 (D).
ISBN 978-3-8101-0314-7

HÜTHIG & PFLAUM VERLAG
Im Weiher 10
D-69121 Heidelberg
Tel.: +49 (0) 6221 489-603

Mehr zu den Fachbüchern finden Sie unter: www.elektro.net
E-Mail: buchservice@huethig.de

3 Kopplungsmechanismen

Für die Kopplung gelten allgemein die physikalischen Gesetze der Energieübertragung in elektromagnetischen Feldern. Die Kopplung zwischen Störquelle und Störsenke hängt u. a. von der Frequenz und den geometrischen Abmessungen der beteiligten Betriebsmittel ab.

Bei **niedrigen Frequenzen** ist die Wellenlänge der Störgröße sehr viel größer als die Abmessungen beteiligter leitfähiger Teile (Leitungslängen, Gehäuseabmessungen, metallene Konstruktionen usw.). In diesem Fall müssen die beiden beteiligten Felder (elektrisches Feld und magnetisches Feld) separat voneinander betrachtet werden. Dazu kommt je nach Gegebenheit noch eine galvanische Kopplung über beteiligte Leitungen.

Wir reden in diesem Fall (**Bild 3.1**) von galvanischer, induktiver und kapazitiver Kopplung.

Bei **hohen Frequenzen** erreicht die Wellenlänge der Störgrößen u. U. die Größenordnung der Abmessungen der elektrischen Einrichtung. Hier gelten die physikalischen Gesetze der Wellen auf Leitungen und die Gesetze der Strahlung. Die beiden zuvor genannten Felder sind mit zunehmender Frequenz nicht mehr voneinander zu trennen. Wir reden in diesem Fall von Wellenbeeinflussung und Strahlung (Bild 3.1).

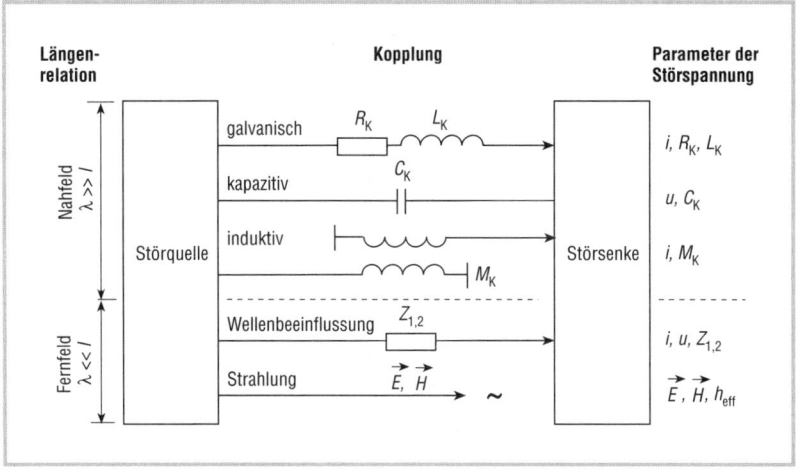

Bild 3.1 *Kopplungsmechanismen*
l charakteristische Länge, h_{eff} effektive Antennenlänge, λ Wellenlänge

3.1 Galvanische Kopplung

Eine galvanische Kopplung tritt auf, wenn mehrere Stromkreise eine gemeinsame Spannungsquelle haben oder einen Leiter als gemeinsamen Strompfad nutzen. Das **Bild 3.2** zeigt das zugrunde liegende Prinzip. Der Strom im Stromkreis A (Digitalschaltung) verursacht an der gemeinsamen Impedanz Z einen Spannungsfall. Dieser Spannungsfall macht sich im Stromkreis B (Analogschaltung) als Versorgungsspannungseinbruch bemerkbar. Der Spannungsfall ist umso größer, je größer der Strom und je größer die gemeinsame Koppelimpedanz Z ist.

Galvanische Kopplung ist sowohl im NF- als auch im HF-Bereich wirksam.

Folgende Faktoren haben Einfluss auf die Störspannung:
- Stromänderungsgeschwindigkeit ($\Delta i/\Delta t$),
- Länge und Querschnitt der gemeinsam genutzten Anschlussleitungen.

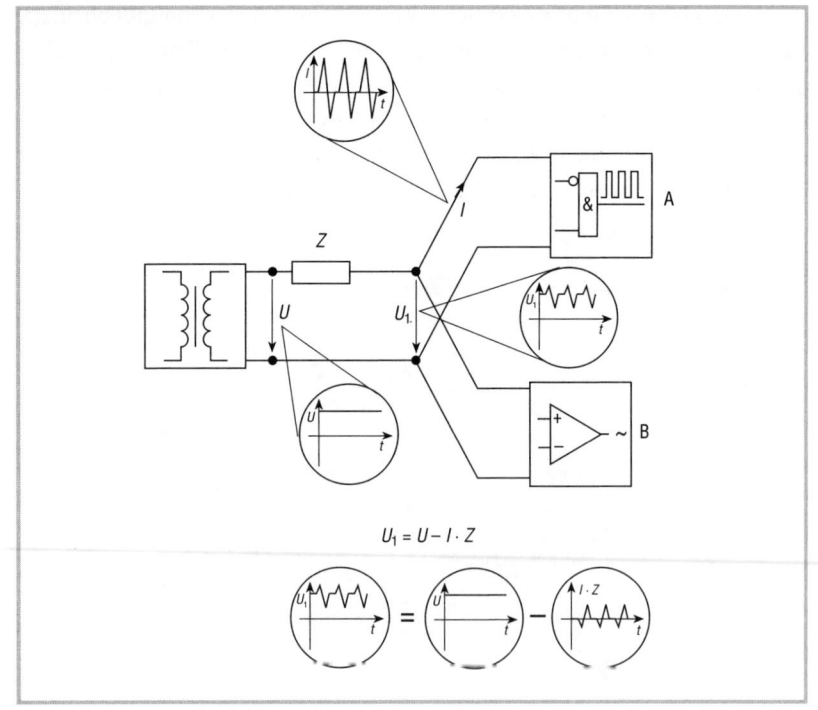

$$U_1 = U - I \cdot Z$$

Bild 3.2 *Galvanische Kopplung*
Über Z wird die Störgröße $(I \cdot Z)$ eingekoppelt.

Berechnungsbeispiel: Galvanische Kopplung

Die *eingekoppelte Störspannung* u_{St} berechnet sich, vereinfacht betrachtet, in allen Fällen zu

$$u_{st} = u_{Rst} + u_{Lst} = R_K \cdot \Delta i + L_K \cdot \frac{\Delta i}{\Delta t}.$$

Reale Werte liegen im mV-, V- oder auch kV-Bereich. Für das Beispiel im **Bild 3.3** berechnet sich eine eingekoppelte Störspannung für Gerät 1 bei Zugrundelegung folgender Werte:

$l = 1{,}5$ m; $L_K = 1$ µH/m; $R_K = 1\,\Omega$; $\Delta i = 1$ A; $\Delta t = 100$ ns zu

$$u_{Rst} = R_K \cdot \Delta i = 1 \text{ V}$$

$$u_{Lst} = L_K \cdot \frac{\Delta i}{\Delta t} = \frac{1\,\mu H \cdot 1{,}5 \text{ m}}{\text{m} \cdot 100 \text{ ns}} = 15 \text{ V}.$$

Diese beiden Spannungen müssen geometrisch addiert werden. Man sieht jedoch sofort, dass der ohmsche Spannungsfall klein gegenüber dem induktiven Spannungsfall ist. Er kann deshalb für die vorgegebenen Werte vernachlässigt werden. Auf jeden Fall kann man folgende Aussage treffen: Die galvanisch eingekoppelte Störspannung gemäß der obigen Gleichung ist bei gegebenem Δi und $\Delta i / \Delta t$ umso kleiner, je kleiner die R- und L-Werte des gemeinsamen Leiterzuges sind.

Der *Gleichstromwiderstand* errechnet sich bekanntlich aus

$$R = \rho \cdot \frac{l}{A};$$

ρ spezifischer Widerstand in $\Omega \cdot \text{mm}^2/\text{m}$,
l Leiterlänge in m,
A Leiterquerschnitt in mm².

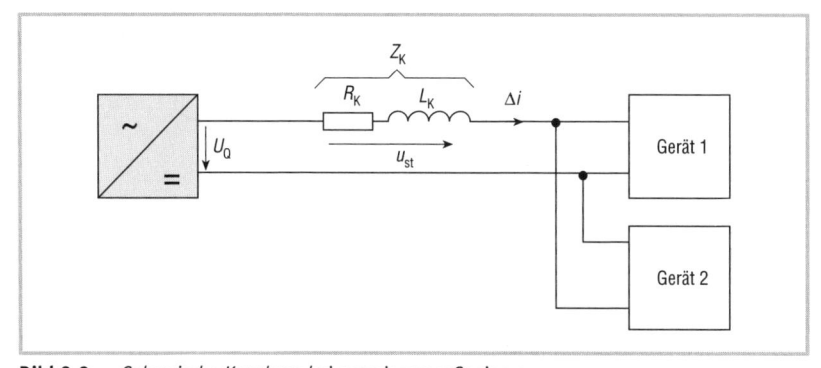

Bild 3.3 *Galvanische Kopplung bei gemeinsamer Speisung*

Für den ohmschen Widerstand der Leitung muss demnach die Leiterlänge l möglichst kurz und der Leiterquerschnitt A möglichst groß sein. Diese rein ohmsche Betrachtung des Koppelwiderstandes ist nur zulässig bei Gleichstrom und bei Wechselstrom im kHz-Bereich.

Bei höheren Frequenzen findet eine Verdrängung des Stromflusses in die Oberflächenschicht des Leiters statt *(Skineffekt)*. Es ist also nicht mehr der gesamte Leiterquerschnitt an der Stromleitung beteiligt; der Widerstand erhöht sich (**Bild 3.4**).

Aus dem Bild 3.4 ist erkennbar, dass sich der Wirkwiderstand im Bereich der praktisch interessierenden Frequenzen gegenüber dem Gleichstromwiderstand um den Faktor 10...1000 erhöhen kann. Sind aber die Leiterquerschnitte ausreichend bemessen, so kann der ohmsche Störspannungsanteil $u_{st} = R \cdot \Delta i$ in der Regel gegenüber dem induktiven Störspannungsanteil $u_{st} = L \cdot \Delta i / \Delta t$ vernachlässigt werden. Im Hochfrequenzbereich kommt allerdings noch der sog. *Stromverdrängungsfaktor* hinzu, der auch den ohmschen Anteil erhöht.

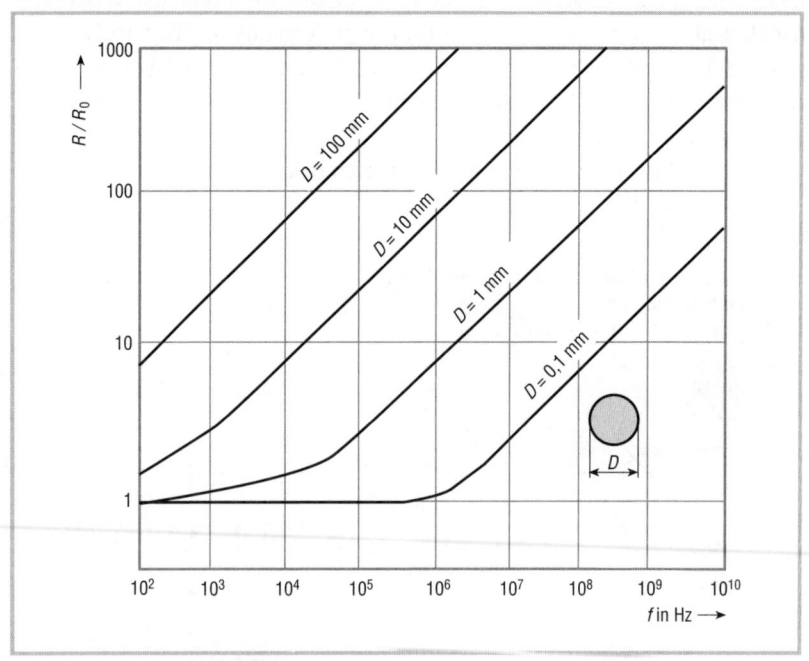

Bild 3.4 *Frequenzabhängige Änderung des Wirkwiderstandes von Kupferleitern*
  R_0 Gleichstromwiderstand
  R Wirkwiderstand bei der Frequenz f

3.1 Galvanische Kopplung

Die Ursache hierfür liegt in der Frequenzabhängigkeit der Eigeninduktivität der Leiter begründet. Diese physikalische Eigenschaft eines jeden Leiters kann mit der einfachen Ersatzschaltung im **Bild 3.5** dargestellt werden.

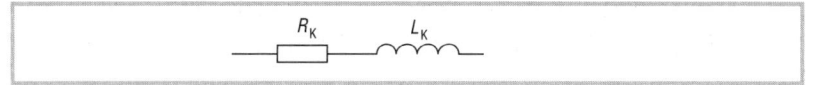

Bild 3.5 *Ersatzschaltung von Leitern*

Damit haben wir es nicht mehr nur mit einem rein ohmschen Kopplungswiderstand R_K zu tun, sondern mit einer frequenzabhängigen *Kopplungsimpedanz Z_K*:

$$Z_K = \sqrt{R_K^2 + X_L^2},$$

$$X_L = \omega \cdot L = 2\pi \cdot f \cdot L.$$

Der induktive Anteil X_L dieser Kopplungsimpedanz wächst mit steigender Betriebsfrequenz und ist dem Realteil entsprechend der obigen Gleichung hinzuzurechnen. Die Änderung des induktiven Widerstandes über der Frequenz ist aus **Bild 3.6** ersichtlich. Als Parameter ist die Leiterlänge eingesetzt.

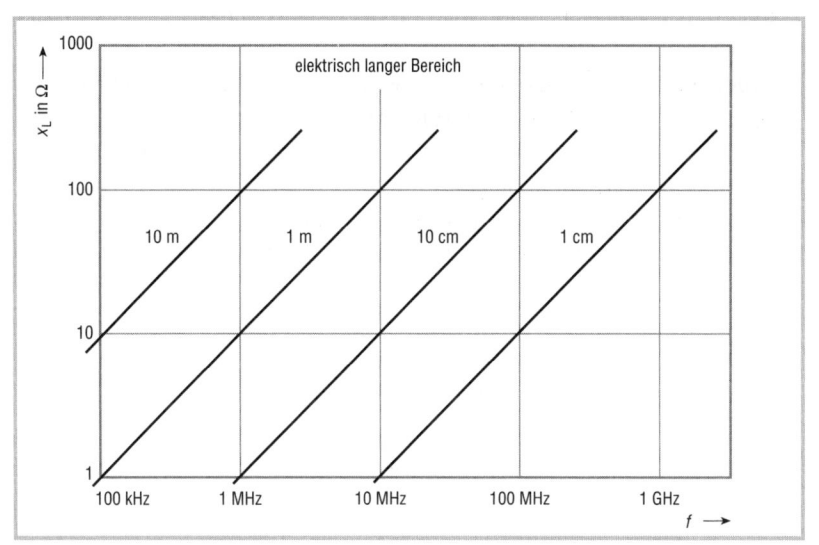

Bild 3.6 *Induktiver Widerstand von Leitern in Abhängigkeit von der Frequenz und der Leitungslänge*
Bei 10 cm Leitungslänge ist bei einer Frequenz von 10 MHz ein Widerstand von 10 Ω zu erwarten. Im oberen Bereich ab etwa 1 kΩ wirkt die Leitung als Antenne, und es müssen andere physikalische Gegebenheiten berücksichtigt werden (s. Abschnitt 3.4).

Für übliche Kabelbäume und Anlagenverdrahtungen kann man Induktivitätswerte von etwa 1 µH/m annehmen. Sind Leitungslängen nicht vernachlässigbar klein gegenüber der kleinsten Wellenlänge (ab etwa 1 kΩ, s. Bild 3.6), so muss auch der Wellenwiderstand einer Verkabelung oder Leiterbahn berücksichtigt werden. Näheres dazu im Abschnitt 3.4, Wellenbeeinflussung.

In üblichen elektrischen Anlagen dominieren die niedrigen Frequenzen. Hier sind die ohmschen Widerstände also nicht zu vernachlässigen. Eine typische galvanische Kopplung liegt beispielsweise bei einem PEN-Leiter vor, wenn er zum einen für den betriebsbedingten Rückstrom zuständig ist und zum anderen zugleich als Massepunkt für die übrige Anlage dient. Hier spielt oft der rein ohmsche Widerstand die ausschlaggebende Rolle. Er bewirkt, dass der Potentialausgleich nicht mehr „fremdspannungsarm" ist, und sorgt so beispielsweise für erhebliche Ströme auf Kabel- und Leitungsschirmen (s. Abschnitt 4.1, besonders 4.1.4).

Abhilfe gegen galvanische Kopplung
- **Vermeiden galvanischer Verbindungen** zwischen Systemen, die voneinander unabhängig sind und zwischen denen kein Informationsaustausch vorgesehen ist.
- **Impedanzarme, insbesondere induktivitätsarme Ausführung** von Leitungen und Leiterzügen, wie Bezugspotentialleiter, Stromversorgungs- und Erdungsleitungen, die zu mehreren Stromkreisen gehören.
- **Galvanische Entkopplung** durch
  – Verzicht auf gemeinsamen Rückleiter (beispielsweise PEN-Leiter),
  – Vermeidung von Koppelimpedanzen zwischen Signal- und Leistungskreisen,
  – sternförmige Zusammenführung der Bezugspotentiale mehrerer Geräte sowie des Schutzleiter- bzw. des Erdungssystems,
  – sternförmige Verkabelung der Stromversorgung,
  – getrennte Stromversorgung von Stellgliedern, Baugruppen usw.
- **Potentialtrennung** mittels Trenntransformatoren, Optokopplern und Lichtwellenleitern.

3.2 Induktive Kopplung

In Abschnitt 2.2.2 wurde beschrieben, dass sich um jeden stromdurchflossenen Leiter ein Magnetfeld B aufbaut, das dem Strom I_L durch den Leiter proportional ist. Durchdringt dieses Magnetfeld eine senkrecht dazu liegende Leiterschleife (**Bild 3.7**), so wird in dieser eine Spannung U_S induziert, wenn der Strom I_L und damit das Magnetfeld B seine Stärke ändert (Transformatorprinzip). Ursache für eine induktive Kopplung sind also vorhandene **Leiterschleifen**, die von einem Magnetfeld durchdrungen werden, und eine hinzukommende **Stromänderung**.

Folgende Faktoren haben Einfluss auf die Störspannung:

- **Stärke des Magnetfeldes**
  Je höher der Laststrom ist, der das magnetische Störfeld verursacht, umso stärker ist das magnetische Störfeld und damit die induzierte Spannung.
- **Frequenz bzw. Änderungsgeschwindigkeit des Stromes (Stromsteilheit)**
  Mit steigender Frequenz des Laststromes wird die Stromänderungsgeschwindigkeit ($\Delta i / \Delta t$) und damit die induzierte Störspannung größer.
- **Abstand**
  Die Störspannung sinkt mit wachsendem Abstand zwischen Lastkreis (Störquelle) und gestörtem Kreis (Störsenke, **Bild 3.8**).
- **Fläche der Leiterschleife**
  Je größer die Fläche der Leiterschleife ist, desto größer sind der magnetische Fluss Φ und die dadurch induzierte Störspannung (**Bild 3.9**).

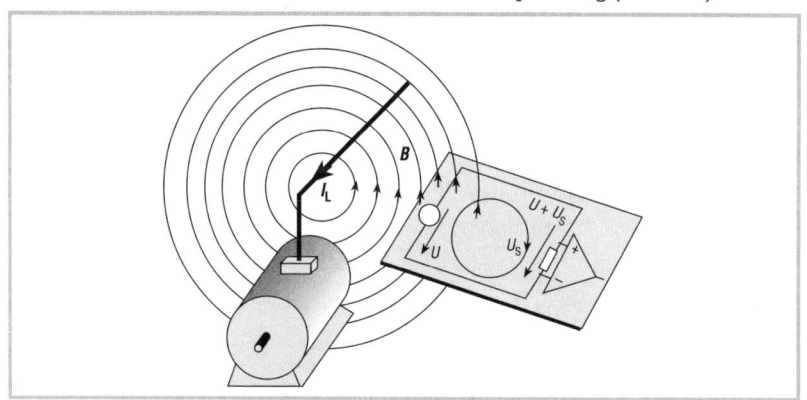

Bild 3.7 *Induktive Kopplung zwischen Motorzuleitung und Steuerstromkreis auf Leiterplatte* U_S *ist die magnetische Störspannung.*

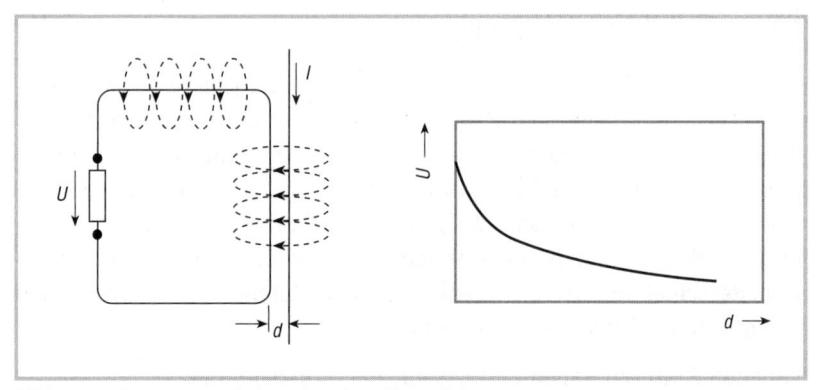

Bild 3.8 *Störspannung bei wachsendem Abstand d*
Der senkrechte Leiter, in dem der Strom I fließt, ist die Störquelle, und das Betriebsmittel im Stromkreis, in dem durch Induktion die Spannung U entsteht, ist die Störsenke.

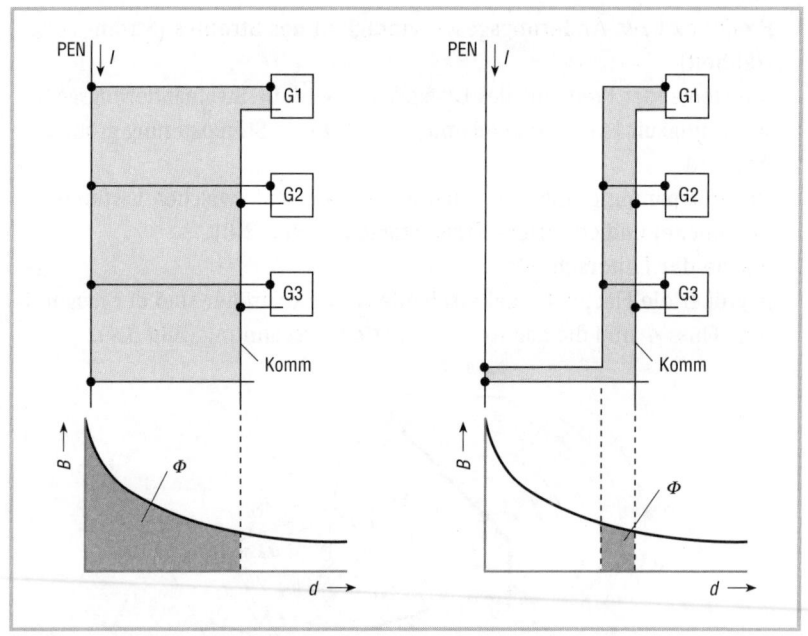

Bild 3.9 *Induktive Kopplung bei unterschiedlichen Leitungsverlegungen*
PEN   stromführender PEN-Leiter
G   Geräte
Komm   Datenleitungen
B   magnetische Flussdichte
d   Abstand
Die graue Fläche stellt den magnetischen Fluss Φ dar.

3.2 Induktive Kopplung

Auf die ersten beiden Faktoren hat man in der Regel nur bedingt Einfluss, sie sind meist vorgegeben. Eventuell kann man die Stärke des Magnetfeldes durch Schirmung reduzieren (s. Abschnitt 4.3). Die letzten beiden Faktoren haben etwas mit der Geometrie der Anordnung zu tun und werden in der *Gegeninduktivität* M_K erfasst (Bilder 3.10 und 3.11 und folgendes Berechnungsbeispiel). Hier müssen Maßnahmen zur Reduzierung ansetzen.

Im Bild 3.9 sind schematisch unterschiedliche Leitungsverlegungsarten dargestellt. Für die auftretende Störspannung ist der in die Leiterschleife eindringende Magnetfluss maßgebend. Je größer die Leiterschleife ist, desto größer ist der eindringende magnetische Fluss Φ.

Die Erdung des Gerätegehäuses an verschiedenen Stellen ist nicht sinnvoll, weil dann die Fläche des magnetischen Flusses und damit auch die induzierte Spannung groß ist (links im Bild 3.9). Dagegen ist eine gemeinsame Erdung der Gerätegehäuse zu empfehlen, der magnetische Fluss wird dadurch kleiner (rechts im Bild 3.9).

Berechnungsbeispiel: Induktive Kopplung
Die beiden Stromkreise 1 und 2 im **Bild 3.10** sind über einen gemeinsamen magnetischen Fluss Φ miteinander gekoppelt. Findet im Kreis 1, z. B. infolge eines Schaltvorganges oder eines Laststoßes, eine schnelle zeitliche Stromänderung $\Delta i/\Delta t$ statt, so wird im Kreis 2 eine Störspannung u_{st} induziert. Φ ist der magnetische Fluss, der den Sekundärkreis 2 durchsetzt. Die Höhe dieser Spannung ist abhängig von der *Gegeninduktivität* M_K. Ihre Größe hängt von der Geometrie der Leiteranordnung ab (**Bild 3.11**):

$$u_{st} = M_K \cdot \frac{\Delta i}{\Delta t} = \frac{\Delta \Phi}{\Delta t}.$$

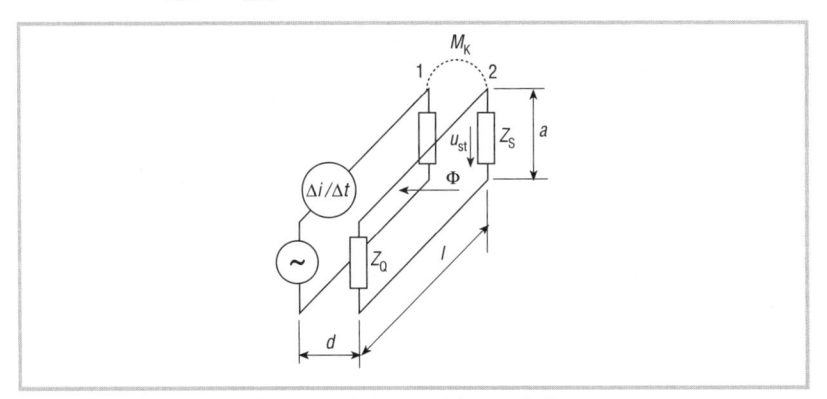

Bild 3.10 *Induktive Beeinflussung zwischen Betriebsstromkreisen*

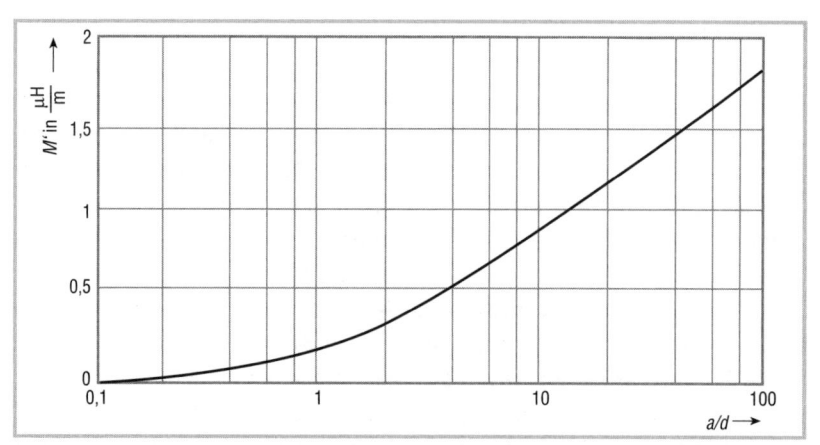

Bild 3.11 Gegeninduktivitätsbelag M' der Anordnung im Bild 3.10 in Abhängigkeit von der geometrischen Anordnung a/d in µH/m (wobei die Einheit H gleichzusetzen ist mit Vs/A)
Dabei ist $M_K = M' \cdot l$.

Unter Verwendung der Gleichung und bei Zugrundelegung der Abmessungen l = 5 m, a/d = 4 sowie einer Stromänderungsgeschwindigkeit von $\Delta i/\Delta t$ = 10 A/µs und M' = 0,5 µH/m (aus Bild 3.11) ergibt sich als Orientierungswert eine Störspannung

$$u_{st} = M' \cdot l \cdot \frac{\Delta i}{\Delta t} = 0{,}5 \, \frac{\mu H}{m} \cdot 5 \, m \cdot 10 \, \frac{A}{\mu s} = 25 \, V.$$

Magnetische Störfelder wirken stets auf Leiterschleifen. Übliche Leiterschleifen in Verkabelungen bestehen meistens aus einer Windung. Es ist zu erkennen, dass die Induktivität der Leiterschleife direkt proportional der von ihr umschlossenen Fläche (im Beispiel $A = l \cdot a$) ist. Bei einer vorhandenen Installation hat man auf den Abstand (im Beispiel d) der Störquelle von der Störsenke (Leiterschleife) häufig keinen Einfluss. Nur über die Fläche lässt sich die Induktivität beeinflussen. Gelingt es, den Flächeninhalt der Leiterschleife gegen null zu bringen, so geht auch der Einfluss des magnetischen Störfeldes (ausgedrückt durch M_K) gegen null und damit auch die in die Leiterschleife induzierte Störspannung.

Abhilfe gegen induktive Kopplung:
- Verdrillen von Leitungen,
- kleine Leiterschleifen,
- Schirmung,
- große Abstände zu stromführenden Leitungen.

3.3 Kapazitive Kopplung

Zwischen Anlagenteilen, die verschiedene elektrische Potentiale aufweisen (d. h. zwischen denen eine Spannung ansteht), bildet sich stets ein elektrisches Feld aus, – ganz gleich, ob dies gewollt ist (beispielsweise bei Kondensatoren) oder nicht (sog. „parasitäre" Kapazitäten). Ein Stromfluss kommt allerdings erst dann zustande, wenn sich die anstehende Spannung und damit das elektrische Feld ändert.

Mit der kapazitiven Kopplung wird aufgrund eines sich ändernden elektrischen Feldes die Signalübertragung von einem Stromkreis auf einen zweiten beschrieben. Bei Stromkreisen mit unterschiedlichen Potentialen entstehen zwischen den Leitern unbeabsichtigte *parasitäre Kapazitäten*. Über diese werden Wechselspannungen oder Spannungsimpulse auf andere Stromkreise übertragen. Ursache für die kapazitive Kopplung sind also die vorhandenen **Kapazitäten** und eine hinzukommende **Spannungsänderung**.

Das **Bild 3.12** zeigt zwei benachbarte Leitungen, die über parasitäre Kapazitäten C_p miteinander verbunden sind. Findet auf einer Leitung eine Spannungsänderung statt, so fließt über die Parasitärkapazität C_p ein Störstrom I_S in die benachbarte Leitung und ruft am Messwiderstand R eine Störspannung U_S hervor, die sich der Nutzspannung U_E überlagert.

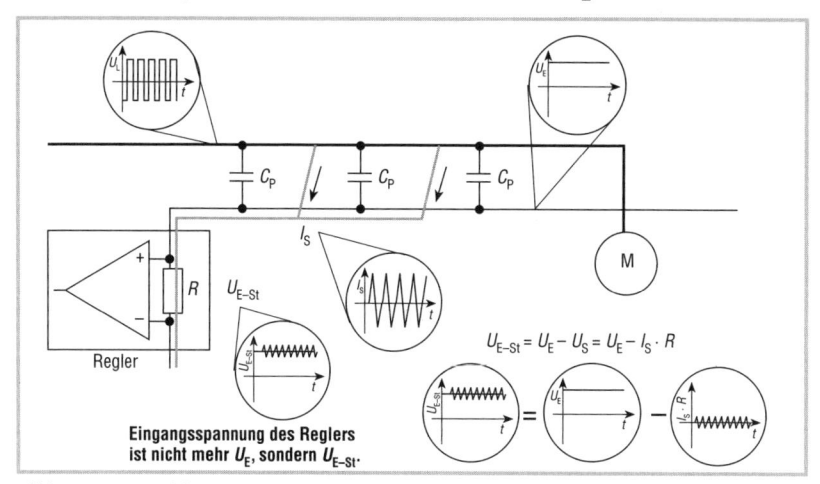

$$U_{E-St} = U_E - U_S = U_E - I_S \cdot R$$

Eingangsspannung des Reglers ist nicht mehr U_E, sondern U_{E-St}.

Bild 3.12 *Kapazitive Kopplung zwischen Leistungs- und Signalleitung*
Die Spannungen U_L und U_E beziehen sich auf Bezugsmasse (Erdpotential). Über C_p fließt der Störstrom I_S über den Widerstand R zur Masse und verursacht an R einen Spannungsfall $U_S = I_S \cdot R$. Die Ausgangsspannung U_A des Reglers wird verändert, weil die Eingangsspannung U_E durch diesen Spannungsfall überlagert wird (aus U_E wird U_{E-St}).

Folgende Faktoren haben Einfluss auf den Störstrom:

- **Abstand der Leitungen**
  Je größer der Abstand ist, desto kleiner ist die parasitäre Kapazität und damit auch der Störstrom.
- **Länge der Parallelführung der Leitungen**
  Die parasitäre Kapazität wächst mit der Länge, über die die Leitungen parallel verlaufen.
- **Geometrie der Leitungen**
  Da die Kapazität stets von der Fläche abhängt, spielen die Abmessungen der parallelen Leitungen (Durchmesser, Form) eine gewisse Rolle.
- **Stoff zwischen den Leitungen**
  Bei Kondensatoren liegt zwischen den Kondensatorplatten das Dielektrikum, das die Stärke des elektrischen Feldes mit bestimmt. Bei parasitären Kapazitäten ist dies nicht anders. Hier ist es üblicherweise Luft oder die Isolierung der spannungsführenden Leiter.
- **Frequenz bzw. Änderungsgeschwindigkeit**
  Mit steigender Frequenz wird die Spannungsänderungsgeschwindigkeit $\Delta u/\Delta t$ und damit der Störstrom größer.
- **Höhe der elektrischen Spannung**
  Je größer die Spannung ist, umso größer wird das elektrische Feld und damit auch der Störstrom.

Der erste Faktor ist üblicherweise mit dem Abstand zwischen den Platten eines Plattenkondensators zu vergleichen.

Der zweite und der dritte Faktor haben mit der Fläche eines Kondensators zu tun, die stets für die Größe der Kapazität maßgebend ist. Bei größeren Längen der Parallelführung ist die Länge natürlich ausschlaggebender.

Besonders bei den ersten drei Faktoren können Maßnahmen zur Reduzierung der Störeinflüsse ansetzen, da diese eher beeinflussbar sind. Der vierte Faktor ist im Allgemeinen nicht beeinflussbar.

Der fünfte und der sechste Faktor haben mit der Spannung bzw. der Spannungsart der Störquelle zu tun. In der Regel ist dies vorgegeben, da Spannungshöhe und Frequenz betriebsbedingt festliegen. Die Stärke des Feldes kann man eventuell durch Schirmung verändern (s. Abschnitt 4.3).

Die Störgröße ist nicht nur der eingekoppelte Störstrom selbst, sondern auch der daraus resultierende Spannungsfall im Störsenkenstromkreis. Dieser Spannungsfall kann als eine bei der Störquelle wirkende Störspannung U_S dargestellt werden. Hier spielen immer auch die Widerstandsverhältnisse in den Kreisen eine Rolle. Aus Bild 3.12 wird deutlich, dass die Störspannung U_S abhängig vom Widerstand R im beeinflussten Stromkreis und von der Höhe des Störstromes I_S ist.

Berechnungsbeispiel: Kapazitive Kopplung
Das **Bild 3.13** zeigt zwei Leitungen mit unterschiedlichen Potentialen – etwa Starkstrom- und Signalleitung. Aufgrund der Geometrie dieser Anordnung entsteht eine parasitäre Kapazität C_K und somit eine kapazitive Kopplung. Die Leitungen stellen im weitesten Sinne die Platten eines Kondensators dar. Durch das sich ändernde elektrische Feld werden über diese parasitären Koppelkapazität C_K Ladungen von einem Stromkreis zum anderen verschoben.

Der eingekoppelte Störstrom berechnet sich aus

$$i_{st} = C_K \cdot \frac{\Delta u}{\Delta t} .$$

Legt man folgende Werte zugrunde:
$C_K = 100$ pF,
$\Delta u = 400$ V (aufgrund einer Schalthandlung),
$\Delta t = 0{,}1$ µs,
$Z_Q = 1\ \Omega$,
$Z_E = 50\ \Omega$,
so ergibt sich

$$i_{st} = C_K \cdot \frac{\Delta u}{\Delta t} = 100 \cdot 10^{-12}\,\text{F} \cdot \frac{400\,\text{V}}{10^{-7}\,\text{s}} = 400\ \text{mA}.$$

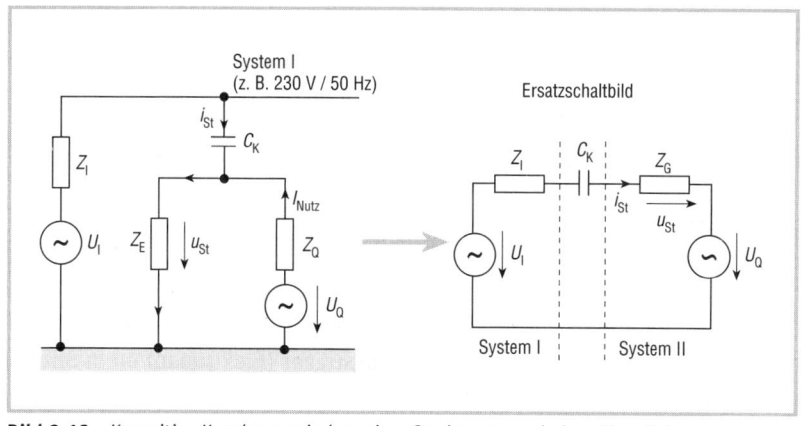

Bild 3.13 *Kapazitive Kopplung zwischen einer Starkstrom- und einer Signalleitung mit Ersatzschaltbild*

Die Störspannung u_{st} für System II kann mit folgender Gleichung berechnet werden:

$$u_{st} = i_{st} \cdot Z_G, \quad Z_G = Z_E \| Z_Q$$

$$u_{st} = i_{st} \cdot \frac{Z_Q \cdot Z_E}{Z_Q + Z_E} = 400 \text{ mA} \cdot \frac{1\,\Omega \cdot 50\,\Omega}{1\,\Omega + 50\,\Omega} = 392 \text{ mV}.$$

Bei höheren Frequenzen kommt man u. U. in einen Bereich, in dem die Wellenlänge der Störspannung mit den geometrischen Abmessungen der Leiter vergleichbar wird. Bei Leitungslängen ab etwa $\lambda/10$ machen sich bereits Effekte der leitungsgebundenen Wellenbeeinflussung bemerkbar (s. Abschnitt 3.4).

Abhilfe gegen kapazitive Kopplung:
- Schirmung,
- kurze Leitungslängen,
- kleine Leitungsdurchmesser,
- große Abstände zwischen den Leitungen,
- Leitungen möglichst nicht parallel führen.

3.4 Wellen- und Strahlungskopplung

Wenn die Abmessungen der Leiter und ihre Abstände in der Größenordnung der elektromagnetischen Wellen der Störsignale liegen (ab etwa $\lambda/10$), reichen die in den Abschnitten 3.1 bis 3.3 verwendeten Beziehungen zur Bestimmung der Einkopplung von Störgrößen nicht mehr aus; die Störungsanalyse lässt sich nur noch mit den Modellen der Leitungs- und Strahlungstheorie durchführen.

3.4.1 Physikalische Grundlagen

Für das Verständnis der Wellen- und Strahlungskopplung ist es wichtig, den Zusammenhang zwischen der Wellenlänge λ und der Frequenz f zu kennen (**Bild 3.14**).

- Der Bewegungsimpuls des elektrischen Stromes breitet sich in unseren Leitungsnetzen mit nahezu Lichtgeschwindigkeit (300 000 km/s) aus.

Wird ein Stromkreis geschlossen, so ist dies bei einer anstehenden Spannung der Startimpuls für die freien Ladungsträger (Elektronen) – ein Stromfluss kommt zustande. Dieser Startimpuls wandert durch den Stromkreis mit nahezu Lichtgeschwindigkeit, auch wenn die Flussgeschwindigkeit des Stromes (also der Elektronen als freie Ladungsträger) selbst gering ist.

3.4 Wellen- und Strahlungskopplung

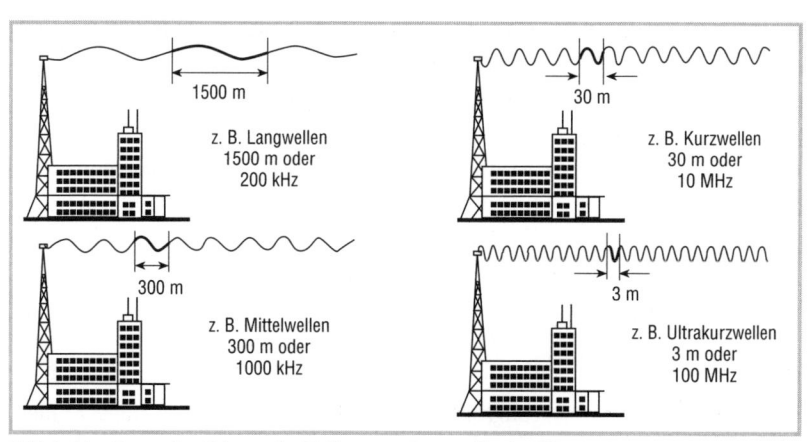

Bild 3.14 *Veranschaulichung der Wellenarten für Rundfunksendezwecke*

Dies gilt natürlich auch für alle „Bewegungsabläufe" bei Wechselstrom. Die Augenblickswerte des Wechselstromes (beispielsweise Nulldurchgänge oder Amplituden) wandern fast mit Lichtgeschwindigkeit durch den Leiter. Dennoch ist die Zeit zwischen dem Nulldurchgang am Anfang der Leitung und dem Nulldurchgang am Ende der Leitung endlich.

Das bedeutet, dass die Augenblickswerte der Wechselspannung mit zunehmender Leitungslänge etwas verzögert auftreten. Die Leitungslänge, bei der die gleichen Augenblickswerte (beispielsweise Nulldurchgänge oder Amplituden) des Wechselstromes wieder absolut synchron verlaufen, ist die *Wellenlänge* λ.

Wenn die Periodendauer T oder die Frequenz f der Wechselspannung bekannt ist, kann die Wellenlänge berechnet werden; denn diese Länge ist abhängig von der Schnelligkeit (also der Frequenz), mit der sich die Augenblickswerte der Wechselspannung entlang der Leitung verändern.

Bekanntlich stehen der Weg s, die Zeit t und die Geschwindigkeit v in folgendem Zusammenhang:

$$s = v \cdot t.$$

Setzt man nun für v die *Lichtgeschwindigkeit c,* für den Weg s die *Wellenlänge* λ und für die Zeit t die Periodendauer T ein, so ergibt sich:

$$\lambda = c \cdot T = \frac{c}{f} ;$$

λ Wellenlänge in m,
c   Ausbreitungsgeschwindigkeit (Lichtgeschwindigkeit) in m/s,
T   Periodendauer in s,
f   Frequenz in Hz (=1/s).

Die Aussage dieser Formel ist folgende: Die Geschwindigkeit, mit der sich der Bewegungsimpuls entlang der Leitung fortbewegt, ist die Lichtgeschwindigkeit c, und die Strecke, die er während der Periodendauer T zurücklegt, die Wellenlänge λ.

Die Formel zeigt, dass Frequenz und Wellenlänge zueinander umgekehrt proportional sind. Wenn die Frequenz groß ist, ist die Wellenlänge klein und umgekehrt.

Bei einer Netzfrequenz (f = 50 Hz) ist die Wellenlänge

$$\lambda = \frac{c}{f} = \frac{3 \cdot 10^8 \text{ m} \cdot \text{s}}{\text{s} \cdot 50} = 6 \cdot 10^6 \text{ m} = 6000 \text{ km}.$$

Da unsere Energieversorgungsanlagen mit ihren Leitungen geringe Abmessungen gegenüber der Wellenlänge von 6000 km haben, darf man an jeder Stelle eines elektrischen Stromkreises (Leitung) den gleichen Augenblickswert (des Stromes und der Spannung) annehmen. Das bedeutet: Der Bewegungsimpuls ist auf der ganzen Länge einer Leitung gleichzeitig vorhanden – Augenblickswerte, wie Stromnulldurchgänge oder Amplituden, werden entlang der gesamten Leitungslänge von allen Elektronen gleichzeitig erreicht.

Wenn man jedoch die Wellenlänge für einen Wechselstrom mit der Frequenz 5 GHz berechnet, ergibt sich

$$\lambda = \frac{c}{f} = \frac{3 \cdot 10^8 \text{ m} \cdot \text{s}}{\text{s} \cdot 5 \cdot 10^9} = 0{,}06 \text{ m} = 6 \text{ cm}.$$

Abmessungen von Stromkreisen z. B. der Nachrichtentechnik können dann in der Größenordnung der Wellenlänge liegen. Hier wirken die Leitungen bereits als Antennen, und es kommt zu Strahlungs- und Wellenkopplungen.

Was bedeutet dies nun für die Praxis?

Wir sprechen in diesem Zusammenhang von elektrisch langen und elektrisch kurzen Leitungen.

Von einer *elektrisch kurzen Leitung* kann gesprochen werden, wenn die Leitungslänge

$l \leq \lambda/10$

ist. Umgekehrt spricht man von einer *elektrisch langen Leitung*, wenn deren Länge

$l > \lambda/10$

ist. Bei elektrisch langen Leitungen ist davon auszugehen, dass die Leitung

- als **Empfangsantenne** wirken kann, wenn Felder auf sie wirken, deren Wellenlänge klein genug ist,
- und dass sie, wenn sie ein hochfrequentes Signal transportiert, merklich mit dem Abstrahlen des Signals beginnt und so zur **Sendeantenne** wird.

Darüber hinaus spielt der Abstand der Störquelle (Sendeantenne) von der Störsenke (Empfangsantenne) eine Rolle. Erst ab einem bestimmten Abstand kann man von einer Beeinflussung durch eine abgestrahlte Welle sprechen. Dieser Abstand ist mit folgender Formel eingrenzbar:

$$l_a = \frac{\lambda}{2\pi}.$$

Bei einem Abstand

$$l_a > \frac{\lambda}{2\pi}$$

spricht man vom *Fernfeld*. Im Fernfeld findet die zuvor beschriebene Abstrahlung der elektromagnetischen Felder statt (Strahlungskopplung).

Bei Abständen

$$l_a < \frac{\lambda}{2\pi}$$

liegt ein *Nahfeld* vor, bei dem keine Strahlungskopplung zu erwarten ist (s. Bild 3.20).

Für eine Frequenz von 10 MHz errechnet sich eine Wellenlänge von 30 m. Bei dieser Frequenz spricht man nach der zuvor angegebenen Formel von einer elektrisch kurzen Leitung, wenn die Länge der Leitung 3 m nicht übersteigt (**Bild 3.15**). Ein Fernfeld wird ab einem Abstand von ca. 4,8 m zur Störquelle entstehen (s. Bilder 3.19 und 3.20).

3.4.2 Wellenkopplung

Die in den Abschnitten 3.1 bis 3.3 behandelten Mechanismen der galvanischen, kapazitiven und induktiven Kopplungen gelten, wie im Abschnitt 3.4.1 ausgeführt, nur für elektrisch kurze Leitungen. Kommt jedoch die Wellenlänge der Störgrößen in die Größenordnung, wo die Systemabmessungen (Leitungslänge, Anschlussdrähte usw.) als elektrisch lange Leitung wirken, so sind Modellvorstellungen erforderlich, die diesen Sachverhalt berücksichtigen. In ihnen wird die Beeinflussung als das Übergreifen einer laufenden leitungsgebundenen Welle auf ein Nachbarsystem behandelt.

Als Störquelle wirkt bei einer elektrisch langen Leitung u. U. eine elektromagnetische Welle, die ein elektrisches und ein magnetisches Feld

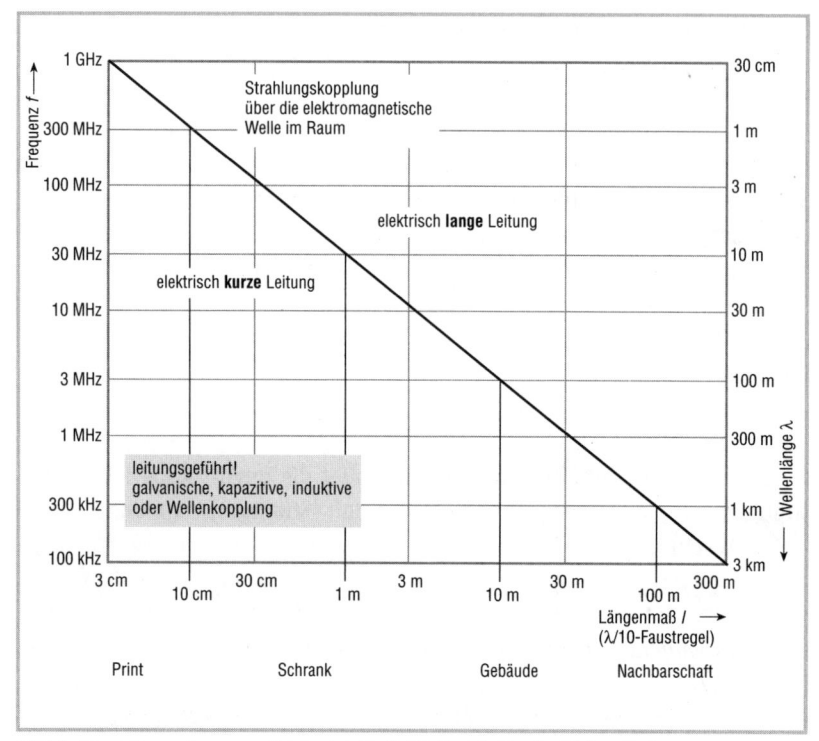

Bild 3.15 Längen-Frequenz-Abhängigkeit (λ/10-Regel) für die Wirksamkeit von z. B. Erdungs- und Schirmungsmaßnahmen
Eine elektrisch kurze Leitung erfüllt stets die Bedingung $l < \lambda/10$.

auf der Leitung erzeugt. Hier kommt es zur Bildung von Störsignalen. Diese Störsignale können das Nutzsignal überlagern.

Besonders häufig entstehen diese Störsignale (Wellenbeeinflussung) bei nicht angepassten Leitungen; denn hier treten Reflexionen auf. Aus diesem Grund müssen offene Leitungen einen *Abschlusswiderstand* erhalten. *Anpassung* liegt vor, wenn der Abschlusswiderstand so groß ist wie der *Wellenwiderstand* Z_W der Leitung:

$$Z_W = \sqrt{\frac{L}{C}} \ ;$$

L Induktivität der Leitung,
C Kapazität der Leitung.

Die kritische Leitungslänge, ab der mit Wellenbeeinflussung zu rechnen ist, variiert mit der Störfrequenz (**Tabelle 3.1**).

3.4 Wellen- und Strahlungskopplung

Tabelle 3.1 *Kritische Leitungslängen bei Wellenkopplung*

Gerätetechnik	Arbeitsfrequenz	Schaltzeit	Höchste Störfrequenz	Kritische Leitungslänge
Analogtechnik	1…100 kHz	–	100 kHz	300 m
Digitaltechnik				
langsam	10 kHz	10 µs	35 kHz	800 m
mittelschnell	500 kHz	0,5 µs	700 kHz	40 m
schnell	20 MHz	5 ns	70 MHz	40 cm
sehr schnell	100 MHz	1 ns	350 MHz	8 cm

Abhilfe gegen Wellenkopplung:
- Beschaltung offener Leitungen mit Abschlusswiderstand,
- räumliche Trennung von Störquelle und Störsenke,
- Schirmung,
- Verdrillung.

3.4.3 Strahlungskopplung

Mit steigender Frequenz der Störsignale erhöht sich die Gefahr, dass die Störgröße nicht nur leitungsgebunden auftritt, sondern sich durch Strahlung im Raum ausbreitet. Je nach Frequenz der Störgröße und der geometrischen Struktur des beteiligten Betriebsmittels, das als Störsenke in Frage kommt, nimmt dieses die abgestrahlten Störgrößen wie eine **Antenne** auf (**Bild 3.16**).

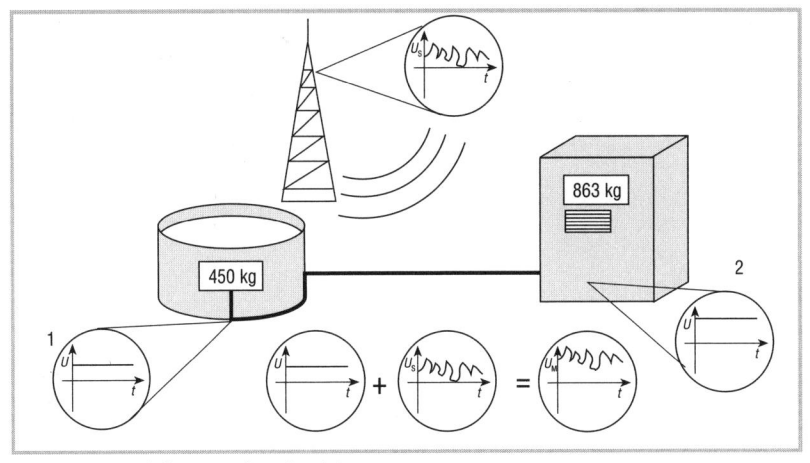

Bild 3.16 *Beeinflussung einer Messleitung*
Dem Signal des Füllstandsmessers 1 wird auf der Leitung ein Störsignal überlagert, das in der Auswerteelektronik einen höheren Gleichspannungsanteil erzeugt, der ein größeres Messergebnis 2 vortäuscht.

Ursachen für Strahlungsbeeinflussungen sind alle Einrichtungen, die elektromagnetische Wellen aussenden. Darunter fallen alle Arten von Sendeanlagen. Auch Blitzentladungen in Gewittern, Lichtbogenentladungen von Oberleitungen bei Schienenverkehr sowie unser Universum mit seiner kosmischen Strahlung senden elektromagnetische Wellen aus (**Bild 3.17**, s. auch Tabelle 2.1 sowie Bild 2.3).

Die Abmessungen, bei denen ein Teil der Anlage zur „Antenne" wird, werden bei den verschiedenen Frequenzen schnell erreicht ($l > \lambda/10$, **Bild 3.18**).

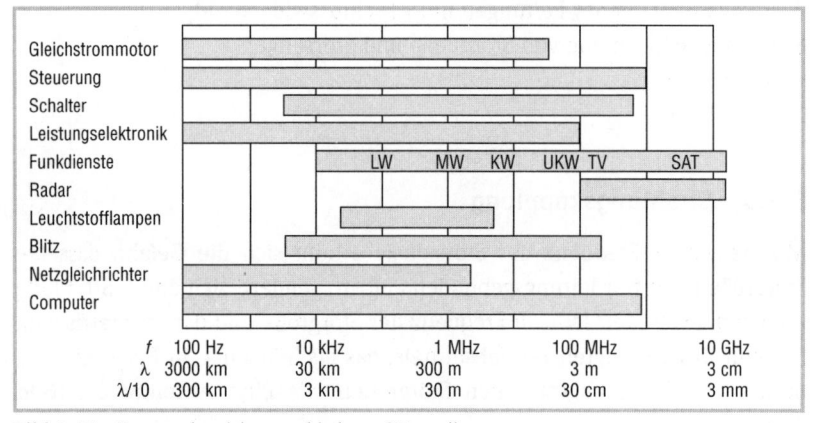

Bild 3.17 *Frequenzbereiche verschiedener Störquellen*

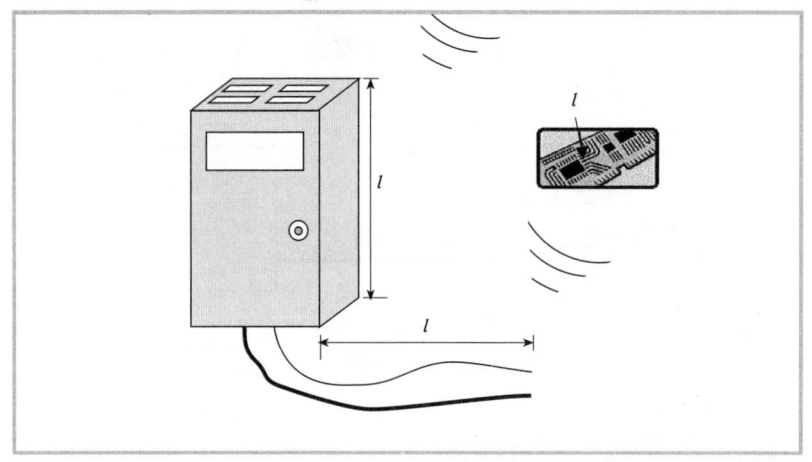

Bild 3.18 *Beispiele für Strukturen mit verschiedenen Ausdehnungen l, auf die eine Störgröße je nach Frequenz f und der sich daraus ergebenden Wellenlänge λ beeinflussend wirken kann*

3.4 Wellen- und Strahlungskopplung

Die wirksame Störgröße ist eine *elektromagnetische Welle* mit ihrem elektrischen Feld E_0 und ihrem magnetischen Feld H_0, das senkrecht zum elektrischen Feld steht. In der Nähe der Störquelle (*Nahfeld* mit dem Abstand $x < \lambda/2\pi$, s. Abschnitt 3.4.1) überwiegt entweder E_0 oder H_0, je nachdem, ob die Störquelle hohe Spannungen und geringe Ströme oder hohe Ströme und geringe Spannungen führt. Die durch diese Nahfelder in Stromkreisen verursachten Beeinflussungen können mit den Modellvorstellungen der induktiven bzw. kapazitiven Kopplung behandelt werden. Im *Fernfeld* (s. Abschnitt 3.4.1) sind die Verhältnisse anders. Hier besteht zwischen den Beträgen von E_0 und H_0 die feste Beziehung $E_0/H_0 = 377\ \Omega$ (**Bild 3.19**).

Zur schnellen Entscheidung, ob bei einem vorliegenden Beeinflussungsproblem Nahfeld- oder Fernfeldbedingungen vorhanden sind, können die **Tabelle 3.2** und **Bild 3.20** herangezogen werden.

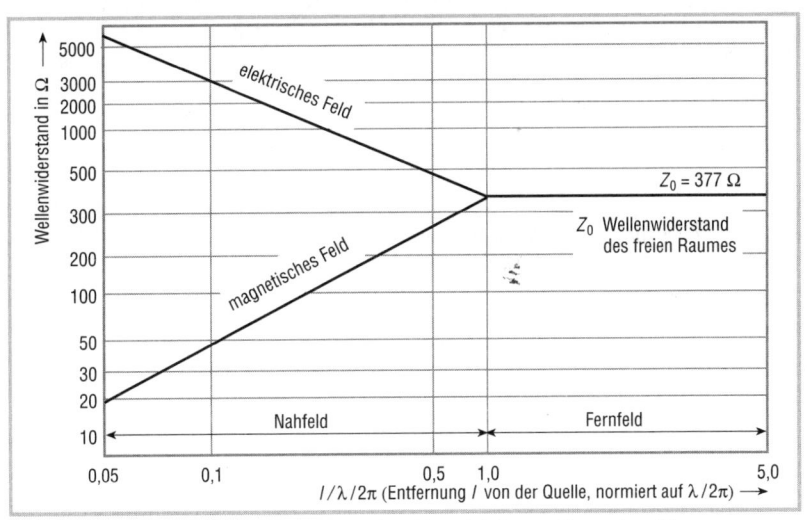

Bild 3.19 *Verlauf des Wellenwiderstandes in Abhängigkeit vom Abstand und bezogen auf die Wellenlänge*

Tabelle 3.2 *Entfernung $x \geq \lambda/2\pi$ zwischen Sender und Empfänger, von der ab mit einer Strahlungsbeeinflussung gerechnet werden muss*

Frequenz f der elektromagnetischen Strahlung in MHz	Mindestabstand x von der Antenne in m
1	≈ 50
10	≈ 5
100	≈ 0,5
1000	≈ 0,05

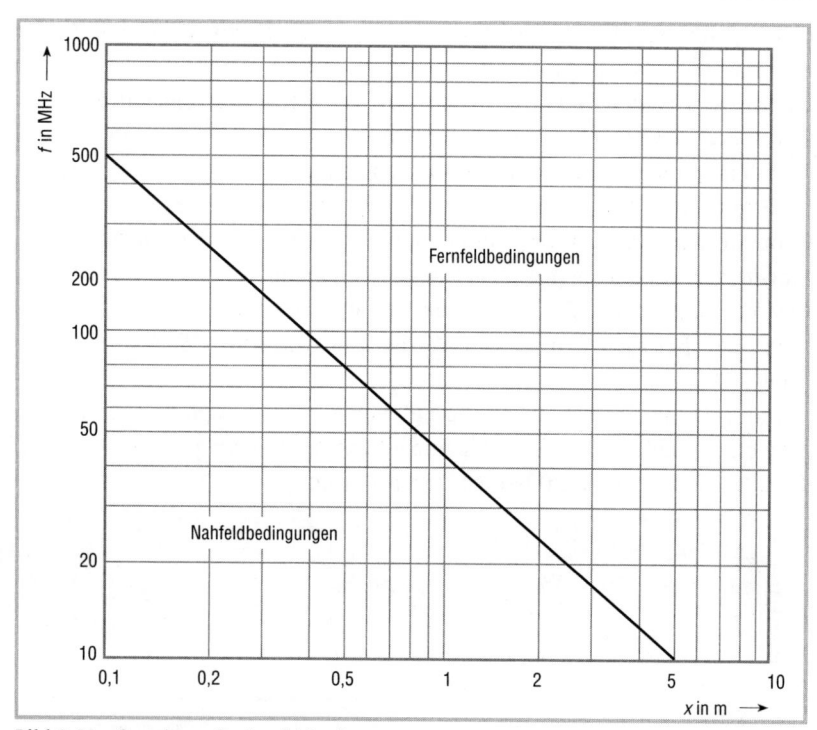

Bild 3.20 *Grenzkurve für Fernfeldbedingungen*

3.5 Zusammenfassung

Einkopplungen von Störgrößen können leitungsgeführt oder gestrahlt erfolgen, wobei je nach
- der Frequenz der Störgrößen,
- dem Abstand der Störquellen zu den Störsenken und
- den Abmessungen der Störsenken

verschiedene Kopplungsarten zu berücksichtigen sind. Die dabei übertragenen Störgrößen sind den Nutzgrößen überlagert. Ihre Auswirkungen führen zu Funktionsstörungen der betroffenen Einrichtungen.

Zur Sicherstellung der Störfestigkeit einer elektrischen Einrichtung muss die elektromagnetische Verträglichkeit aller beteiligten Geräte, Anlagen und Systeme gewährleistet sein. Aus ökonomischen Gründen sollte das möglichst in der Entwicklungsphase geschehen. Dazu müssen die einzelnen Elemente des Störmodells erkannt und in ihren Auswirkungen abgeschätzt bzw. analysiert werden.

Störquellen lassen sich nach unterschiedlichen Gesichtspunkten einordnen, um eine bessere Erkennung und eine optimale Behandlung sicherzustellen, z.B. leitungsgeführte oder gestrahlte Störgrößen. Häufig ist das Stromversorgungsnetz die wichtigste Quelle leitungsgeführter Störgrößen im Niederfrequenzbereich, u.U. auch bis zu einigen 100 MHz.

Besondere Beachtung erfordern außerdem Entladungen statischer Elektrizität und Blitzentladungen, bei denen neben den hohen Werten der damit verbundenen Spannungen und Ströme auch deren schnelle zeitliche Änderungen von Bedeutung sind. Die Beeinflussungen erfolgen durch galvanische, kapazitive und induktive Kopplungen, Wellenbeeinflussung und Strahlungskopplung. Dabei hängt die Kopplungsart im Wesentlichen von den geometrischen Abmessungen der Einrichtungen, von den Abständen und vom Frequenzspektrum der Störgrößen ab.

de fachbücher

Baubiologische Elektrotechnik

Diese Neuerscheinung stellt den Abschnitt über elektromagnetische Felder in Gebäuden aus unserem vergriffenen Buch „Baubiologische Elektrotechnik" komplett überarbeitet und erweitert in Form eines eigenständigen Buches dar. Ergänzend dazu empfehlen wir das Buch von Martin Schauer „Feldreduzierung in Gebäuden".

Behandelt werden u.a.

→ Elektromagnetische Verträglichkeit Umwelt (EMVU)
→ Veränderung des natürlichen EMF-Spektrums und ihre Folgen,
→ Physik der EM-Felder (Statik, Hoch- und Niederfrequenz),
→ Vorgehensweise bei der Messung von Vektorfeldern,
→ Spektrumanalyse,
→ elektrische Wechselfelder.

Baubiologische EMF-Messtechnik
Grundlagen der Feldtheorie –
Praxis der Feldmesstechnik
Von Martin H. Virnich (Hrsg.).
2012. Ca. 200 Seiten. Softcover.
Ca. € 39,80 (D).
ISBN 978-3-8101-0328-4

HÜTHIG & PFLAUM
VERLAG

Im Weiher 10
D-69421 Heidelberg
Tel.: +49 (0) 6221 489-603

Mehr zu den Fachbüchern finden Sie unter: www.elektro.net
E-Mail: buchservice@huethig.de

4 EMV-Maßnahmen in der Elektroinstallation

Im Kapitel 4 werden praktische Maßnahmen vorgestellt, die bei der Planung und erst recht bei der Errichtung von Gebäuden beachtet werden müssen, um eine EMV-gerechte Elektroinstallation zu erhalten.

4.1 Potentialausgleich, Massung und Erdung

Der Potentialausgleich ist nach den Errichtungsnormen (DIN VDE 0100) stets gefordert. Allerdings sind die Anforderungen in den Teilen 410 und 540 stark auf den Personenschutz ausgerichtet. Für eine EMV-gerechte Elektroinstallation müssen zusätzliche bzw. weiterreichende Bestimmungen beachtet werden, wie sie beispielsweise in DIN VDE 0100-444, DIN VDE 0800-2-310 sowie in den Richtlinien VdS 2349 enthalten sind.

In der Überschrift wurde bewusst der Begriff *Massung* eingeführt, weil er allgemeiner gefasst ist als der Begriff *Erdung*. Unter Masse versteht man ganz allgemein die Gesamtheit der leitfähigen Anlagenteile (wie Körper, fremde leitfähige Teile und Schirme), die untereinander verbunden sind, um ein (für den betrachteten Frequenzbereich) gemeinsames Bezugspotential zu erhalten. Auf diese Weise werden eventuell vorhandene Potentialdifferenzen ausgeglichen, Schleifenbildungen vermieden bzw. reduziert und – falls erforderlich – kann eine Raumschirmung erzielt werden. Die Erdung ist im Grunde nur der „Spezialfall" der Massung, bei dem man die Erde als gemeinsames Bezugspotential nutzt. Aber bereits in den oberen Stockwerken eines Hochhauses wird dieser Begriff zusehends fragwürdig. Aus diesem Grund wird hier die Massung statt der Erdung genannt, obwohl die Begriffe im Weiteren durchaus gleichbedeutend benutzt werden. DIN VDE 0800-2-310 spricht in diesem Zusammenhang auch von Erdernetzen. Gemeint ist hiermit eine Potentialausgleichanlage, die an Erde angeschlossen ist.

4.1.1 Errichten der Erdungsanlage

Erder sind leitfähige Teile, die in gutem Kontakt mit Erde sind und mit dieser eine elektrische Verbindung bilden. Im Allgemeinen muss die Ausführung der Erdungsanlage den Erfordernissen des Schutzes und der Funktion der elektrischen Anlagen entsprechen.

Bei der Planung und Errichtung der Erdungsanlage muss sichergestellt sein, dass
- der Ausbreitungswiderstand der Erder den Anforderungen für den Schutz und die Funktion der Anlage entspricht und man erwarten kann, dass die Funktion des Erders erhalten bleibt;
- Erdfehlerströme und Erdableitströme ohne Gefahr abgeleitet werden können;
- die Betriebsmittel ausreichend robust oder mit zusätzlichem mechanischem Schutz versehen sind, damit sie den zu erwartenden äußeren Einflüssen standhalten;
- Vorkehrungen gegen voraussehbare Gefahren der Schädigung anderer Metallteile durch elektrolytische Einflüsse getroffen sind.

In Anlagen mit mehreren Gebäuden, in denen elektronische Betriebsmittel für Kommunikations- und Datenaustauschzwecke verwendet werden, müssen alle Schutz- und Funktionserdungsleiter einzeln mit der Haupterdungsschiene verbunden werden. Dabei muss bei der Trennung eines Leiters die Verbindung aller anderen Leiter gewährleistet bleiben. Wenn die Verbindung zwischen den Erdern nicht möglich oder praktikabel ist, sollte man eine galvanische Trennung der Kommunikationsnetze durchführen. Dies lässt sich zum Beispiel durch die Verwendung von Glasfaserverbindungen einrichten.

Erderarten

Banderder sind Erder aus Band-, Rundmaterial oder Seilen, die in geringer Tiefe (ca. 0,5 bis 1 m) eingegraben werden. Außer in gestreckter Verlegung gibt es sie als Ring-, Strahlen- und Maschenerder.

Stab- oder *Tiefenerder* sind Erder aus Rohr oder Profilstahl, die in den Erdboden eingetrieben werden.

Plattenerder sind Erder aus Blechplatten (voll oder gelocht).

Zuleitungen zu einem Erder gelten als Teil des Erders, wenn sie nicht isoliert im Erdreich verlegt sind.

Fundamenterder nach DIN 18014

Der Fundamenterder ist ein Leiter aus Band- oder Rundstahl, der in die Außenwände eines Gebäudes oder in die Bodenplatte (Fundamentplatte) eingebettet ist (**Bild 4.1**). Er bildet stets eine geschlossene Schleife.

Als Werkstoff werden Bandstahl 30 mm × 3,5 mm, 25 mm × 4 mm oder Rundstahl mit mindestens 10 mm Durchmesser verwendet. Dieser Stahl ist

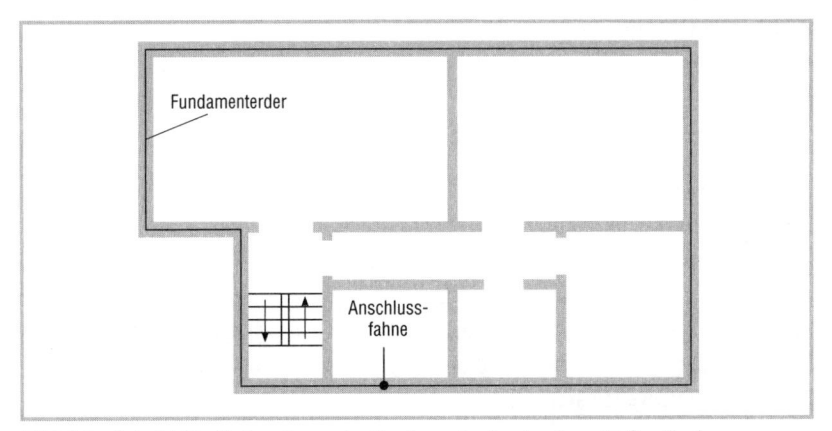

Bild 4.1 *Beispiel für die Anordnung des Fundamenterders in einem Einfamilienhaus*

als geschlossener Ring in die Außenmauern der Gebäude unterhalb der Isolierschicht zu legen.

Eine Schleife des Fundamenterders sollte keine größeren Flächen als 20 m × 20 m umschließen, d.h., bei größeren Gebäudegrundflächen sind entsprechende Querverbindungen zu erstellen. Dehnungsfugen sind innerhalb des Gebäudes, aber außerhalb des Betons, durch *Dehnungsbänder* zu überbrücken. Bei Betonbauten kann anstelle des Fundamenterders die Armierung als natürlicher Erder Verwendung finden.

Anschlussfahnen

Ein mit dem Fundamenterder verbundener Bandstahl ist vom Fundament bis in den Hausanschlussraum zu führen und dort an die Haupterdungsschiene anzuschließen. Soll der Fundamenterder auch als Blitzschutzerder dienen, so sind weitere Anschlussfahnen in geeigneten Abständen vom Fundamenterder abzuzweigen und nach außen zu führen (siehe DIN VDE 0185-305-3). Die Anschlussfahnen sind durch Ummantelungen mit ausreichendem Korrosionsschutz zu versehen oder es sind Fahnen aus Edelstahl zu verwenden.

Korrosionsschutz

Überall dort, wo der Erderwerkstoff das Fundament verlässt oder Kontakt mit dem Erdreich hat, ist die Gefahr der Korrosion besonders hoch. Deshalb sind hier entsprechende Maßnahmen (zum Beispiel die Verwendung geeigneter Werkstoffe oder Verwendung von Korrosionsschutzbinden) zu ergreifen.

Verbindungsstellen

Gut leitende Verbindungen und Abzweige können durch geeignete Klemmen, Schrauben oder Schweißen hergestellt werden. Würgeverbindungen sowie Keilverbinder sind unzulässig

Zuständigkeit

Das Verlegen des Fundamenterders ist vom Bauherrn oder vom Architekten zu veranlassen. Die Ausführung darf nur durch eine Elektro- oder Blitzschutzfachkraft selbst oder unter Leitung und Aufsicht einer dieser Fachkräfte erfolgen. Für die Verbindung der Anschlussfahne mit dem Schutzpotentialausgleich und die zugehörigen Arbeiten ist der eingetragene Elektrohandwerker zuständig.

Dokumentation

Zum Fundamenterder ist eine Dokumentation anzufertigen. Hierfür sind das Ergebnis der Durchgangsmessungen sowie Pläne und/oder Fotografien vorzulegen.

Folgendes ist zu beachten:
- Art und Verlegungstiefe der Erder müssen so ausgewählt werden, dass das Austrocknen oder Gefrieren des Bodens den Erdungswiderstand des Erders nicht unzulässig erhöht.
- Die Planung der Erdungsanlage muss ein mögliches Ansteigen des Erdungswiderstandes der Erder z. B. infolge Korrosion berücksichtigen.
- Metallene Rohrleitungen sollten nicht als Erder benutzt werden.
- Bei der Verwendung bestimmter Betonsorten oder einer Isolierung des Fundaments („schwarze Wanne") kann die Verlegung eines Ringerders erforderlich werden.

4.1.2 Netzsysteme

Ist von Erdung die Rede, so stellt sich immer auch die Frage nach der Art der Erdverbindung des Systems, das für die Zufuhr elektrischer Energie sorgt. Zur weiteren Betrachtung ist es aus diesem Grund notwendig, die in den Normen behandelten Netzformen – man spricht dort von *Systemen* – zu beschreiben. In den DIN-VDE-Bestimmungen wird zwischen folgenden Netzformen unterschieden:
- **TN-System** mit den Ausführungsformen **TN-S-System, TN-C-System** und **TN-C-S-System,**

4.1 Potentialausgleich, Massung und Erdung

- TT-System,
- IT-System.

Der erste Buchstabe bezeichnet die Erdungsverhältnisse der Stromquelle, der zweite die Erdungsverhältnisse der Verbraucheranlage. „T" steht für Terra „direkte Erdung eines Punktes", „I" steht für „Isolierung aller aktiven Teile gegenüber der Erde oder Verbindung eines aktiven Teils mit der Erde über eine Impedanz".

Die in den Bildern 4.2 bis 4.4 angegebenen Bewertungen bezüglich der EMV werden im Folgenden kurz erläutert.

In der Praxis trifft man überwiegend auf TN- und TT-Systeme (**Bilder 4.2** und **4.3**); IT-Systeme (**Bild 4.4**) sind seltener. In den TN-Systemen ist ein Punkt direkt geerdet (Betriebserder). Für die EMV ist es wichtig, dass zurückfließende Betriebsströme ihren Weg über den isolierten Neutralleiter nehmen und nicht als sog. Streuströme über Anlagenteile des Potentialausgleichs. Diese Streuströme bedeuten stets ein hohes EMV-Störpotential (s. auch . auch Abschnitt 4.1.4.3 „Fremdspannungsarmer Potentialausgleich").

Der PEN-Leiter des TN-C-Systems ist zugleich Schutzleiter (PE) und Neutralleiter (N). In seiner Funktion als Neutralleiter führt er betriebsbedingt in der Regel Strom. Da der PEN-Leiter jedoch gleichzeitig die Schutzleiter (PE)-Funktion übernimmt und somit leitfähig mit dem Potentialausgleich verbunden ist, ergeben sich für den betriebsbedingten Neutralleiterstrom stets parallele Strompfade über mit dem Potentialausgleich verbundene Gebäudeteile (Rohre, Armierungen usw.) und leider auch über mit dem Potentialausgleich verbundene Kabel- und Leitungsschirme (**Bild 4.5**). Über diese metallenen Gebäudeteile und Schirme fließen also Teile des Betriebsstromes zurück zum Versorgungstransformator. Die Höhe dieser Ströme hängt ab von den Widerstandsverhältnissen der leitfähigen Teile des Gebäudes, der Schirme und des PEN-Leiters. Der genannte Teilbetriebsstrom (Streustrom), der über die Kabel- und Leitungsschirme fließt, kann Fernmelde- oder EDV-Anlagen stören.

Es soll auch nicht unerwähnt bleiben, dass bei nicht sauberen Erdungskonzepten (z.B. Mehrfachanbindung an das Erdungssystem) in einem TN-C- oder TN-C-S-System die zuvor erwähnten Streuströme die Stromsumme in einem Mehrleiterkabel verändern.

Normalerweise ist die Summe aller Ströme innerhalb eines Kabels oder einer Leitung in jedem Augenblick null. Dadurch wirkt dieses Kabel (die Leitung) nach außen magnetisch neutral, da sich die magnetischen Felder der Ströme weitgehend gegenseitig aufheben. Da jedoch ein Teil des Stro-

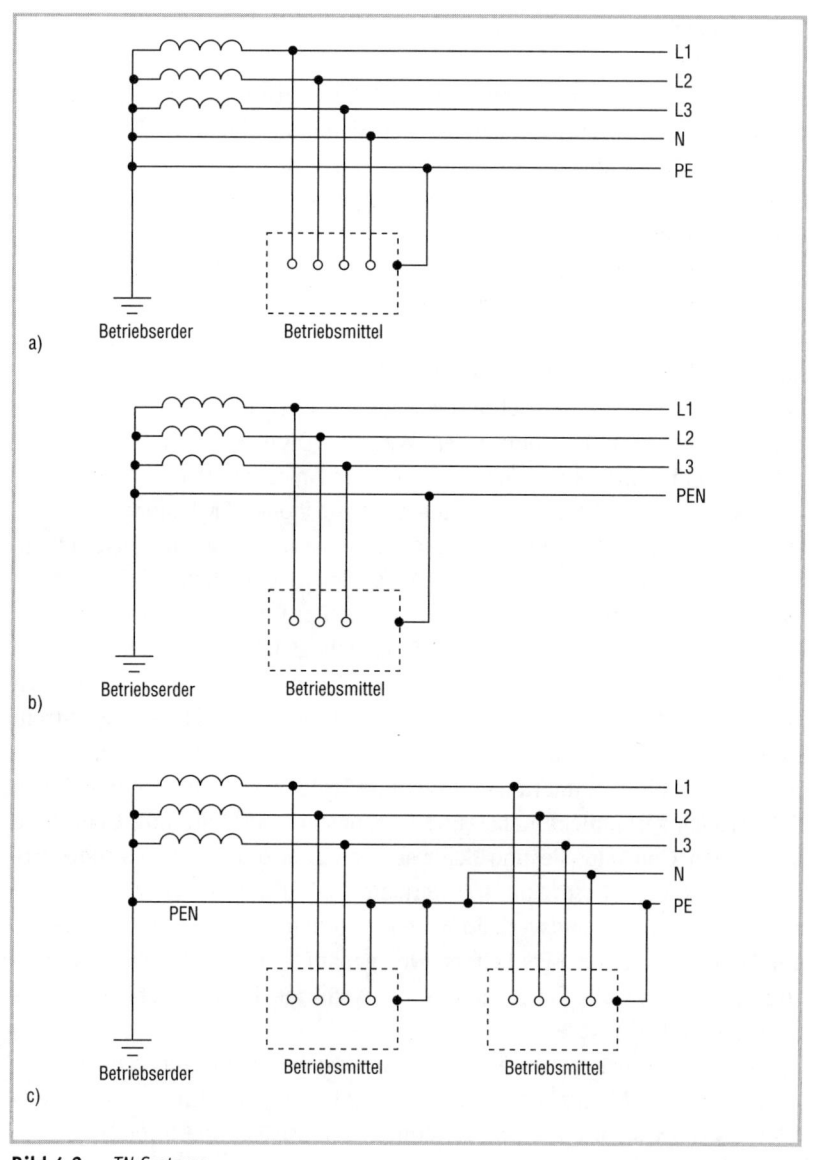

Bild 4.2 *TN-Systeme*
  a) TN-S-System: günstig für die EMV
  b) TN-C-System: NICHT günstig für die EMV, für Neuanlagen mit Informationstechnik nicht zulässig, in Altanlagen sollte eine Umrüstung auf das TN-S-System erfolgen
  c) TN-C-S-System: im S-Teil günstig und im C-Teil ungünstig für die EMV (als Mischform insgesamt ungünstig)

mes am Kabel (an der Leitung) vorbeifließt, ist die Stromsumme nicht mehr null – hier kommt es zu Problemen (s. hierzu Abschnitt 4.1.3).

Beim TN-S-System, in dem die betriebsbedingten „Rückströme" ausschließlich im Neutralleiter fließen, werden diese Probleme vermieden (**Bild 4.6**).

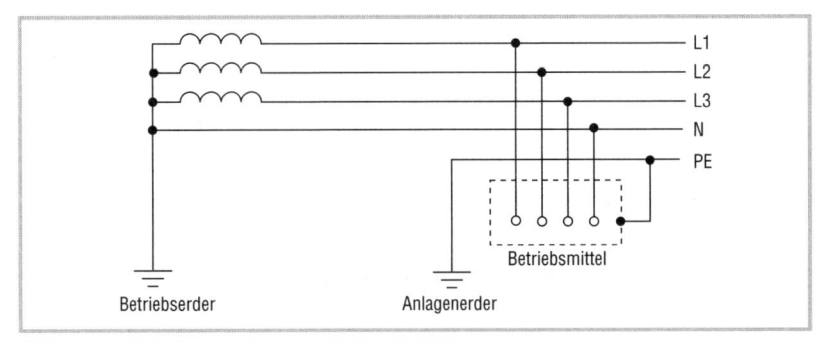

Bild 4.3 *TT-System: bedingt günstig für die EMV*

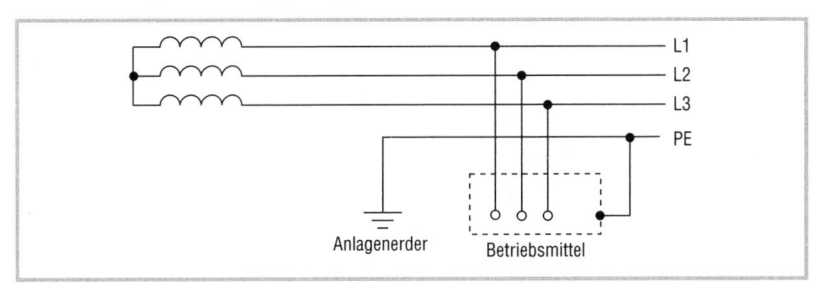

Bild 4.4 *IT-System: bedingt günstig für die EMV*

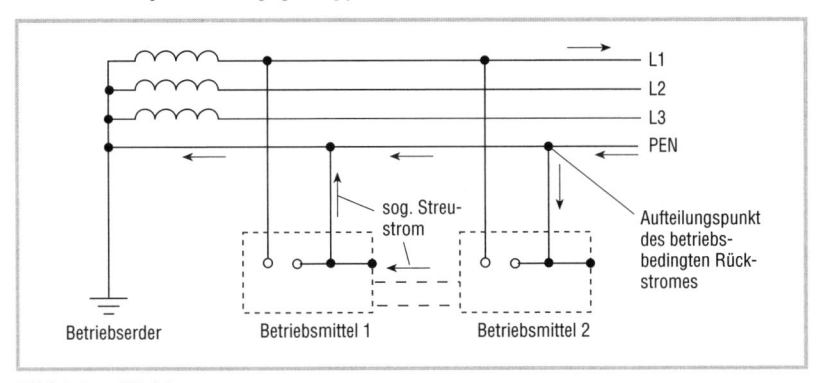

Bild 4.5 *TN-C-System*
Betriebsbedingte Ströme über den PEN-Leiter fließen auch über parallele Wege (Streuströme z. B. über Kabelschirme).

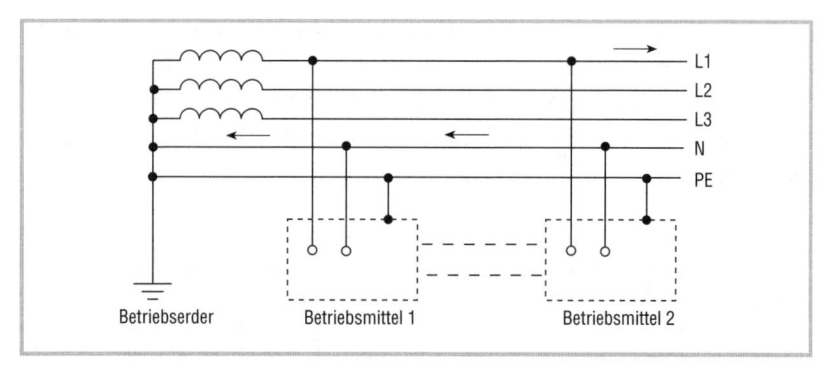

Bild 4.6 *TN-S-System*
„Rückströme" fließen ausschließlich im Neutralleiter (keine Streuströme über Kabelschirm).

4.1.3 Erdung des einspeisenden Systems

Bei der Einspeisung einer elektrischen Anlage im Stich – wenn also nur ein Transformator auf die Niederspannungs-Hauptverteilung (NHV) speist – können bereits erhebliche EMV-Probleme auftreten. Der Transformator wird in der Regel direkt am Sternpunkt geerdet. Von da aus wird ein 4-Leiter-System mit PEN-Leiter zur NHV geführt.

Da der PEN-Leiter an mehreren Stellen mit dem Erdungs- und Potentialausgleichssystem im Gebäude in Verbindung steht (mindestens am Sternpunkt des Transformators und dort, wo die PE-Schiene der NHV mit dem Potentialausgleich verbunden ist), fließt der betriebsbedingte Neutralleiterstrom nicht nur über diesen PEN-Leiter zum Transformator zurück, sondern (wie im Abschnitt 4.1.2 beschrieben) parallel dazu auch über Anlagenteile des Potentialausgleichs oder der Armierung des Gebäudes usw. Man spricht von *Streuströmen*. Hier entstehen parallel zwei Probleme:

- Zunächst wirken die parallelen Ströme (die Streuströme), die über irgendwelche leitfähigen Gebäudeteile fließen, die mit dem Potentialausgleich verbunden sind, magnetisch gesehen **wie ein Einleiterkabel**.
Ein Einleiterkabel hat jedoch in Bezug auf sein magnetisches Feld die höchste Wirkung auf seine Umgebung, da dieses Feld lediglich proportional mit dem Abstand abnimmt ($\sim 1/r$, r Abstand vom Leiter, s. Abschnitt 2.2.7.2). In der Nähe solcher Leitungen können bei einem Strom von nur 10 A magnetische Flussdichten von einigen µT auftreten. Flussdichten dieser Größenordnung reichen aus, um Bildschirme und elektronische Bauteile zu stören.

Ist von einer Belastung des PEN-Leiters mit Oberschwingungen auszugehen (das ist in heute üblichen Anlagen die Regel), so kommen hierzu noch die höherfrequenten magnetischen Felder dieser Oberschwingungsströme, die ebenfalls über leitfähige Gebäudeteile fließen.
Außerdem sind die unkontrolliert über leitfähige Gebäudeteile fließenden Ströme stets als brandgefährlich einzustufen.

■ Aber nicht nur die Streuströme selbst werfen Probleme auf. Die Stromsumme im Zuleitungskabel zwischen Transformator und NHV ist nun nicht mehr null. Das Resultat ist: Das **Zuleitungskabel wirkt wie ein Einleiterkabel**, in dem ein Strom fließt, der so hoch ist wie der Strom, der im Zuleitungskabel fehlt, oder – anders ausgedrückt: In diesem scheinbaren Einleiterkabel fließt ein Strom, der so hoch ist wie die Summe der Streuströme (s. Abschnitt 4.1.2).

Aus diesem Grund sollte entweder ab Transformator ein 5-Leiter-System (TN-S-System) aufgebaut oder die Transformator-Sternpunkterdung erst in der NHV vorgenommen werden (**Bild 4.7**).

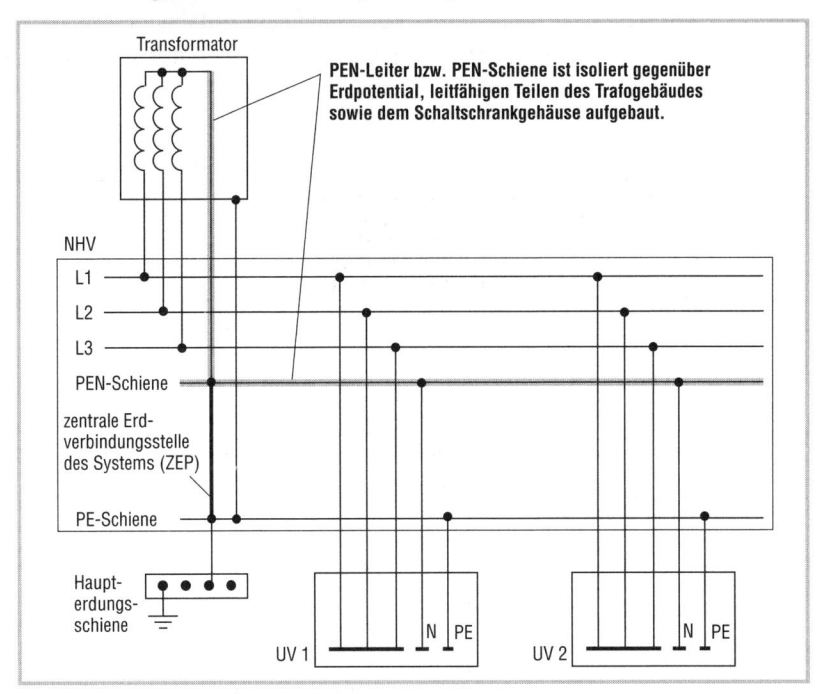

Bild 4.7 *Erdverbindung in einer elektrischen Anlage*
Der Schutzleiter (PE) hat nur eine einzige Verbindungsstelle mit dem PEN-Leiter des einspeisenden Transformators, hier mit ZEP bezeichnet.

Im Bild 4.7 wird die Erdung des Transformators in der NHV vorgenommen. Vom Sternpunkt aus wird der PEN-Leiter isoliert bis in die NHV geführt und dort auf eine vom Schaltschrankgehäuse isoliert aufgebaute PEN-Schiene gelegt. An diese PEN-Schiene werden ausschließlich Neutralleiter aufgelegt. Sie ist isoliert in der Verteilung aufzubauen.

Im ungestörten Betrieb fließt über die PEN-Schiene und den PEN-Leiter der rückfließende Neutralleiterstrom und im Fehlerfall zusätzlich der Fehlerstrom. Die PEN-Schiene muss deutlich als solche gekennzeichnet sein.

In der NHV muss eine zusätzliche PE-Schiene errichtet werden. An ihr werden die Schutzleiter (PE) aufgelegt; sie kann auch beliebig oft mit Erdpotential verbunden werden. Wichtig ist jedoch, dass sie nur **eine zentrale Verbindungsstelle** (zentrale Erdverbindungsstelle) **zur PEN-Schiene** hat (im Bild 4.7 mit ZEP bezeichnet).

Beim *Parallelbetrieb von Transformatoren* ist ebenfalls darauf zu achten, dass keine Mehrfacherdung auftritt (**Bild 4.8**). Andernfalls würden sich auch hier EMV-Probleme ergeben, weil parallel zum Betriebsstrom des PEN-Leiters stets Ströme über Schutzleiter (PE) und andere leitfähige Einrichtungen fließen. Um das zu vermeiden, dürfen die Sternpunkte der Transformatoren nicht direkt geerdet werden, sondern von ihnen wird der PEN-Leiter

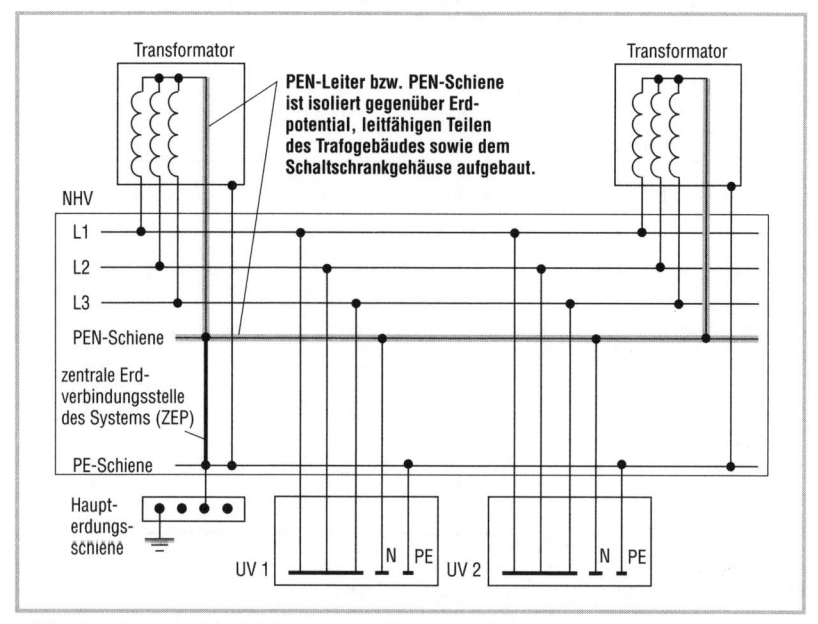

Bild 4.8 *Zentrale Erdverbindung bei Paralleleinspeisung, hier mit ZEP bezeichnet*

isoliert bis in die NHV verlegt. Auch die PEN-Schiene in der NHV muss isoliert vom Schaltschrankgehäuse aufgebaut sein.

Im ungestörten Betrieb erfüllt die isolierte PEN-Schiene in der NHV ausschließlich Neutralleiterfunktion – hier werden sämtliche Neutralleiter aufgelegt. Im Fehlerfall fließt durch diese Schiene und über den isolierten PEN-Leiter der Fehlerstrom zum Sternpunkt des Transformators.

In der NHV muss zusätzlich eine PE-Schiene montiert sein, an die beliebig viele Schutzleiter (PE) angeschlossen werden können. Sie kann auch beliebig oft mit Erdpotential verbunden werden. Wichtig ist jedoch, dass sie nur **eine zentrale Verbindungsstelle** (zentrale Erdverbindungsstelle) **zur PEN-Schiene** hat (im Bild 4.8 mit ZEP bezeichnet).

Natürlich ist dies nur möglich, wenn die Transformatoren nicht allzu weit voneinander entfernt stehen. Nach Möglichkeit sollte auf eine Paralleleinspeisung im Niederspannungsbereich verzichtet werden, wenn die vorgeschlagene Lösung nicht anwendbar ist. Meist ist es günstiger, durch Parallelschaltung im Mittelspannungsbereich für eine ausreichende Betriebssicherheit zu sorgen.

Anmerkungen
1. Der Leiter in den Bildern 4.7 und 4.8, der vom Transformatorsternpunkt zur NHV führt, ist ein **echter PEN-Leiter,** da er betriebsmäßig (wie ein Neutralleiter) Strom und im Fehlerfall (wie ein Schutzleiter) den Fehlerstrom führt (Schutzfunktion!). Letzteres kann und darf ein reiner Neutralleiter nicht, darum kann dieser Leiter hier nicht als Neutralleiter bezeichnet werden!
2. Die hier beschriebene zentrale Erdverbindung darf nicht mit der Ausführung des jeweiligen Erdungs- und Potentialausgleichssystems verwechselt werden. Dort kommt es in der Regel zu einer Vermaschung des Potentialausgleichs mit möglichst vielen Verbindungsstellen zum PE. An dieser Stelle geht es allerdings um die Anbindung des vom einspeisenden Netzsystem kommenden PEN-Leiters. **Zudem muss der ZEP im Fehlerfall Kurzschlussströme führen können.**
3. In DIN VDE 0100-540 wird schon seit 1991 darauf hingewiesen, dass die Stromversorgungen in Anlagen der Informationstechnik, deren Geräte über geschirmte Signalleitungen miteinander verbunden sind, getrennte Leiter für die Funktionen des Neutral- und des Schutzleiters haben müssen (s. hierzu die Bilder 4.5 und 4.6 und Abschnitt 4.1.4 unter „Fremdspannungsarmer Potentialausgleich").
Aus diesem Grund muss der PEN-Leiter des einspeisenden Kabels laut DIN VDE 0100-444:2010-10 so früh wie möglich in einen separaten Neutralleiter und einen Schutzleiter (PE) aufgeteilt werden.

4.1.4 Aufbau und Ausführung des Potentialausgleichs

Durch den Potentialausgleich werden die Körper der elektrischen Betriebsmittel und fremde leitfähige Teile auf gleiches oder annähernd gleiches Potential gebracht. Dieses gemeinsame Potential ist dann die *Masse* dieser Anlage oder üblicherweise in elektrischen Anlagen die *Erde*.

4.1.4.1 Schutzpotentialausgleich über die Haupterdungsschiene

Nach DIN VDE 0100-410 muss in jedem Gebäude der Schutzpotentialausgleich über die Haupterdungsschiene (alt: Hauptpotentialausgleich) ausgeführt werden. Der Hauptschutzleiter, der Haupterdungsleiter, die Haupterdungsklemme oder -schiene und alle metallenen fremden leitfähigen Teile müssen zu einem Schutzpotentialausgleich verbunden werden.

Zu den metallenen **fremden leitfähigen Teilen** zählen
- metallene Rohrleitungen von Versorgungssystemen innerhalb des Gebäudes, z. B. für Gas und Wasser,
- Metallteile der Gebäudekonstruktion,
- metallene Leitungen der Zentralheizungs- und Klimaanlagen,
- Blitzschutzanlage,
- wesentliche metallene Verstärkungen von Gebäudekonstruktionen aus bewehrtem Beton, soweit zugänglich. Dies gilt ebenso für alle Metallteile, die von außen Potential einführen können, wie Baustahlmatten, Rippentorstahl. Besonders wichtig ist dies bei Fernmeldeanlagen, da hier Potentialunterschiede zwischen verschiedenen Stellen des Gebäudes auftreten und dadurch verursachte Ausgleichsströme zu Störungen führen können.

Die metallenen Umhüllungen von Fernmeldekabeln und -leitungen müssen in den Potentialausgleich einbezogen werden. Dafür ist jedoch die Zustimmung des Eigners oder Betreibers derartiger Kabel und Leitungen einzuholen. Wird keine Zustimmung erteilt, so liegt die Verantwortung zur Vermeidung jeder Gefahr infolge des Ausschlusses dieser Kabel und Leitungen von der Verbindung mit dem Hauptpotentialausgleich beim Eigner oder Betreiber.

Planungshinweise

Rohrleitungen aus Metall, z. B. für Wasser, Gas oder Heizung, und die Kabel und Leitungen zur Versorgung des Gebäudes sollten an **derselben Stelle** in das Gebäude eingeführt werden (**Bild 4.9a**). Bei größeren Gebäuden sollte diese Einführung an einer Außenwand in den Technikraum erfolgen.

Die Kabelmäntel, Leitungsschirme, Rohrleitungen aus Metall und Verbindungen dieser Teile sollten mit dem Hauptpotentialausgleich des Gebäudes auf kürzestem Wege verbunden werden. Dadurch ergeben sich keine oder höchstens sehr geringe Potentialdifferenzen.

Dagegen können bei **getrennten Einführungen** der Versorgungsleitungen durch Fehler-, Blitz- oder Ableitströme (**Bild 4.9 b**) Potentialdifferenzen auftreten.

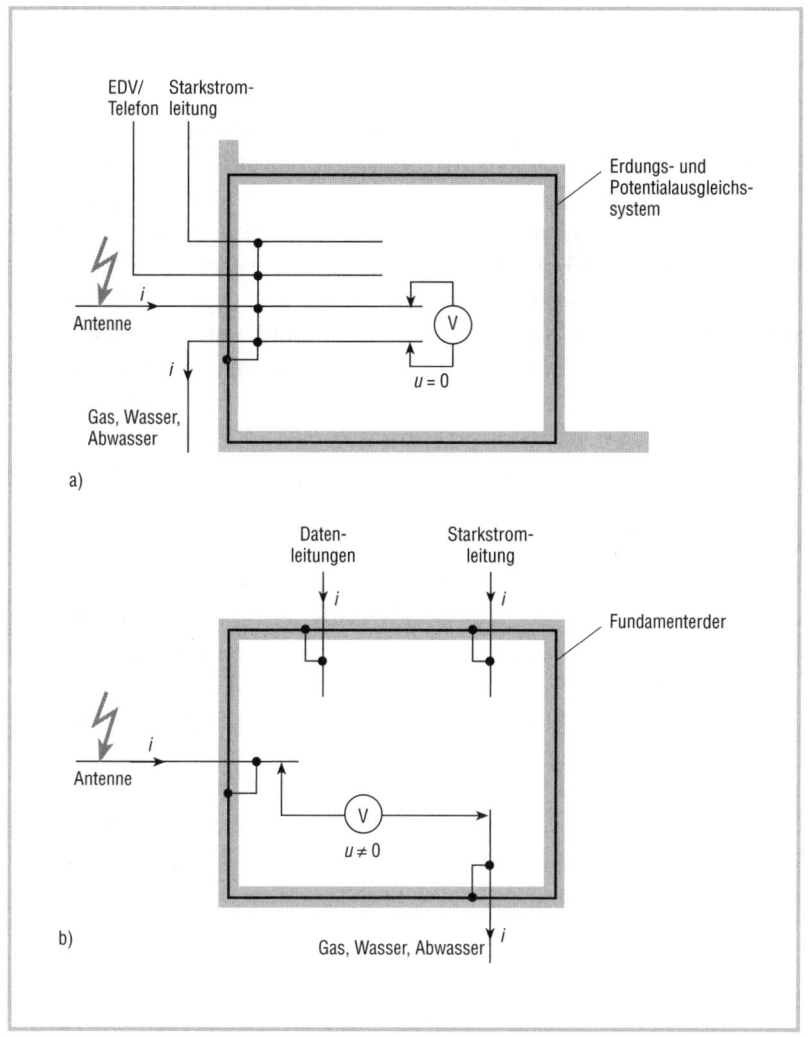

Bild 4.9 *Einführung der Versorgungsleitungen in ein Gebäude nach DIN VDE 0100-444*
a) gemeinsame Einführung an einer Stelle: gut
b) getrennte Einführungen an mehreren Stellen: schlecht

Mindestquerschnitte

Die Querschnitte von Schutzpotentialausgleichsleitern, die für den Schutzpotentialausgleich über die Haupterdungsschiene vorgesehen und an die Haupterdungsschiene angeschlossen sind, dürfen nicht kleiner als 6 mm² Cu oder 16 mm² Al oder 50 mm² Stahl sein.

4.1.4.2 Zusätzlicher Schutzpotentialausgleich

Einen zusätzlichen Schutzpotentialausgleich benötigt man nach DIN VDE 0100-410 nur dann, wenn
- die in dieser Norm vorgegebenen Abschaltzeiten beim Schutz durch automatisches Abschalten im Fehlerfall nicht eingehalten werden (Ersatzmaßnahme zum Schutz durch automatisches Abschalten) oder
- dies für besondere Räume oder Gebäude (die in der Regel in den Teilen 700 ff. von DIN VDE 0100 beschrieben werden) gefordert wird.

In den zusätzlichen Schutzpotentialausgleich müssen alle gleichzeitig berührbaren Körper fest angeschlossener Betriebsmittel und alle gleichzeitig berührbaren fremden leitfähigen Teile einbezogen werden, wenn möglich auch wesentliche metallene Verstärkungen von Gebäudekonstruktionen von bewehrtem Beton. Das Potentialausgleichssystem muss mit den Schutzleitern aller Betriebsmittel, einschließlich derjenigen von Steckdosen, verbunden werden.

Mindestquerschnitte

Ein Leiter für den zusätzlichen Schutzpotentialausgleich, der zwei Körper verbindet, muss einen Querschnitt haben, der mindestens so groß ist wie der des kleineren Schutzleiters, der an die Körper angeschlossen ist.

Ein Leiter für den zusätzlichen Schutzpotentialausgleich, der Körper mit fremden leitfähigen Teilen verbindet, muss einen Querschnitt haben, der mindestens halb so groß ist wie der Querschnitt des entsprechenden Schutzleiters, der zum Körper des Betriebsmittels führt (**Tabelle 4.1**).

Außerdem muss der Querschnitt des zusätzlichen Potentialausgleichsleiters, wenn er als Ersatzmaßnahme für den Schutz durch automatische Abschaltung vorgesehen ist, folgender Bedingung genügen:

$$R_i \leq \frac{50\,\text{V}}{I_a} ;$$

I_a Strom, der die automatische Abschaltung im Fehlerfall bewirkt,
R_i Widerstand des Potentialausgleichsleiters.

Tabelle 4.1 *Querschnitt des zusätzlichen Potentialausgleichsleiters*

mindestens	bei mechanischem Schutz	2,5 mm² Cu
	ohne mechanischen Schutz	4 mm² Cu
normal	zwischen zwei Körpern	1 · Querschnitt des kleineren Schutzleiters
	zwischen einem Körper und einem fremden leitfähigen Teil	0,5 · Querschnitt des Schutzleiters

4.1.4.3 Fremdspannungsarmer Potentialausgleich

Der fremdspannungsarme Potentialausgleich ist in Anlagen der Informationstechnik, deren Geräte (z. B. Geräte mit der Schutzklasse I nach DIN VDE 0140-1 „Schutz gegen elektrischen Schlag; Klassifizierung von elektrischen und elektronischen Betriebsmitteln") über geschirmte Signalleitungen miteinander verbunden sind, zur Vermeidung störender Ausgleichsströme unerlässlich.

Voraussetzung für den fremdspannungsarmen Potentialausgleich ist, dass für den **Schutzleiter (PE) und den Neutralleiter getrennte Leitungen bzw. Adern** verwendet werden. Ein **PEN-Leiter darf also nicht verlegt werden**, bzw. ein **TN-C-System ist hier ausgeschlossen**.

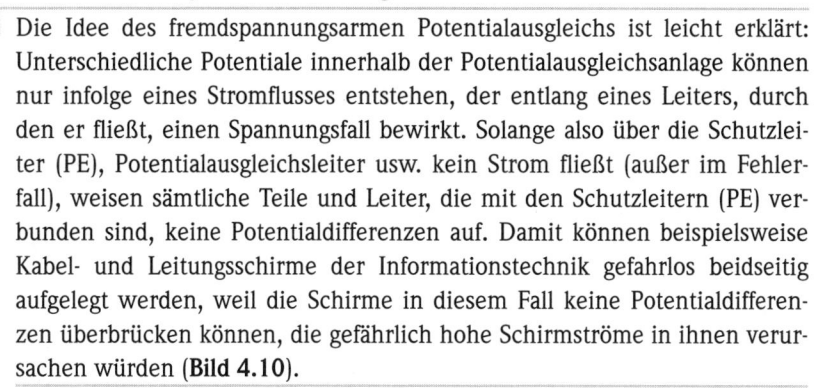

→ Die Idee des fremdspannungsarmen Potentialausgleichs ist leicht erklärt: Unterschiedliche Potentiale innerhalb der Potentialausgleichsanlage können nur infolge eines Stromflusses entstehen, der entlang eines Leiters, durch den er fließt, einen Spannungsfall bewirkt. Solange also über die Schutzleiter (PE), Potentialausgleichsleiter usw. kein Strom fließt (außer im Fehlerfall), weisen sämtliche Teile und Leiter, die mit den Schutzleitern (PE) verbunden sind, keine Potentialdifferenzen auf. Damit können beispielsweise Kabel- und Leitungsschirme der Informationstechnik gefahrlos beidseitig aufgelegt werden, weil die Schirme in diesem Fall keine Potentialdifferenzen überbrücken können, die gefährlich hohe Schirmströme in ihnen verursachen würden (**Bild 4.10**).

- Ableitströme, die eine Potentialdifferenz bewirken können, und
- der durch diese Ableitströme verursachte Differenzstrom, der ein Mehrleiterkabel wie ein Einleiterkabel wirken lässt (Abschnitte 4.1.2 und 4.1.3),

können durch die Anwendung des TN-S-Systems (oder TT- oder IT-Systems mit isoliertem Neutralleiter) vermieden werden. In einem **TN-S-System** ist der Potentialausgleich in der Regel ein **fremdspannungsarmer Potentialausgleich**. Damit ist dieses System sehr geeignet für die Informations- und Fernmeldetechnik (s. Bild 4.10).

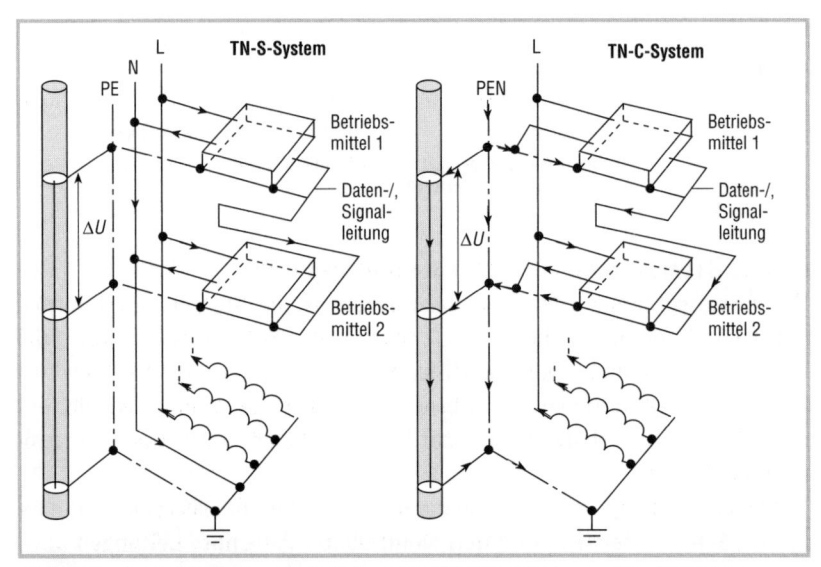

Bild 4.10 *Betriebsbedingte „Neutralleiterströme" im TN-S-System und im TN-C-System*
Im TN-C-System verursacht der Spannungsfall ΔU einen gefährlich hohen Schirmstrom auf der Datenleitung.

Für bestehende TN-C-Systeme ist unter Umständen eine Umstellung auf ein TN-S-System notwendig, wenn ein fremdspannungsarmer Potentialausgleich für einen störungsarmen Betrieb erforderlich ist. Wenn möglich, sollten dann die vorhandenen 4-adrigen Kabel oder Leitungen gegen 5-adrige Kabel oder Leitungen ausgetauscht werden (s. Abschnitt 4.7.1).

Damit die Funktion des TN-S-Systems auf Dauer erhalten bleibt und nicht durch unfachmännische Nachinstallationen eine unzulässige Verbindung zwischen dem Neutral- und dem Schutzleiter (PE) in der elektrischen Anlage auftritt, ist eine ständige Überwachung nötig. Dies kann durch wiederkehrende Prüfungen geschehen, es gibt aber auch Geräte, die diese Überwachung dauernd und automatisch übernehmen. Diese *Differenzstrom-Überwachungsgeräte* (RCM = Residual Current Monitor)

- überwachen die elektrische Installation oder einen Stromkreis auf das Auftreten eines *Differenzstromes,* der beispielsweise durch einen **Isolationsfehler** entstanden ist, und zeigen durch einen Alarm an, wenn dieser einen festgelegten Wert überschreitet, oder
- sie melden, wenn es innerhalb der elektrischen Installation oder eines Stromkreises zu einer **unzulässigen Verbindung zwischen dem Schutzleiter (PE) und dem Neutralleiter** gekommen ist (**Bild 4.11**).

4.1 Potentialausgleich, Massung und Erdung

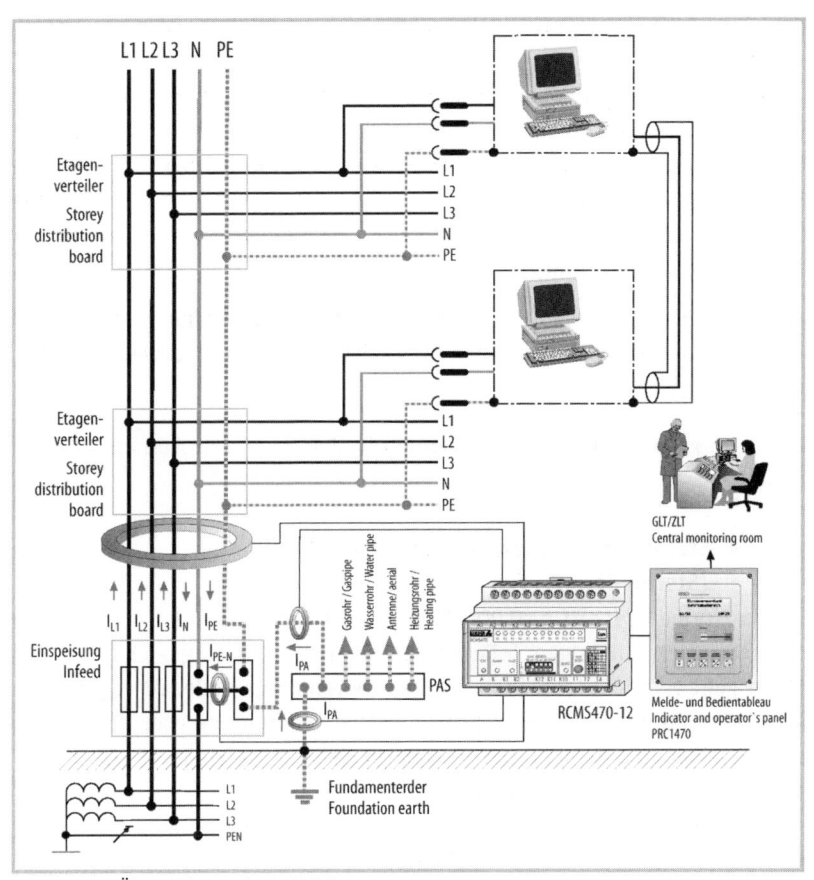

Bild 4.11 *Überwachung eines TN-S-Systems*
Quelle: Dipl.-Ing. W. Bender GmbH & Co. KG

Ein RCM kann gemeinsam mit üblichen Schutzeinrichtungen verwendet werden (IEC 60364-4).

Ein RCM unterscheidet sich von einem *Isolationsüberwachungsgerät* (IMD) dadurch, dass es in seiner Überwachungsfunktion *passiv* arbeitet und nur bei Differenzströmen, die in den überwachten Stromkreisen über den Schutzleiter oder zur Erde hin abfließen, anspricht. Ein IMD ist in seinen Überwachungs- und Messfunktionen dagegen *aktiv*, weil es einen Strom aussendet, wodurch es den symmetrischen und unsymmetrischen Isolationswiderstand in der Installation messen kann. IMDs werden in IT-Systemen zur Isolationsüberwachung eingesetzt. Ein RCM ist dagegen eine „Isolationsüberwachung" für TN- und TT-Systeme. Die Funktion ähnelt dabei der einer RCD (Fehlerstrom-Schutzeinrichtung), allerdings ohne deren Abschaltfunktion.

Um metallene Komponenten in einem Gebäude (wie Schaltschränke, Gehäuse oder Gestelle, sonstige Betriebsmittel und fremde leitfähige Teile) mit der gemeinsamen Erde der baulichen Anlage zu verbinden, schlagen die Normen (DIN VDE 0100-444 und DIN VDE 0800-2-310) vier grundlegende Strukturen vor. In der DIN VDE 0800-2-310 werden diese Strukturen als Erdernetztypen (Typ A bis D) bezeichnet.

→ **Achtung:** Die Bezeichnung darf nicht mit der Erderanordnung (Typ A und Typ B) in den Blitzschutznormen DIN VDE 0185-305-x verwechselt werden.

Die oben genannten Strukturen werden in den folgenden Abschnitten dargestellt.

4.1.4.4 Sternförmige Potentialausgleichsanlage (Sternerdernetz Typ A)

In den Normen DIN VDE 0100-410 und -540 wird lediglich die Anbindung der genannten leitfähigen Teile an den Schutzpotentialausgleich gefordert. Dabei geht es im Wesentlichen um **fremde leitfähige Teile**. Das sind leitfähige Teile, die nicht zur elektrischen Anlage gehören, die aber in der Lage sind, ein Potential in einen Raum oder ein Gebäude einzuführen. Dieses Potential kann auch das Erdpotential sein.

Aus Personenschutzgründen reicht es aus, nur diese Teile einzubeziehen, aus der Sicht der EMV jedoch nicht!

Beispiel:
Eine metallene Kabeltrasse in einem Gebäude braucht nach DIN VDE 0100-410 (und -540) nicht in den Potentialausgleich einbezogen zu werden. Aus der Sicht der EMV ist eine Einbindung jedoch unerlässlich (s. Abschnitt 4.2.5).

Wie bereits angedeutet, kann man die Verbindungen der metallenen Teile mit dem Potentialausgleich sowie der Schirme von Kabeln und Leitungen usw. als Sternsystem oder als Maschensystem oder als Kombination beider Systeme auslegen.

Bei der sternförmigen Potentialausgleichsanlage des Typs A (**Bild 4.12**) werden die Potentialverbindungen offen betrieben. Die Körper der Betriebsmittel und die PE-Schienen der Verteiler werden in einer Linie untereinander verbunden, jedoch nur einmal pro Linie mit dem Erdungssystem an einer zentralen Stelle. Das bedeutet jedoch, dass alle Schutz- und Potential-

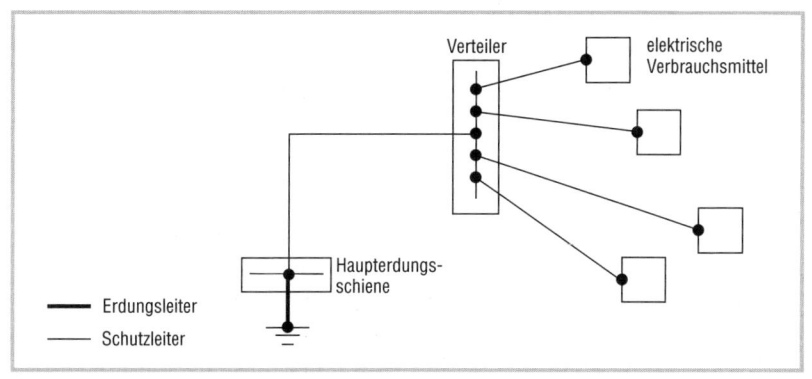

Bild 4.12 *Sternförmiger Potentialausgleich*

ausgleichsleiter sowie die mit ihnen verbundenen leitfähigen Teile ausreichend gegeneinander sowie gegen Erdpotential isoliert errichtet werden müssen. Es darf zu keiner ungewollten, zusätzlichen Verbindung kommen, denn dies würde wieder eine Vermaschung hervorrufen, die das ganze System in Frage stellt! Um dies zu sichern, muss der Isolationszustand der Schutz- und Potentialausgleichsleiter gegen Erde immer wieder überprüft werden, um ungewollte bzw. versteckte Erdungsverbindungen, die durch Veränderungen oder Erweiterungen entstanden sind, auszuschließen.

Im Allgemeinen wird die sternförmige Potentialausgleichsanlage des Typs A für relativ kleine, örtlich begrenzte Systeme verwendet. Unter Umständen werden auch einzelne Systeme im Gebäude nach diesem Schema errichtet.

Beispiel: Brandmeldeanlage
Die Kabelschirme werden einmal in der Zentrale mit dem Potentialausgleich verbunden. Danach werden zwar die Schirme und die daran angeschlossenen Betriebsmittel untereinander verbunden, nicht aber erneut mit dem Potentialausgleich in Verbindung gebracht. Auf diese Weise wird vermieden, dass bei vorhandenen Streuströmen, die über den Potentialausgleich fließen, die Schirme belastet werden. Auch Schleifenbildungen lassen sich so vermeiden.

Vor- und Nachteile der sternförmigen Potentialausgleichsanlage

In diesem System können keine Ströme entstehen, die von anderen Betriebsmitteln als den angeschlossenen herrühren. Eine Schleifenbildung und somit ein induzierter Strom können ausgeschlossen werden.

Das System ist jedoch störanfällig, da bereits eine zufällige (ungewollte) Verbindung der voneinander isolierten Linien das ganze System in Frage stellt. Hier muss also sorgfältig geplant, errichtet und anschließend sehr genau darauf geachtet werden (Wiederholungsprüfungen), dass die Linien des Potentialausgleichssystems und die daran angeschlossenen Betriebsmittel isoliert bleiben.

4.1.4.5 Potentialausgleichsringleiter (Ringerdernetz Typ B)

Sind in einem Raum oder einem Teil der Anlage zu wenige Anschlusspunkte möglich, so kann ein Erdungsringleiter, auch kurz BRC (engl. Bonding Ring Conductor) genannt, installiert werden. Das ist ein Rund- oder Flachleiter, der mit der Haupterdungsklemme oder -schiene verbunden wird. Auf diese Weise kann „auf dem kürzesten Weg" von jedem Punkt des Gebäudes die Verbindung zur Haupterdungsklemme oder -schiene sichergestellt werden.

Dieser Erdungsringleiter muss für den Anschluss der Potentialausgleichsleiter leicht zugänglich sein. Die Mindestabmessungen betragen bei Flachkupfer 30 mm x 2 mm. Rundkupfer erfordert einen Durchmesser von mindestens 8 mm. Aus Sicht der EMV ist bevorzugt Flachkupfer zu verwenden. Er ist als Potentialausgleichs-Ringleiter auf der Innenseite der Wände eines Gebäudes oder Raums zu installieren (beispielsweise in 30 ... 50 cm Höhe über den Fertigfußboden). Dieser Ring ist so oft wie möglich mit dem übrigen Potentialausgleich zu verbinden (z. B. über Erdungsfestpunkte mit der Stahlarmierung, mit metallenen Rohren, den PE-Schienen der Verteilungen, den metallenen Kabeltrassen). Es gilt grundsätzlich, alle Anschlussleitungen so kurz wie möglich zu halten. Bei der Verwendung von blanken Leitern müssen diese an ihren Befestigungsstellen, in Wanddurchgängen und an sonstigen kritischen Stellen gegen Korrosion geschützt sein. **Bild 4.13** zeigt eine Prinzipdarstellung des Ringerdernetzes.

4.1.4.6 Mehrfach vermaschte sternförmige Potentialausgleichsanlage (Typ C)

Bei dieser Ausführung des Potentialausgleichs geht es darum, vermaschte Systeme sternförmig zusammenzufassen. Dabei sind die einzelnen Bereiche untereinander nur durch den Schutzleiter der Energiezuleitung mit dem Hauptverteiler (NSHV) verbunden. Die verschiedenen Verteiler oder Geräte in den Bereichen müssen mit dem vermaschten Potentialausgleich verbunden sein (**Bild 4.14**).

Diese Art des Potentialausgleichs kann in Gebäuden notwendig sein, in denen nur in einigen Bereichen Häufungen von informationstechnischen

Systemen vorkommen. Dies kann zum Beispiel in Industriebetrieben (Vernetzung von Werkzeugmaschinen) oder auch in größeren Verwaltungsgebäuden (Rechnerräume) der Fall sein.

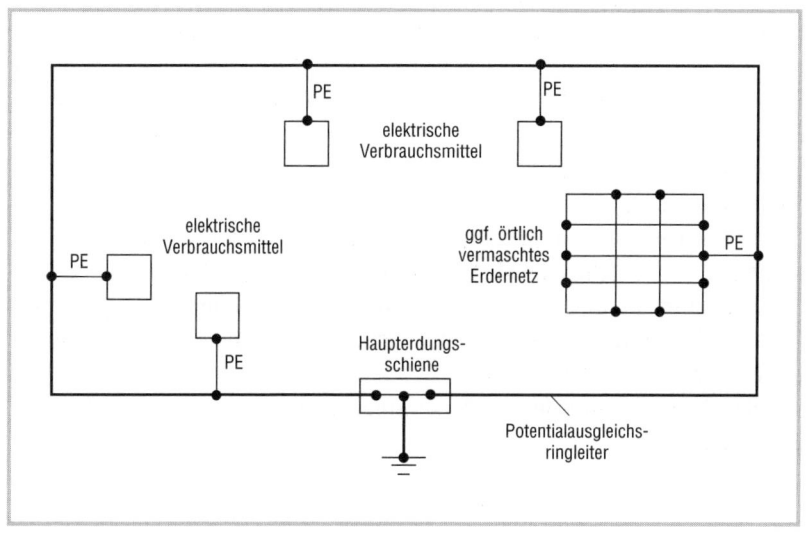

Bild 4.13 *Prinzipdarstellung des Ringerdernetzes*

Anmerkungen:
– Die einzelnen Bereiche sind untereinander nur durch den Schutzleiter der Energiezuleitung mit dem Hauptverteiler verbunden.
– Geräte und Verteiler in den Bereichen müssen mit dem vermaschten Potentialausgleich verbunden werden.

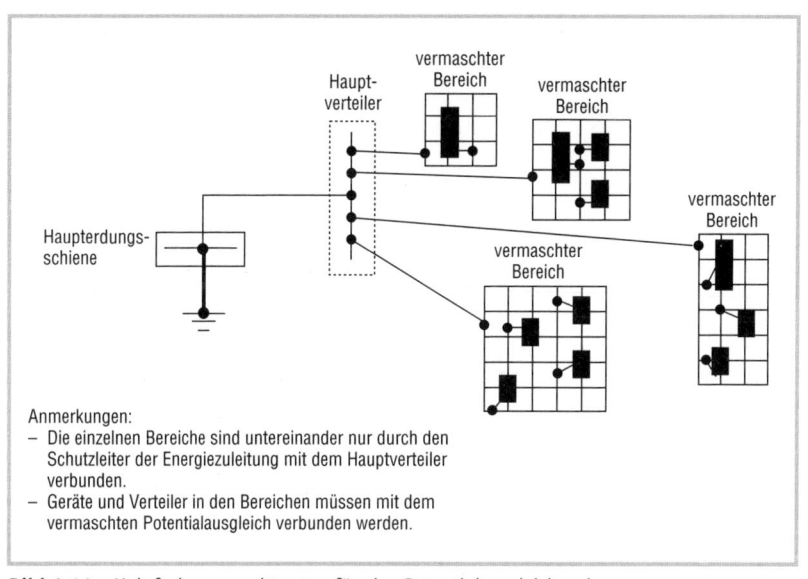

Bild 4.14 *Mehrfach vermaschte sternförmige Potentialausgleichsanlage*

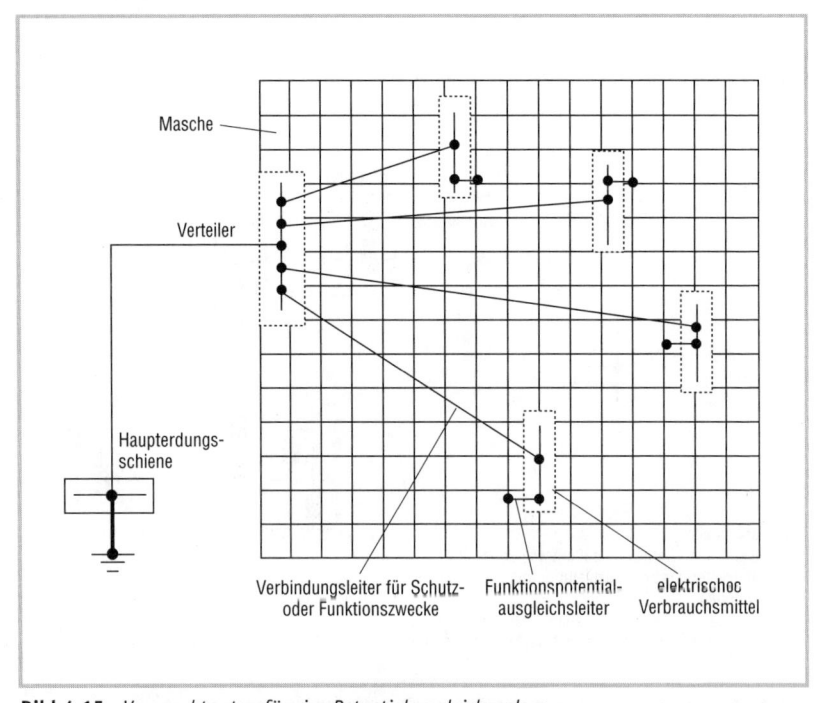

4.1.4.7 Vermaschte sternförmige Potentialausgleichsanlage (Vermaschung Typ D)

Schon der Name macht deutlich, dass es darum geht, möglichst viele Verbindungen zwischen den einzelnen Teilen der in den Potentialausgleich einbezogenen Anlagenteile herzustellen (**Bild 4.15**). Je enger und zahlreicher die Maschen sind, umso besser ist die Schirmwirkung. Ein weiterer Vorteil besteht darin, dass sich eventuell vorhandene Ströme, die über das Potentialausgleichssystem fließen (induzierte Ströme oder Ableitströme), besser aufteilen. Die Gefahr einer davon ausgehenden Störwirkung wird dadurch gemindert.

Der vermaschte Potentialausgleich lässt sich herstellen durch das Anschließen der leitfähigen Kabelmäntel und Metallteile des Gebäudes, wie Gebäudekonstruktionen, Bewehrung, Wasser- und Lüftungsleitungen sowie leitfähige Kabelkanäle und -wannen. Auch PE-Schienen der Verteilungen im Gebäude werden einbezogen.

Falls die Bewehrung des Gebäudes eingebunden werden kann, sollte dies geschehen.

Bild 4.15 *Vermaschte sternförmige Potentialausgleichsanlage*

- Eine Möglichkeit besteht darin, dass der Bewehrungsstahl in einem Raster von maximal 2 m verschweißt und möglichst häufig mit dem Potentialausgleich kontaktiert wird. Dies kann beispielsweise über Erdungsfestpunkte geschehen, die mit dem Bewehrungsstahl verbunden sind. Diese Erdungsfestpunkte werden vor dem Einbringen des Betons außen an der Verschalung befestigt (s. Abschnitt 4.3.2.1).
- Eine andere Möglichkeit besteht darin, zusätzlich einen nicht isolierten Leiter (Rundstahl oder Flacheisen) in den Beton einzulegen, der mit dem Bewehrungsstahl für die Gebäudekonstruktion mit Bindedraht verrödelt und zusätzlich verschweißt oder verschraubt (Kreuzverbinder o. Ä.) wird.

Wenn das Schweißen aus statischen Gründen nicht zulässig ist, müssen Klemmverbindungen zum Einsatz kommen.

Vor- und Nachteile des Maschenpotentialausgleichs

Der Vorteil wurde bereits erwähnt: Ableit- oder Streuströme (wenn vorhanden) teilen sich weitgehend auf und werden so pro Leitung wesentlich verkleinert. Das Maschensystem selbst wirkt wie ein Schirm (s. Abschnitt 4.3.2.1). Trifft ein magnetisches Feld auf die Maschen, so werden in ihnen Ströme induziert, die wiederum ein Feld aufbauen, das dem einwirkenden Feld entgegengesetzt ist. Dies reduziert die Wirkung des einwirkenden magnetischen Feldes. Zudem ist der maschenförmige Potentialausgleich weniger störanfällig, da eine eventuell fehlerhaft ausgeführte Masche (Verbindung fehlt oder schlecht) nicht so stark ins Gewicht fällt, wenn nur insgesamt genügend viele Maschen vorhanden sind.

Nachteilig ist, dass die entstehenden Störströme zwar pro Leiter reduziert, aber nicht vermieden werden. Der erwähnte Strom, der bei Feldeinwirkung in die Maschen induziert wird, wirkt zwar schwächend auf das einwirkende Feld, kann im ungünstigsten Fall jedoch selbst wieder empfindliche Anlagen der Informationstechnik stören. Aus diesem Grund muss auf eine möglichst enge Vermaschung geachtet werden.

4.1.4.8 Gegenüberstellung der unterschiedlichen Potentialausgleichskonzepte

Die Tabelle 4.2 zeigt in einer Übersicht die unterschiedlichen Potentialausgleichskonzepte. Grundsätzlich sei hier darauf hingewiesen, dass die Notwendigkeit sowie der Umfang der Maßnahmen nicht pauschal festgelegt werden können. In Bezug auf die EMV hängen die erforderlichen Maßnah-

Tabelle 4.2 Zusammenfassung der Potentialausgleichskonzepte

Konzept	Merkmale	Einsatz	Bemerkung
Sternförmige Potentialausgleichsanlage (Typ A)	Alle Schutzleiter werden auf einen Punkt zusammengeführt und nur dort mit Erde verbunden.	Lokal begrenzte Bereiche oder Anlagen, z. B. privater Wohnungsbau, kleinere Gewerbebetriebe, zusammengehörige Geräte in begrenzten Bereichen (z. B. GMA).	Nur Ableitströme angeschlossener Betriebsmittel treten auf. Schleifenbildung und somit ein induzierter Strom können ausgeschlossen werden. Allerdings sehr störanfällig (siehe Abs. 4.1.4.4).
Potentialausgleichsringleiter (Typ B)	Anschlüsse aller Schutz- und Funktionserdungsleiter auf kurzem Wege möglich.	Vorteilhaft in Anlagenbereichen, in denen Anschlüsse zu leitfähigen Teilen und informationstechnischen Geräten und Verteilern über möglichst kurze Wege notwendig werden.	Als alleinige Maßnahme nicht geeignet (immer als Verbesserung der Maßnahmen Typ A, C und D zu sehen).
Mehrfach vermaschte sternförmige Potentialausgleichsanlage (Typ C)	Einzelne vermaschte Bereiche sind untereinander nur durch den Schutzleiter der Energieversorgung mit dem Hauptverteiler verbunden.	Gewerbliche oder industrielle Gebäude mit bedeutenden informationstechnischen Bereichen (Inseln).	Keine Ableitströme aus anderen Bereichen als den angeschlossenen treten auf. Schleifenbildung und somit ein induzierter Strom auf den „Sternzuleitungen" können ausgeschlossen werden.
Vermaschte sternförmige Potentialausgleichsanlage (Typ D)	Alle Schutzleiter werden so häufig wie möglich untereinander und mit der Erde verbunden.	übliche Anlagen	weniger störanfällig

men von der Einschätzung bzw. den Forderungen des Betreibers ab. Die Maßnahmen für den inneren Blitzschutz ergeben sich aus einer zuvor durchgeführten Risikoanalyse.

Für besondere Bereiche, in denen hohe Anforderungen bestehen (zum Beispiel bei Doppelböden in Rechenzentralen), können zusätzliche Maßnahmen erforderlich werden. Diese Maßnahmen sind zum Beispiel in der Vornorm DIN V VDE V 0800-2:20011-06 festgehalten.

Zudem sei hier noch einmal dringend daran erinnert, dass die Ausführung des Potentialausgleichssystems als Maschensystem und der Verbindung des Potentialausgleichssystems mit dem Erdpotential (z. B. Anlagenerder) nicht mit dem „zentralen Erdungspunkt (ZEP)" bei der Netzeinspeisung verwechselt werden darf (s. Abschnitt 4.1.3). Dabei geht es lediglich um die Behandlung des PEN-Leiters des einspeisenden Netzsystems. Dieser darf nur an einer Stelle mit dem Erdungs- und Potentialausgleichssystem des Gebäudes verbunden werden, während die Verbindung zwischen Erdungs- und Potentialausgleichssystem untereinander so häufig wie möglich stattfinden muss.

Tabelle 4.2 enthält Vorschläge, welches Konzept wo angewendet werden kann.

4.2 Leitungsbetrieb und Trassierung

4.2.1 Konzept einer EMV-gerechten Verkabelung

Die elektromagnetische Verträglichkeit in elektrischen Anlagen kann u.a. erreicht werden durch Vermeidung oder Verringerung von

- Leiterschleifen,
- induktiven Einkopplungen,
- Störaussendungen der Störquellen.

Der Planer bzw. der Errichter nimmt durch die Wahl des Netzsystems (Abschnitt 4.1.2), die Ausführung des Potentialausgleichs (Abschnitt 4.1.4.1), die Schirmung (Abschnitt 4.3), die Festlegung der Verlegewege und des eingesetzten Materials entscheidenden Einfluss auf eine EMV-gerechte Installation. In diesem Abschnitt geht es um die Verkabelung.

Folgende Grundsätze sollten bei der Verkabelung beachtet werden:

- Zur **Reduktion von Streuströmen** muss, bereits ab der Transformatorstation ein TN-S-System verlegt werden. Bei Mehrfacheinspeisung sollten die PEN-Leiter der beteiligten Transformatoren nur eine einzige Verbindung zum Erdungssystem haben (Abschnitt 4.1.3).
- Kabel und Leitungen sollten möglichst in **geschirmten Bereichen,** z.B. in metallenen Rohren, Kanälen oder Schächten, die an den PA angeschlossen sind, verlegt werden (Abschnitt 4.3).
- Für Haupt-, Steig- und Verteilleitungen sollte die **Baumstruktur** gewählt werden. Vermaschungen, beispielsweise aufgrund der Versorgungssicherheit oder aus steuerungstechnischen Gründen, sollten im Bereich der Niederspannung vermieden werden (**Bild 4.16**).
- Außerdem sind **Schleifen** zu vermeiden. Dies gilt sowohl im Starkstrombereich als auch im informationstechnischen Bereich und auch dort, wo beide Systeme zum selben Betriebsmittel geführt werden müssen. Letzteres bedeutet, dass bei Geräten, die Zuleitungen aus verschiedenen Systemen erhalten, diese Zuleitungen möglichst nahe nebeneinander zu verle-

gen (**Bild 4.17**) und möglichst nahe nebeneinander in das Gerät einzuführen sind. Gegebenenfalls ist eine Schirmung oder ein Trennsteg aus Metall notwendig.

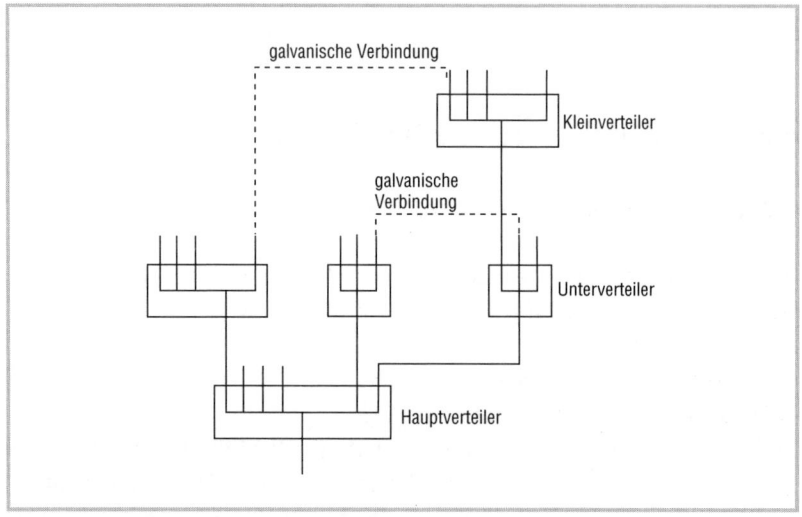

Bild 4.16 *Baumstruktur bei der Verkabelung (Prinzipschaltbild)*
Galvanische Verbindungen (z. B. Steuerleitungen) unbedingt vermeiden
Quelle: VdS 2349

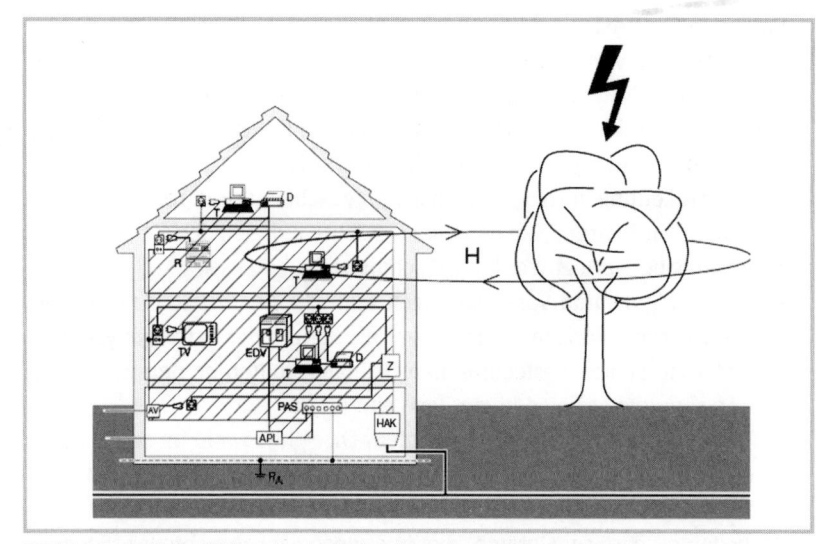

Bild 4.17 *Schleifenbildung bei der Verkabelung eines Gebäudes*
Quelle: VdS 2031

- Auf **kurze Kabel- und Leitungslängen** ist zu achten (keine „stillen Reserven").
- Es sind möglichst Kabel und Leitungen mit **Schirm** auszuwählen. Die Schirme sollten beidseitig rundum kontaktiert mit Erde (am Potentialausgleich) aufgelegt werden.
  Achtung: Der einseitig aufgelegte Schirm wirkt nur gegen niederfrequente elektrische Felder.
- Energiekabel sollten möglichst Kabel mit **konzentrischem Schutzleiter** (NYCW, NYCWY) sein.
  In einem Mehrleiterkabel wird durch die aktiven Leiter im Schutzleiter stets ein Strom induziert, weil der Schutzleiter an beiden Enden mit dem Potentialausgleich der Anlage verbunden ist. Diese Schleife (bestehend aus Schutzleiter (PE) und PA-System) wirkt wie die kurzgeschlossene Sekundärwicklung eines Transformators. Die Primärseite dieses „Transformators" wird durch die aktiven Leiter im Mehrleiterkabel gebildet. Sie induzieren in der zuvor beschriebenen Schleife eine Spannung, die je nach Fläche einen Strom von 1...20 A hervorrufen kann. Dies wird bei Kabeln mit konzentrischem Schutzleiter vermieden.

  Beispiel:
  In einem Versuch wurde in einem 10 m langen Kabel mit einem Nennstrom von 80 A im Schutzleiter ein Strom von 2 A gemessen, der durch die Ströme der aktiven Leiter hervorgerufen wurde (das Kabel wurde nicht nahe entlang des Potentialausgleichs geführt – s. nächster Punkt). In einem Kabel mit konzentrischem Schutzleiter betrug dieser Wert unter sonst gleichen Bedingungen etwa 30 mA.

- Kabel und Leitungen sollten **auf metallenen, leitfähig durchverbundenen Kabelkonstruktionen (z. B. Kabelrinnen) und/oder entlang des Potentialausgleichssystems** verlegt werden.
- Um elektrische Felder wirksam zu reduzieren, sind Kabel und Leitungen **unter Putz** zu verlegen.
- Kabel und Leitungen verschiedener Systeme sind **räumlich zu trennen** (verschiedene Spannung und Funktion, s. **Bild 4.18**).
- Auf ausreichenden **Abstand** zwischen Kabel- und Leitungstrassen der Energietechnik, Transformatorenanlagen, Verteileranlagen und empfindlichen elektrischen Anlagen und Geräten ist zu achten.
- Die **Einführung von Versorgungsleitungen** in das zu schützende Volumen sollte **an einer Stelle** erfolgen (s. Abschnitt 4.1.4, Bild 4.9).
- Obwohl die Vorschriften unter gewissen Umständen eine **Reduzierung des Neutralleiterquerschnitts** erlauben, sollte darauf **verzichtet werden** (s. Abschnitt 4.2.2).

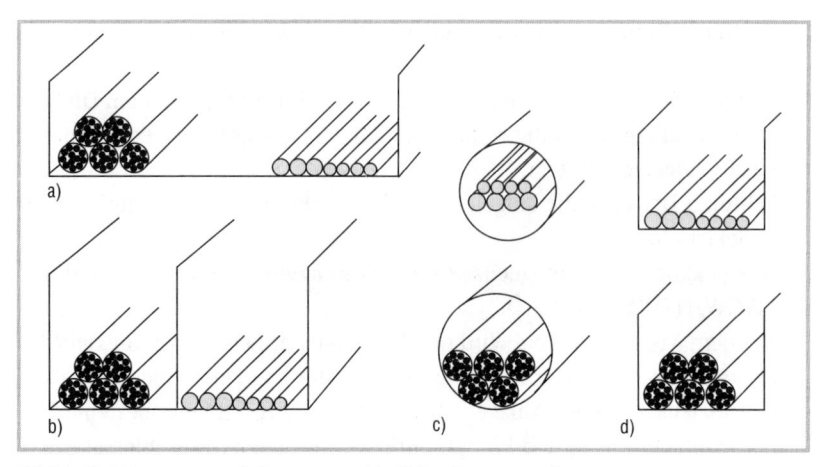

Bild 4.18 Trennung von Leitern unterschiedlicher Spannungsebenen
Quelle: VdS 2349
a) räumlicher Abstand
b) Kanäle mit metallenen Trennstegen
c) separate Metallrohre
d) separate metallene Kabelkanäle

Einleiterkabel sollten, wenn möglich, **vermieden werden**. Ist dies nicht möglich, so sind sie eng beieinander (Außenleiter möglichst im Dreieck) zu verlegen. Der zugehörige Neutralleiter sollte dicht bei den Außenleitern verlegt werden. Werden mehrere Systeme verlegt (beispielsweise $2 \times L1$, $2 \times L2$ und $2 \times L3$), so sollten die Leiter der Systeme stets beieinander und symmetrisch angeordnet werden (**Bild 4.19**). Besonders bei Transformatorabgängen wird dies häufig falsch gemacht. Auf diese Weise entstehen hohe magnetische Störfelder.

Auch bei parallel verlaufenden Stromschienensystemen ist eine symmetrische Aufteilung der Außen- und Neutralleiter möglich und aus Sicht der EMV sehr sinnvoll.

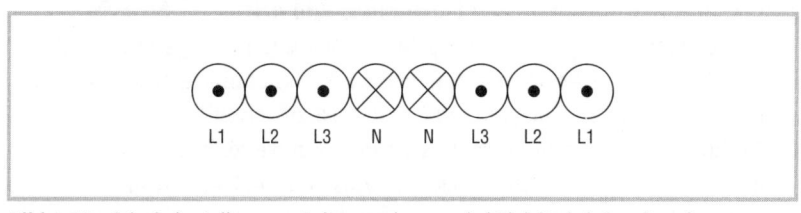

Bild 4.19 Prinzipdarstellung von Leiteranordnungen bei Einleiterkabeln mit mehreren Systemen
Der Schutzleiter (PE) kann parallel dazu in genügend großer Entfernung verlegt werden.

4.2.2 Leitungsbemessung
4.2.2.1 Allgemeines

Die Bemessung der Leiterquerschnitte erfolgt für übliche Kabel- und Leitungstypen nach den Normen der Reihe DIN VDE 0298. Hierauf wird im Einzelnen nicht eingegangen. Besonders beachtet werden sollte jedoch die Bemessung des Neutralleiters: In bestimmten Fällen lassen die Normen eine Reduzierung des Neutral- bzw. des PEN-Leiterquerschnitts zu. In Anlagen mit unsymmetrischer Belastung bzw. dort, wo elektronische Einrichtungen (z. B. frequenzgesteuerte Antriebe) betrieben werden, sollte man aber grundsätzlich auf eine Reduzierung der Querschnitte verzichten. Auch in den Errichternormen wird auf den besonderen Schutz des Neutralleiters hingewiesen.

4.2.2.2 Schutz des Neutralleiters

IT-Systeme

In DIN VDE 0100-430, Abschnitt 431.2.2, wird dringend empfohlen, auf das Mitführen des Neutralleiters zu verzichten. Sollte dies nicht möglich sein, so ist in aller Regel für den Neutralleiter eine Überstromerfassung bzw. ein Überstromschutz vorzusehen.

TN- und TT-Systeme

Gemäß DIN VDE 0100-430, Abschnitt 431.2.1
- darf auf eine Überstromerfassung sowie auf einen Überstromschutz für den Neutralleiter verzichtet werden, wenn der Querschnitt des Neutralleiters mindestens dem der Außenleiter entspricht und im Neutralleiter kein größerer Strom als in den Außenleitern zu erwarten ist;
- ist im Neutralleiter dagegen eine Überstromerfassung vorzusehen, wenn der Querschnitt des Neutralleiters geringer ist als der der Außenleiter. Die Überstromerfassung muss die Abschaltung der Außenleiter – jedoch nicht unbedingt die des Neutralleiters – bewirken.

Der Überstromschutz für einen Neutralleiter, der einen geringeren Querschnitt als die zugehörigen Außenleiter aufweist, kann auch durch Überstrom-Schutzeinrichtungen in den Außenleitern bewerkstelligt werden, wenn diese in der Lage sind, den verringerten Neutralleiterquerschnitt vor Überstrom zu schützen (s. Abschnitt 4.2.2.3).

Zum Schutz des Neutralleiters muss der Planer in jedem Fall überprüfen, ob der Anteil der Ober-schwingungsströme so groß werden kann, dass eine Überlastung des Neutralleiters möglich ist (siehe auch Abschnitt 4.2.2.4).

4.2.2.3 Mindestquerschnitt des Neutralleiters

In DIN VDE 0100-520, Abschnitt 524.3, werden Anforderungen an den Mindestquerschnitt von Neutralleitern vorgegeben. Dort werden u. a. folgende Anforderungen genannt:

Bei mehrphasigen Wechselstromkreisen, in denen jeder Außenleiter einen Querschnitt über 16 mm^2 für Kupfer und über 25 mm^2 für Aluminium hat, darf der Neutralleiter einen kleineren Querschnitt als die Außenleiter haben, wenn die folgenden Bedingungen gleichzeitig erfüllt sind:

- *Der zu erwartende maximale Strom einschließlich der Strom durch Oberschwingungen im Neutralleiter ist während des ungestörten Betriebs nicht größer als die zulässige Strombelastbarkeit des verringerten Neutralleiterquerschnitts.*
- *Der Neutralleiter ist bei Überstrom durch Maßnahmen nach DIN VDE 0100-430 geschützt* (siehe hierzu Abschnitt 4.2.2.2).
- *Der Querschnitt des Neutralleiters ist mindestens 16 mm^2 für Kupfer oder mindestens 25 mm^2 für Aluminium.*

Anmerkung *in DIN VDE 0100-520, Abschnitt 524.3: Diese Ausnahme sollte möglichst nicht in Anspruch genommen werden, weil die Strombelastung im Neutralleiter aufgrund möglicher Oberschwingungen mitunter sogar höher sein kann als in einem Außenleiter, z. B. durch die dritte harmonische Oberschwingung.*

Im folgenden Abschnitt wird das Thema dieser Anmerkung noch einmal aufgegriffen.

4.2.2.4 Auswirkungen von Oberschwingungsströmen auf symmetrisch belastete Drehstromsysteme

DIN VDE 0298-4:2003-08 trägt den Titel „Empfohlene Werte für die Strombelastbarkeit von Kabeln und Leitungen für feste Verlegung in und an Gebäuden und von flexiblen Leitungen". In der gültigen Ausgabe werden im Abschnitt 4.3.2 erstmalig genauere Anforderungen zum Problem der Oberschwingungen formuliert:

In einem Drehstromkreis wird symmetrische Belastung angenommen. Wenn darüber hinaus der Neutralleiter belastet wird, ohne dass die Außenleiter entsprechend entlastet werden, muss der Neutralleiter bei der Festlegung der Strombelastbarkeit des Kabels oder der Leitung mit berücksichtigt werden. Solche Ströme im Neutralleiter können beispielsweise durch ausgeprägte Oberwellenströme in Drehstromkreisen verursacht werden.

Wenn der Anteil der Oberwellenströme größer als 10 % ist, darf der

Nennquerschnitt des Neutralleiters nicht kleiner als der des Außenleiters sein. Die zusätzliche Erwärmung durch vorhandene Oberwellenströme und die entsprechenden Reduktionsfaktoren für größere Oberwellenströme werden in Anhang B (informativ) behandelt.

Diese Aussagen sollen hier kurz erläutert werden.

Es ist bekannt, dass der Neutralleiter nur dann durch netzfrequente Ströme (50 Hz) belastet wird, wenn eine unsymmetrische Belastung des Drehstromkreises vorliegt. Aus diesem Grund ist eine möglichst symmetrische Belastung der drei Außenleiter eines Drehstromkreises Grundvoraussetzung für einen sicheren Betrieb.

Darüber hinaus spricht die Norm von einer „zusätzlichen Belastung" des Neutralleiters, die entsteht, obwohl die Außenleiter „nicht entsprechend entlastet werden". Was ist damit gemeint? Wenn der Strom im Neutralleiter aufgrund zunehmender unsymmetrischer Belastung der Außenleiter steigt, bedeutet dies, dass die Differenz der Stromstärken in den Außenleitern zunehmend größer wird, d. h. dass die Stromstärke in einem Außenleiter niedriger ausfällt als in einem anderen. Man kann also sagen, dass ein großer Neutralleiterstrom stets mit einem entsprechend geringeren Strom eines der Außenleiter einhergeht. Die Belastung des Neutralleiters bedingt also in diesem Sinne eine „Entlastung" der Außenleiter.

Wenn aber der Neutralleiterstrom ansteigt, ohne dass die Außenleiterströme unterschiedliche Stromstärken aufweisen bzw. ohne dass sich die bestehenden Unterschiede in den Stromstärken der Außenleiter verändern, dann muss neben der Belastung, die durch die unterschiedlichen Außenleiterströme entsteht, von einer **zusätzlichen** Belastung des Neutralleiters gesprochen werden. Und genau das geschieht, wenn im Neutralleiter z. B. die Ströme der 3. harmonischen Oberschwingung fließen (s. Abschnitte 2.1.1 und 5.4).

Die Festlegung im o. g. Abschnitt aus DIN VDE 0298-4 besagt, dass ab einem Anteil der Oberschwingungen von 10 % der Neutralleiterquerschnitt gegenüber den Außenleiterquerschnitten nicht reduziert werden darf. Dieser Wert bezieht sich auf den Gesamtstrom einschließlich aller Oberschwingungen (100 %). Allerdings sagt der Bestimmungstext nichts über eventuell notwendige Reduzierungen der Strombelastbarkeit. Statt dessen wird auf den informativen, also unverbindlichen Anhang B der Norm hingewiesen. Auf alle Fälle verbietet es der verbindliche Text im Abschnitt 4.3.2, mögliche Oberschwingungsbelastungen einfach zu ignorieren, und verweist ausdrücklich auf diesen informativen Anhang als einen Weg, diese Anforderung zu erfüllen. Die Zeit, in der mit allgemeinen Hinweisen wie „Belastungen durch Oberschwingungsströme sind zu beachten" auf das Problem nur oberflächlich hingewiesen wurde, ist somit vorbei. Planer oder Errichter elektrischer Anlagen können nun die Anforderungen aus dem informativen Anhang in DIN VDE 0298-4 übernehmen oder andere Maßnahmen vorsehen – auf alle Fälle müssen sie nachweisbar darlegen, wie sie dieser Gefahr begegnet sind.

Im Anhang B von DIN VDE 0298-4 befindet sich die Tabelle B.1, in der Reduktionsfaktoren für die Berechnung der Kabel- und Leitungsquerschnitte zu finden sind. Diese Tabelle ist nicht ganz einfach zu verstehen, darum werden neben Erläuterungstexten einige durchgerechnete Beispiele angeführt, die den Umgang mit der Tabelle erleichtern sollen. Bei den Werten der Tabelle B.1 aus DIN VDE 0298-4 wird nämlich unterschieden, ob die Belastung der Außenleiter oder des Neutralleiters zur Auswahl des Leiterquerschnitts herangezogen werden muss. Dies wird bei oberflächlicher Betrachtung der Tabelle leicht missverstanden.

Zur leichteren Anwendbarkeit werden in **Tabelle 4.3** die Werte der Tabelle B.1 aus DIN VDE 0298-4 auf die angeschlossene Verbraucherleistung bezogen. Das bedeutet, dass man lediglich die Leistung der angeschlossenen Verbraucher addiert, die einen besonders hohen Anteil an der 3., 6. und 9. harmonischen Oberschwingung aufweisen. Diese errechnete Leistung setzt man dann ins Verhältnis (angegeben in %) zur Gesamtleistung aller angeschlossenen Verbraucher. Natürlich bezieht sich das immer auf die Verbraucher, die an dem zu bestimmenden Kabel (bzw. Leitung) angeschlossen sind.

Die Tabelle 4.3 gilt somit in erster Linie für Verteilerstromkreise, wenn an der entsprechenden Verteilung eine Vielzahl von Verbrauchsmitteln betrieben wird, die Oberschwingungsströme hervorrufen. Dies trifft zu auf PC-Arbeitsplätze, EVGs (auch sogenannte Energiesparlampen), Fernsehapparate, Monitore, Kopierer, Drucker, USV-Anlagen, Frequenzumrichterantriebe und auf sämtliche 1-phasigen Geräte mit elektronischen Netzteilen. Mit dieser Tabelle liegt der dritte Umrechnungsfaktor vor und das Produkt der Faktoren, das in der Norm mit $\Pi = f$ bezeichnet wurde, ein weiteres Glied f_3 neben den bekannten für Häufung (f_1) und abweichende Umgebungstemperatur (f_2) $(\Pi f = f_1 \_ f_2 \_ f_3)$.

Tabelle 4.3 *Umrechnungsfaktor f_3 zur Berücksichtigung der Belastung durch Oberschwingungsströme*

Anteil der Leistung* in %	Umrechnungsfaktor f_3 (für Verteilerstromkreise)
0 ... 15	1
> 15 ... 25	0,95
> 25 ... 35	
> 35 ... 45	
> 45 ... 55	0,80
> 55 ... 65	
> 65 ... 75	
> 75	

* Gemeint ist der prozentuale Anteil der Summe der Leistung aller oberschwingungsverursachenden Verbraucher, die durch die betrachtete Verteilung versorgt werden, zur Gesamtleistung aller durch die Verteilung versorgten Verbraucher.

4.2.3 Verlegeabstände und Kabelkategorien

4.2.3.1 Allgemeines

Für die Verkabelung sind alle bekannten Kopplungswege, also galvanische, induktive, kapazitive und Strahlungskopplung, zu beachten. Damit entsprechende EMV-Maßnahmen ergriffen werden können, z. B. Verdrillung von Adern, Kabelschirmung, Bündelung von Einzeladern, sind Kenntnisse der Eingangs- und Ausgangsschaltungen der angeschlossenen Betriebsmittel erforderlich. Außerdem müssen die elektrischen Eigenschaften dieser Einrichtungen bekannt sein. Es müssen natürlich auch alle anderen für die Anlage zutreffenden Normen beachtet werden. Erinnert sei hier an die Teile 410, 430, 444, 482, 510, 520 der Reihe DIN VDE 0100.

Verlegeabstände lassen sich aus DIN VDE 0100-510 ableiten:

Wenn Betriebsmittel mit unterschiedlichen Stromarten oder Spannungen zusammen betrieben werden, muss eine Trennung so weit vorgenommen werden, dass eine gegenseitige nachteilige Beeinflussung vermieden wird.

Bezieht man diese Aussage auf die räumliche Trennung, so wird man in dieser Norm jedoch keine konkreten Werte für Mindestabstände finden. Zur räumlichen Trennung von SELV-Stromkreisen zu anderen Stromkreisen werden Aussagen in DIN VDE 0100-410 getroffen, jedoch wird auch hier nicht auf Mindestabstände hingewiesen.

Die in der Praxis häufig anzutreffende Aussage, dass zwischen Starkstromleitungen und Fernmeldeleitungen Mindestabstände von 10 oder

30 cm eingehalten werden sollen, kann man aus der mittlerweile zurückgezogenen Norm DIN VDE 0800-4 ableiten. Jedoch beziehen sich die Aussagen dieser Norm (im Abschnitt 7.6.4.3) auf den Schutz der informationstechnischen Leitungen und weniger auf die EMV.

Konkrete Aussagen über Verlegeabstände bzw. über die Trennung von Stromkreisen kann man in EN 50174-2 (DIN VDE 0800-174-2) „Installation von Kommunikationsanlagen" finden. Dort wird die Aussage getroffen, dass zwischen informationstechnischen Kabeln und Gasentladungslampen (Leuchtstofflampen, Quecksilberdampflampen o. Ä.) ein **Mindestabstand von 13 cm** eingehalten werden muss.

4.2.3.2 Verlegeabstände zwischen unterschiedlichen Systemen

Bei Signal- und Steuerleitungen spielt die richtige Leitungsführung eine große Rolle. Als Grundregel sollte beachtet werden, dass Leitungen, die verschiedene Aufgaben haben, möglichst nicht nebeneinander verlegt werden. So ist beispielsweise zwischen den Signal- und Versorgungsleitungen für eine Stromversorgung mit angeschlossenem Digitalrechner ein **Mindestabstand von 50 cm** einzuhalten; detailliertere Lösungen werden im Abschnitt 4.2.3.3 beschrieben. Diese Maßnahme soll verhindern, dass es zu induktiven Einkopplungen von Störsignalen der einen auf die andere Leitung kommt (Querspannung).

Können ausreichende Verlegeabstände nicht eingehalten werden, so müssen Schirmungsmaßnahmen vorgesehen werden (s. Abschnitt 4.3).

Die Verwendung geschirmter Leitungen ist in jedem Fall von großem Nutzen. Leider führt die beidseitige Verbindung mit dem Erdpotential bei unsauberen Versorgungssystemen (beispielsweise beim TN-C-System) zu Ausgleichsströmen über den Schirm. Aus diesem Grund sind Maßnahmen, die in den Abschnitten 4.1.2 bis 4.1.4 erwähnt wurden, zu ergreifen.

4.2.3.3 Kabelkategorien

Der Übertragungsweg von Nutzsignalen kann sowohl Störquelle als auch Störsenke sein. Hieraus leitet man eine Einteilung der Kabel eines Systems oder einer Anlage in *Kabelkategorien* und deren getrennter Verlegung ab. Grundlage für die Zuordnung zu bestimmten Kabelkategorien sind der zu übertragende Nutzpegel und die Frequenzbereiche. *UTP-Kabel* (universelle Twisted-pair-Leitungen) sind in *Klassen* eingeteilt. Die Klassifizierung berücksichtigt unterschiedliche Anwendungen bzw. Frequenzbereiche. Genauere Angaben findet man in DIN EN 5017-3 „Informationstechnik;

Anwendungsneutrale Kommunikationskabelanlagen – Teil 1: Allgemeine Anforderungen sowie den Teilen 2 (Bürogebäude), 3 (industriell genutzte Standorte), 4 (Wohnungen) und 5 (Rechenzentren).
DIN EN 50173-1 umfasst
- übergreifende Anforderungen für alle Gebäudearten,
- Umgebungsklassifikationen (MICE, d.h. mechanische, den Fremdkörperschutz betreffende, chemische und elektromagnetische Anforderungen) für Verkabelungskomponenten,
- die Leistungsanforderungen an die Kabelstrecke und an die Komponenten, z.B. die Güte der Übertragungsstrecken, Links und die Anschlustechnik,
- Hinweise zur Sicherstellung der Konformität.

DIN EN 50173-1 ff. definiert also zunächst die Übertragungseigenschaften der Verkabelung und der Komponenten für verschiedene Gebäudearten. Für die Installation ist dagegen DIN EN 50174 heranzuziehen. Sie sieht vor, dass der Planer Installationsspezifikationen und der Errichter Qualitätspläne zur sicheren Erfüllung der Anforderungen erstellen müssen. Auf Basis dieser Dokumente kann beispielsweise der Konformitätsnachweis erfolgen, ggf. unter Einbeziehung von Messungen, die wiederum in DIN EN 50346 genormt sind.

Die *strukturierte Verkabelung* ist nach DIN EN 50173-1 für ein Gebäude bzw. ein Gelände in drei Bereiche aufgeteilt (**Bild 4.20**). Als passive Netzkomponenten bezeichnet man die Verkabelung eines Rechnernetzes. Die Bereiche werden wie folgt beschrieben:
- Der **Primärbereich** verbindet – ausgehend vom Standortverteiler – die Gebäudeverteiler untereinander.
- Der **Sekundärbereich** bildet das Kabelsystem zwischen dem Gebäude- und den Etagenverteilern innerhalb eines Gebäudes.
- Der **Tertiärbereich** verbindet die Etagenverteiler mit den Endsystemanschlusspunkten oder den Sammelpunkten.

Um die Eigenschaften einer Kabelverbindung zu charakterisieren, wurden die Begriffe *Klasse* und *Kategorie* eingeführt (**Tabelle 4.4**). Die hier genannten Kategorien dürfen nicht mit den Kabelkategorien verwechselt werden, die im Folgenden besprochen sowie in Tabelle 4.6 dargestellt werden.

Die Klassen beschreiben die Übertragungseigenschaften einer vollständigen Verbindung. Die Kategorien legen Mindestanforderungen für das Übertragungsmedium, bestehend aus Anschlusskabel, Stecker, Patchkabel, Kabel im Kabelkanal usw., fest.

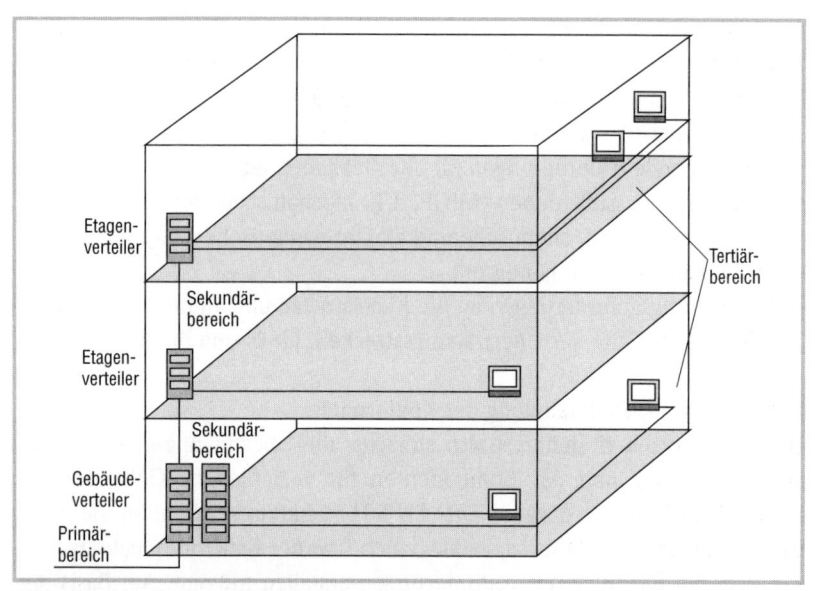

Bild 4.20 Prinzip der strukturierten Verkabelung

Tabelle 4.4 Unterscheidung zwischen Klasse und Kategorie

Benennung	Bezeichnung	Verwendung
Klasse	A, B, C, D, , E, F, F_A	Eigenschaften einer Übertragungsstrecke
Kategorie	(1, 2, 3, 4,) 5, 6, 6_A, 7, 7_A	Eigenschaften einzelner Komponenten, z. B. Kabel, Stecker, Kupplungen

Für alle Arten informationstechnischer Verkabelung lassen sich aus DIN EN 50174-2 Installationsvorschriften entnehmen. Die Festlegung der **Mindesttrennanforderung** $A = P \cdot S$ erfolgt nach: den Dämpfungseigenschaften der informationstechnischen Kabel ($\Rightarrow$ Festlegung der Trennklasse),

■ der Art der Trennung durch die eingesetzten Verlegesysteme ($\Rightarrow$ legt zusammen mit der Trennklasse den Mindesttrennabstand S fest),
■ dem Aufbau, den Maßen und der Nutzung der Stromversorgungskabel ($\Rightarrow$ Faktor P für die Stromversorgungsverkabelung).

Ein Beispiel für diese doch recht umständliche Vorgabe gibt **Bild 4.21** wieder. Dargestellt ist die informationstechnische Sekundärverkabelung eines Verwaltungsgebäudes vom Gebäudeverteiler zu den Etagenverteilern. Sie soll gemeinsam mit den Stromversorgungsleitungen unter Einhaltung der Mindesttrennanforderung geführt werden. Für die informationstechnischen Kabel wird Trennklasse „b" angenommen, das entspricht etwa Kategorie 6 nach DIN EN 50173-1.

4.2 Leitungsbetrieb und Trassierung

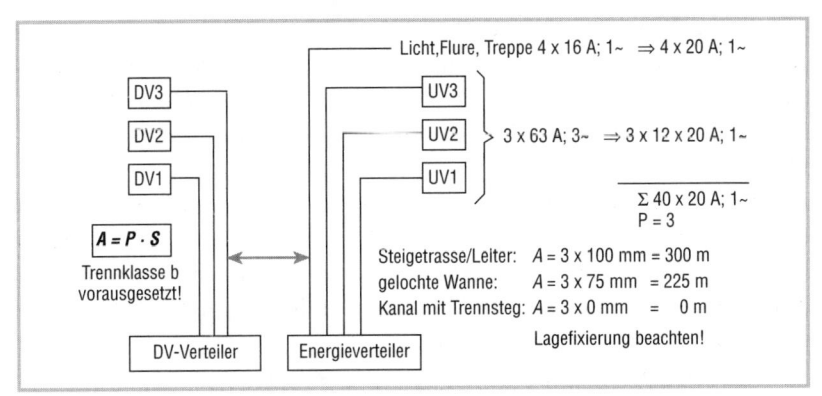

```
                        ┌─ Licht,Flure, Treppe 4 x 16 A; 1~  ⇒ 4 x 20 A; 1~
    ┌─────┐             │   ┌─────┐  ⎫
    │ DV3 ├──────┐      ├───┤ UV3 │  ⎪
    └─────┘      │      │   └─────┘  ⎪
    ┌─────┐      │      │   ┌─────┐  ⎬  3 x 63 A; 3~  ⇒ 3 x 12 x 20 A; 1~
    │ DV2 ├──────┤      ├───┤ UV2 │  ⎪
    └─────┘      │      │   └─────┘  ⎪
    ┌─────┐      │      │   ┌─────┐  ⎭
    │ DV1 ├──────┤      ├───┤ UV1 │
    └─────┘      │      │   └─────┘      Σ 40 x 20 A; 1~
                                          P = 3
   ┌─────────┐   ←─────→   Steigetrasse/Leiter:  A = 3 x 100 mm = 300 m
   │ A = P·S │             gelochte Wanne:      A = 3 x 75 mm  = 225 m
   │Trennklasse b          Kanal mit Trennsteg: A = 3 x 0 mm   =   0 m
   │vorausgesetzt!│                              Lagefixierung beachten!
   └─────────┘
      DV-Verteiler    Energieverteiler
```

Bild 4.21 Trennung zwischen Kabeln der Stromversorgung und der Informationstechnik
A Mindesttrennanforderung,
P Faktor für die Stromversorgungsverkabelung,
S Mindesttrennabstand

Daraus ergeben sich Mindesttrennabstände S von:
- 100 mm ohne elektromagnetische Barrieren (z. B. Kabelleiter ohne Trennsteg),
- 75 mm bei offenen Systemen (z. B. offene Kabelkanäle oder gelochte Kabelrinnen) bzw.
- 0 mm bei allseitig geschlossenen Systemen (z. B. geschlossener metallener Kabelkanal mit Trennsteg).

Der Faktor für die Stromversorgungsverkabelung P lässt sich ermitteln, indem die vorhandenen Leitungen als Vielfache von 1-phasigen 20-A-Wechselstromkreisen aufgefasst werden. So versteht man beispielsweise eine mit 63 A vorgesicherte Etagenverteilung als äquivalent zu zwölf 1-phasigen 20-A-Wechselstromkreisen. Bei der hier ermittelten Gesamtzahl von 40 Stromkreisen ist der Faktor P mit 3 anzusetzen. Je nach gewähltem Verlegesystem liegt demnach die Trennanforderung zwischen 0 und 300 mm. Dabei ist zu beachten, dass die Trennanforderung durch Lagefixierung der Leitungen sichergestellt bleiben soll. Die Trennanforderung ist dreidimensional zu verstehen, gilt also für horizontale und vertikale Abstände gleichermaßen. Sie gilt auch im Bereich von Kreuzungen, d. h., diese sind rechtwinklig unter Einhaltung der Trennanforderung auszuführen.

Bei der Primär- und eventuell auch bei der Sekundärverkabelung werden häufig *Lichtwellenleiter (LWL)* eingesetzt. Dafür gelten die Mindesttrennanforderungen natürlich nicht, da eine Beeinflussung durch magnetische Felder ausgeschlossen ist.

In vielen Praxisfällen werden zum Zeitpunkt der Planung die Kenndaten der informationstechnischen Leitungen bzw. deren vorgesehene Verwendung noch nicht bekannt sein. In diesem Fall können die Mindestabstände direkt aus Tabelle Z1 von DIN VDE 0100-444 abgelesen werden, siehe **Tabelle 4.5**.

Um eine EMV-gerechte Einteilung aller Kabel- und Leitungssysteme zu erhalten, werden Kabel und Leitungen einer Anlage oder eines Systems in *Kabelkategorien* (**Tabelle 4.6**) eingeteilt. Kriterien für die Zuordnung zu den Kategorien sind z. B. die zu übertragenden Nutzpegel und Frequenzbereiche. Grob kann man sagen:

Kabelkategorie 1: Störer,

Kabelkategorie 2: neutrale Einrichtung,

Kabelkategorie 3: empfindliche Einrichtung.

Diese Kabelkategorien dürfen nicht mit den Kategorien verwechselt werden, die Mindestanforderungen an Übertragungsmedien (Kabel, Stecker usw.) festlegen (Tabelle 4.4).

Um die gewünschte Entkopplung zu erreichen, sind zwischen den einzelnen Kabelkategorien die in **Tabelle 4.7** angegebenen Mindestabstände einzuhalten.

Tabelle 4.5 *Trennabstände bei verschiedenen Systemen*

Art des Tragesystems			
Keine Trennung 200 mm	Offene Matallsysteme 150 mm	Gelochte Matallsysteme 100 mm	Geschlossene Matallsysteme 0 mm
Steigetrasse, Einzelschellen, Kabelleiter, Gitterrinne	gelochte Kabelrinne	Kabelrinne mit $s \geq 1$ mm, $\leq 20\%$ Loch oder geschirmte Leistungskabel	Kabelkanal mit Deckel, mehrzügige Rohre

Tabelle 4.6 *Einteilung von Kabeln in Kategorien*

Kabelkategorie	Betrachtung der Kabel als		Beispiel
	Störquelle	Störsenke	
1	hohes Störpotential	unempfindlich	Energiekabel
2	geringes Störpotential	unempfindlich	Fernmeldekabel
3	geringes Störpotential	empfindlich	Videokabel

Tabelle 4.7 *Verlegeabstände in mm von ungeschirmten Kabeln bei Berücksichtigung der Einteilung in die drei Kabelkategorien nach Tabelle 4.6*

Kabelkategorie	1	2	3
1	–	200	200
2	200	–	100
3	200	100	–

Kabelkategorien nach Herstellerangaben

Da sich die Einteilung in Kabelkategorien in der Praxis nicht immer sehr einfach gestaltet, sollten zusätzlich zu den Normen und allgemeinen theoretischen Abhandlungen immer die Planungs- und Montageanleitungen der Hersteller beachten werden. In ihnen werden konkrete Aussagen über Verlegebedingungen, zu verwendendes Leitungsmaterial und einzuhaltende Mindestabstände getroffen. Die in solchen Herstellerunterlagen enthaltenen Werte sind empirisch ermittelt und haben sich in der Praxis bewährt.

Beispiel:
Ein namhafter Hersteller teilt die Leitungen in folgende Kategorien ein:
Kategorie A (Herstellerbezeichnung):
- geschirmte Bus- und Datenleitungen (Industrie-PC, Programmiergeräte, Feldbussysteme wie PROFIBUS, Interbus ...),
- geschirmte Analogleitungen,
- ungeschirmte Leitungen für DC, $U \leq 60$ V,
- ungeschirmte Leitungen für AC, $U \leq 25$ V,
- Koaxialleitungen für Monitore.

Kategorie B (Herstellerbezeichnung):
- ungeschirmte Leitungen für DC, $U = 60 \ldots 400$ V,
- ungeschirmte Leitungen für AC, $U = 25 \ldots 400$ V.

Kategorie C (Herstellerbezeichnung):
- ungeschirmte Leitungen für DC und AC, $U > 400$ V.

Kategorie D (Herstellerbezeichnung):
- Busleitungen für Bussysteme (Ethernet, z. B. SINEC H1).

Tabelle 4.8 enthält die Bedingungen für die Verlegung, wenn Leitungen unterschiedlicher Kategorien kombiniert werden.
Die Ziffern in Tabelle 4.8 haben folgende Bedeutung:
1 Die Leitungen können gemeinsam verlegt werden.
2 Die Leitungen sind in getrennten Bündeln oder Kabelkanälen zu verlegen; es ist kein Mindestabstand einzuhalten.
3 Die Leitungen sind innerhalb des Schaltschranks in getrennten Bündeln oder Kabelkanälen und außerhalb des Schaltschranks, aber innerhalb von Gebäuden, auf getrennten Kabelbahnen mit mindestens 10 cm Abstand zu verlegen.
4 Die Leitungen sind in getrennten Bündeln oder Kabelkanälen mit mindestens 50 cm Abstand zu verlegen.

Tabelle 4.8 *Verlegung und Kategorie gemäß Herstellerangaben bzw. Herstellerbezeichnungen*

	A	B	C	D
A	1	2	3	4
B	2	1	3	4
C	3	3	1	4
D	4	4	4	1

4.2.4 Symmetrisch und asymmetrisch betriebene Signalleitungen

Im Abschnitt 4.1.2 wurde auf die Netzsysteme und die durch sie hervorgerufenen Störungen eingegangen. In diesem Abschnitt wird auf die Auswirkungen von Störspannungen bzw. vagabundierenden Strömen auf Signalleitungen hingewiesen.

Schnittstelle RS 232C (V.24) – asymmetrische Schnittstelle

Asymmetrische Schnittstellen haben einen festen Bezugspunkt (**Bild 4.22**). Die Schnittstelle RS 232C (V.24) ist eine der bekanntesten Serienschnittstellen. Ihre Festlegung erfolgt nach EIA (Electronic Industries Association = Verband amerikanischer Elektronikhersteller). In Deutschland ist diese Schnittstelle in DIN 66020 genormt.

Als mechanische Steckvorrichtung ist ein 25-poliger Stecker (Cannon-Stecker) definiert, wobei die Buchsen (Federleisten) an den Geräten angebracht sind, während das Verbindungskabel über die Stecker verfügt.

20-mA-Stromschleifenschnittstelle (TTY) – symmetrische Schnittstelle

In rauer Umgebung, wo mit hohen Störpegeln zu rechnen ist, lässt sich die V.24-Schnittstelle nicht mehr mit ausreichender Sicherheit betreiben. Darum hat man eine Schnittstelle geschaffen, bei der statt eines Spannungspegels das Vorhandensein oder Nichtvorhandensein eines Stromes als binäre Information aufgefasst wird (**Bild 4.23**). Der Leerlaufspannungspegel beträgt 24 V.

Diese Werte definieren einen hohen Leistungspegel und damit eine hohe Störsicherheit. Die maximalen Leitungslängen betragen 1000 m. Die elektromechanischen Eigenschaften sind in Form von 25-poligen Steckverbindungen (wie bei RS 232C) gegeben. Richtlinien zur Auslegung dieser Schnittstelle sind in DIN 66258 festgelegt.

4.2 Leitungsbetrieb und Trassierung

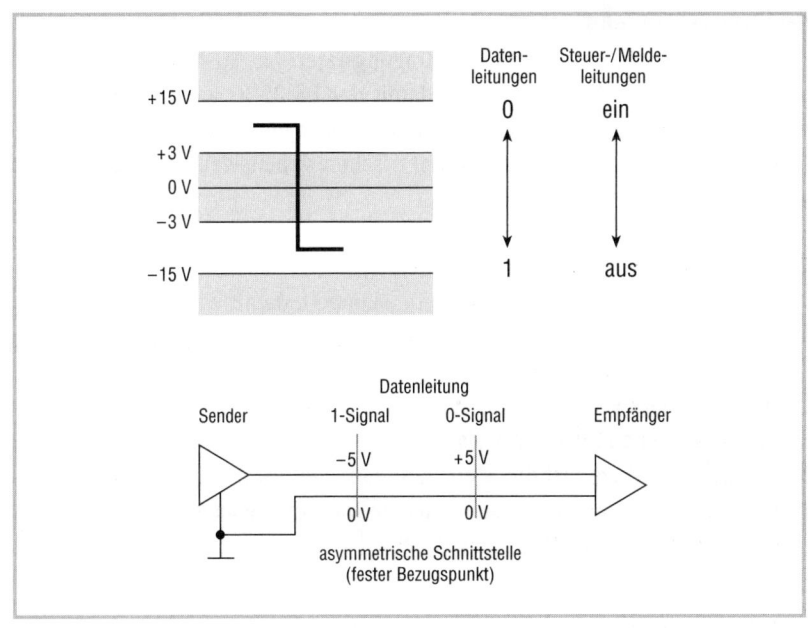

Bild 4.22 *Spannungspegel der Schnittstelle RS 232C*

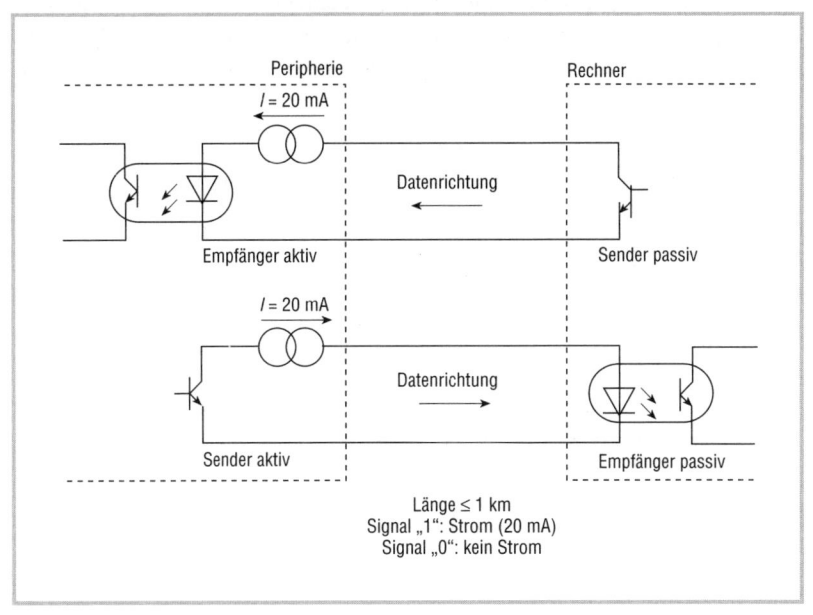

Bild 4.23 *TTY-Schnittstelle (20 mA)*

Schnittstelle RS 485

Diese Schnittstelle ermöglicht Übertragungsraten bis 10 MBit/s und Übertragungslängen bis 1200 m. Sie ist damit der RS 232C weit überlegen. Ermöglicht werden diese Daten u. a. durch die symmetrische Arbeitsweise (**Bild 4.24**), im Gegensatz zur asymmetrischen Arbeitsweise der Schnittstelle RS 232C.

Vorteile der symmetrischen Arbeitsweise:

- Störsignale werden symmetrisch eingekoppelt, damit wird das Potential auf beiden Leitungen angehoben, während die Spannungsdifferenz zwischen den beiden Leitungen gleich bleibt. Deshalb ist auch die Übertragung von stark verrauschten Signalen sichergestellt. Die maximale Übertragungsrate beträgt 10 MBit/s.
- Ein weiterer Vorteil ist die Mehrpunktfähigkeit, d. h., die Schnittstelle ist busfähig und erlaubt es, kostengünstige Datennetze aufzubauen. RS 485 wird z. B. beim PROFIBUS eingesetzt.

4.2.5 Kabelrinnen und Kabelwannen

Kabel und Leitungen sollten auf oder in metallenen Kabelträgern (Rinnen, Wannen, Kanälen usw.) verlegt werden. Diese metallenen Kabelträger sind an möglichst vielen Stellen in den Potentialausgleich einzubeziehen.

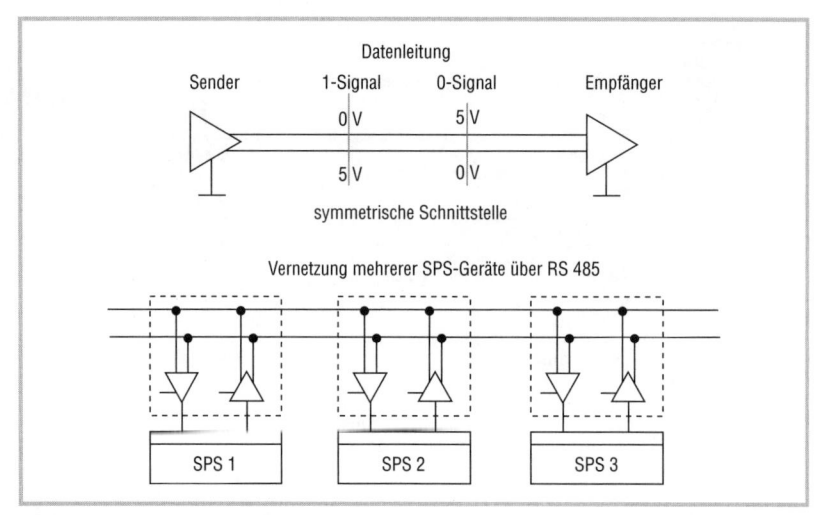

Bild 4.24 *Schnittstelle RS 485*

Folgende Vorteile liegen dieser Maßnahme zugrunde:
1. Die Maschen des Potentialausgleichs werden dadurch noch enger und zahlreicher.
2. Die Schirmwirkung des Gebäudes bzw. des Raumes nimmt zu.
3. Es wird vermieden, dass das magnetische Feld der stromführenden Leiter (aktive Leiter) in der Schleife (bestehend aus PE-Leiter und Potentialausgleichssystem) eine Störspannung induzieren kann, da infolge des engen Anliegens der leitfähigen Kabelträger am PE-Leiter keine nennenswerte Fläche entstehen kann (s. Abschnitt 4.2.1).
4. Die Feldverteilung in Bezug auf die Aussendung eines magnetischen Feldes durch die Kabel und Leitungen wird günstig beeinflusst.
5. Bei geschirmten Kabeln und Leitungen vermeidet die an den Potentialausgleich angebundene Kabeltrasse, dass sich eine Schleife zwischen Schirm und Potentialausgleich bildet (s. Punkt 3). Außerdem wirkt die Trasse wie ein Schirmentlastungsleiter nach DIN VDE 0100-444, Abschnitt 444.3.10, der eventuell vorhandene Schirmströme auf ein erträgliches Maß reduzieren kann.

Das verwendete Verlegesystem hat also großen Einfluss auf die EMV-gerechte Installation.

Grundsätzliche Anforderungen an ein EMV-gerechtes Verlegesystem:

■ Kabel und Leitungen müssen auf oder in Metalltrassen (Rinnen, Wannen oder Kanäle) verlegt werden, die insgesamt gut leitend durchverbunden sind (**Bild 4.25**).

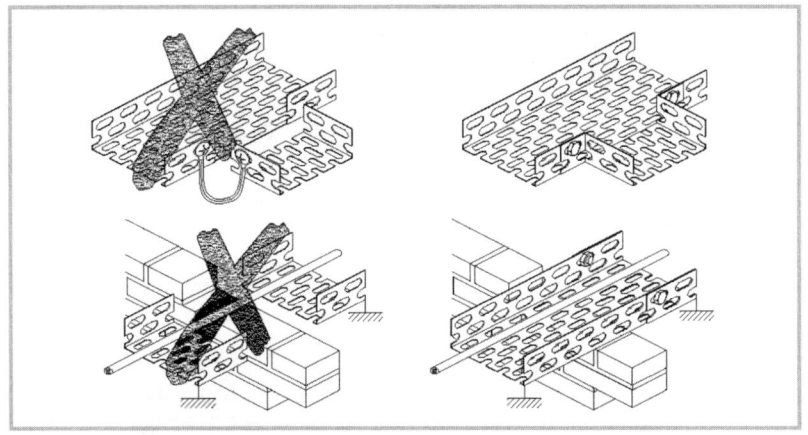

Bild 4.25 *Verbindung von metallenen Kanälen*
Die Verbindung soll möglichst durchgängig und großflächig sein (rechts).

- Die Trassen sind beidseitig mit dem Potentialausgleichssystem und entlang ihres Verlaufs – wo immer möglich – mit Erde und mit metallenen Gebäudekonstruktionen (s. Bild 4.28) zu verbinden.
- Unterbrochene Verlegesysteme sind mit zwei Leitern direkt zu verbinden; bei Verlegesystemen für IT-Leitungen sind leitende Bänder zu verwenden (**Bild 4.26**).
- Parallel geführte bzw. untereinander verlaufende Verlegesysteme sind untereinander in Abständen von 10 ... 20 m zu verbinden.
- Bei Kreuzungen müssen die Verlegesysteme untereinander leitend verbunden werden (**Bild 4.27**).
- Bei Steigezonen sind die Trassen mit dem Potentialausgleich bzw. bei höheren Gebäuden zusätzlich mit der Gebäudearmierung zu verbinden (**Bild 4.28**).
- Für die Energieversorgung, die Kommunikations- sowie Haustechnik usw. sind gemeinsame Steigezonen zu erstellen.
- Trassen und Steigezonen sind so anzuordnen, dass sie von empfindlichen Einrichtungen (Störsenken), aber auch von Schlaf- und Aufenthaltsräumen möglichst weit entfernt liegen.
- Unterschiedliche Systeme, wie Energie- und Datenkabel, sind in getrennten Trassen zu verlegen (**Bild 4.29**), andernfalls ist ein Trennsteg erforderlich.

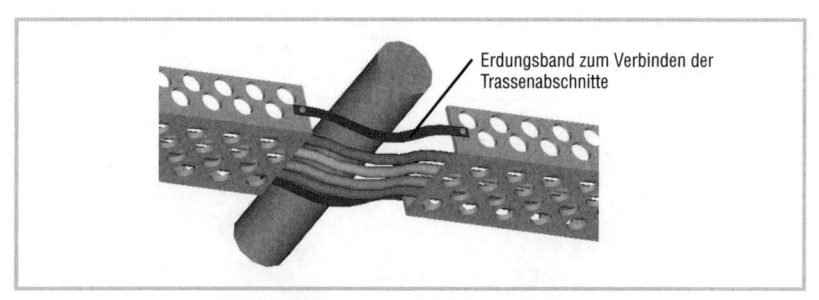

Bild 4.26 *Durchverbundene Metalltrassen bei Unterbrechung*

Bild 4.27 *Durchverbundene Kreuzungen von Metalltrassen*

4.2 Leitungsbetrieb und Trassierung

▪ Zwischen unterschiedlichen Systemen (in Bezug auf Spannungsebene und Funktion) muss ein ausreichender Abstand eingehalten werden. Der Abstand kann verringert werden, wenn Trennstege eingebracht oder Schirmrohre (beidseitig an den Potentialausgleich angeschlossen) verwendet werden (s. auch Abschnitt 4.3.1).

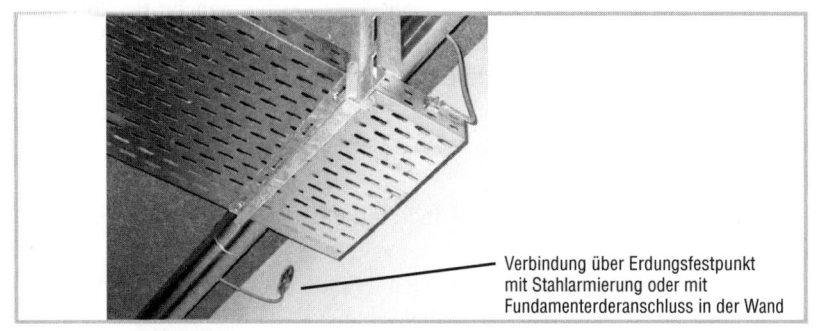

Verbindung über Erdungsfestpunkt mit Stahlarmierung oder mit Fundamenterderanschluss in der Wand

Bild 4.28 *Verbindung von Trassen mit dem Fundamenterder*

Starkstromleitungen

Hilfsleitungen, z. B. Brandmelder, Türöffner

IT-Verkabelung, z. B. Netzwerkleitungen

möglichst mit Deckel

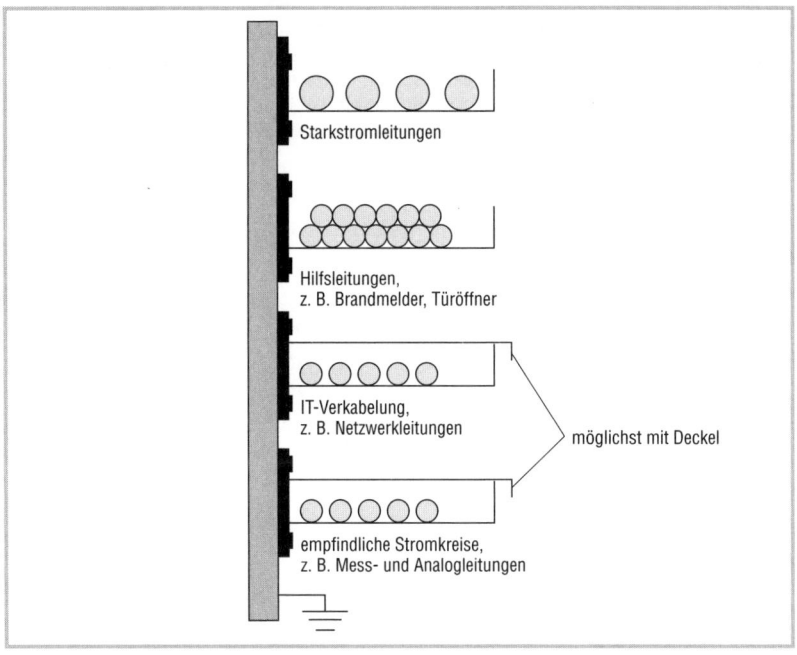

empfindliche Stromkreise, z. B. Mess- und Analogleitungen

Bild 4.29 *Beispiel für eine getrennte Verlegung unterschiedlicher Systeme*
Möglich wäre auch eine andere Reihenfolge der Trassen untereinander. Ziel muss jedoch immer sein, mögliche Störsenken von möglichen Störquellen entfernt zu halten.

Gebäudeüberschreitende Kabel- und Leitungsanlagen

Um auch gebäudeüberschreitend für eine ausreichende EMV zu sorgen, sind gebäudeüberschreitende Kabel und Leitungen immer in geschlossenen metallenen Verlegesystemen zu verlegen. Ist dies nicht möglich, so sollte die Verlegung in Kabelkanälen erfolgen, die über eine Bewehrung o. Ä. verfügen, die mit dem Gebäudepotentialausgleich verbunden ist (s. Abschnitt 4.3.2.1). Eine weitere Möglichkeit wäre, Kabel und Leitungen mit blitzstromtragfähigen Schirmen einzusetzen.

Bei dem Einsatz von metallenen Verlegesystemen für gebäudeüberschreitende Kabel ist auf die richtige Auswahl des Materials zu achten, auch im Hinblick auf Korrosion.

Verlaufen Kabeltrassen durch Wände mit einer bestimmten Brandschutzqualität (z. B. F 30, F 60 oder F 90), so müssen Maßnahmen getroffen werden, dass die Brandschottungen in den Wänden nicht durch beim Brand herabstürzende Trassenteile beschädigt werden.

Beispiel:
Die metallene Kabelrinne wird durch das Brandschott verlegt (Bild 4.25, rechts unten) und beidseitig mit brandschutztechnisch geprüftem und zugelassenem Befestigungsmaterial (Befestigungsmaterial für Kabel und Leitungen mit integriertem Funktionserhalt) montiert. Kann die Sicherheit der Brandschotts auf diese Weise nicht sicher gewährleistet werden, so muss eine Ersatzlösung mittels beidseitiger Verbindung der Kabelkanalabschnitte (ähnlich wie im Bild 4.26 dargestellt) ausgeführt werden.

4.3 Schirmung

4.3.1 Grundlagen

Schutz gegen elektromagnetische Felder (sowohl gegen Einstrahlung als auch gegen Abstrahlung) bieten Schirmwände, die zwischen Quelle und Senke angeordnet sind (**Bild 4.30**). Durch eine solche Schirmwand S werden die Feldstärken E_0, H_0 des ankommenden Feldes auf die Werte E_1, H_1 abgeschwächt.

Die Wirkung des Schirmes auf hoch- und niederfrequente Felder ist unterschiedlich, wobei im niederfrequenten Bereich die Unterschiede in der Wirkung auf elektrische und magnetische Felder besonders groß sind. Anschaulich wird dies an dem von *Schelkunoff* abgeleiteten Anpassungsmodell. **Bild 4.31** soll dies veranschaulichen:

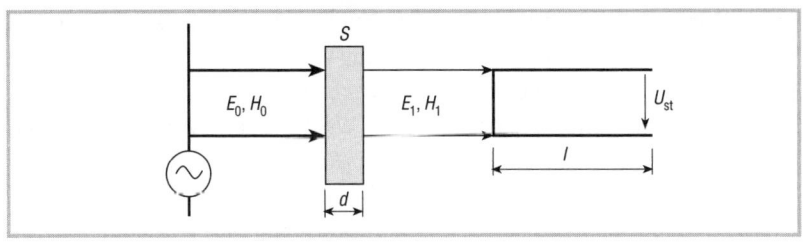

Bild 4.30 Prinzip der Schirmwand

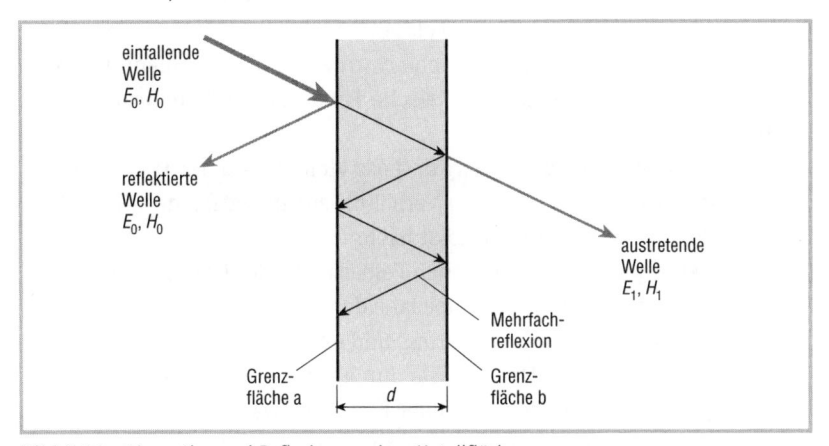

Bild 4.31 Absorption und Reflexion an einer Metallfläche

Eine Metallfläche stellt für die auftretende elektromagnetische Welle eine Grenzfläche (Luft – Schirmwand) dar. Ein Teil der Welle wird an der Grenzfläche a reflektiert, der restliche Teil tritt in die Schirmwand ein und trifft im weiteren Verlauf auf die zweite Grenzfläche b (Schirmwand – Luft). Ein Teil der eingedrungenen Welle wird in der Schirmwand zwischen den beiden Grenzflächen in Wärme umgesetzt, man spricht von *Absorption*. An der zweiten Grenzfläche erfolgt wieder eine Reflexion, und der Rest der Welle tritt aus der Schirmwand aus.

Die *Schirmdämpfung* a_S eines Schirmes setzt sich danach aus drei Anteilen zusammen: der Reflexion an der ersten Grenzfläche a_R, der Absorption a_A im Innern des Schirmes und der Reflexion an der zweiten Grenzfläche a_M:

$$a_S = a_R + a_A + a_M.$$

Der Anteil der Reflexion an der zweiten Grenzfläche a_M (auch Mehrfachreflexion genannt, s. Bild 4.31) ist häufig so gering, dass er vernachlässigt werden kann.

Die Wirkung der Metallwand auf elektrische und magnetische Felder als Funktion der Frequenz ergibt sich aus dem Verhältnis der Wellenimpedanz Z des Feldes zur Impedanz der Metallfläche. Je kleiner die Impedanz der Schirmwand (Metallfläche) gegenüber der Wellenimpedanz der einfallenden Welle ist, umso stärker wirkt die Reflexion *(Reflexionsdämpfung)*.

Gemeint ist Folgendes:

Der *Wellenwiderstand* ist der Widerstand, den die Welle (elektrische oder magnetische) entlang ihres Übertragungsweges vorfindet.

▋ Für niederfrequente elektrische Felder (E-Feld) ist die Wellenimpedanz hoch, die Impedanz der metallenen Schirmwand dagegen niedrig. Das bedeutet: **Niederfrequente elektrische Felder sind relativ problemlos abzuschirmen.**

Je höher jedoch die Frequenz wird, umso kleiner wird der Wellenwiderstand der elektrischen Felder im Verhältnis zur Impedanz der Metallfläche – die Reflexionsdämpfung lässt nach.

▋ Bei niederfrequenten magnetischen Feldern (H-Feld) ist der Wellenwiderstand im Verhältnis zur Impedanz der Metallfläche sehr klein. Die Reflexionsdämpfung ist damit gering, und ein großer Anteil der Welle tritt in den Schirm ein. Die Verluste durch Absorption *(Absorptionsdämpfung)* steigen mit zunehmender Frequenz. Das bedeutet: **Niederfrequente magnetische Felder sind nur sehr schwer abzuschirmen.**

Erst mit zunehmender Frequenz nimmt die Wellenimpedanz der magnetischen Felder zu, und die Schirmwirkung wird größer.

Ab einer bestimmten Frequenz sind beide Werte für den Wellenwiderstand gleich. Ab hier treten die beiden Felder nur noch gestrahlt, also im „Verbund", auf.

Bild 4.32 zeigt den Verlauf der Wellenimpedanz eines E-Feldes und eines H-Feldes als Funktion des Abstandes der Störquelle von der Schirmfläche (bei gleichbleibender Frequenz) bzw. als Funktion der Frequenz (dann aber bei gleichbleibendem Abstand). Das Diagramm ist folgendermaßen zu verstehen: Wenn die Frequenz konstant bleibt, bleibt auch λ konstant. Wenn sich in diesem Fall der Abstand X ändert, erreicht er irgendwann einen Wert $X = \lambda/(2\pi)$. Umgekehrt existiert bei konstantem Abstand X eine Frequenz, bei der dies ebenfalls zutrifft.

Da die Schirmwirkung von dem Verhältnis der Wellenimpedanz Z zur Impedanz der leitfähigen Schirmfläche abhängt (Z/Z_{Schirm}), ist die Schirmwirkung umso größer, je höher die Wellenimpedanz Z ist.

Aus diesem Grund kann vorläufig Folgendes festgestellt werden:

4.3 Schirmung

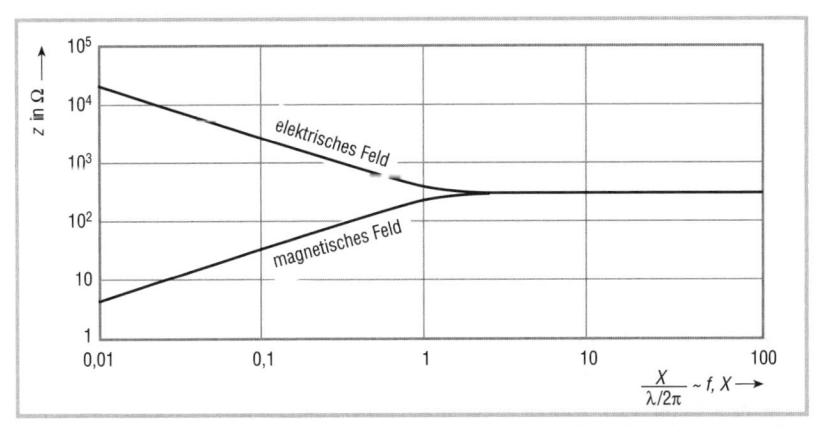

Bild 4.32 *Verlauf der Wellenimpedanz Z als Funktion des Abstandes X bzw. der Frequenz f*
Auf der Abszisse ist das Verhältnis zwischen dem Abstand X und der frequenzabhängigen Wellenlänge λ (Abschnitt 3.4.1) aufgetragen. Für eine bestimmte Frequenz bzw. für einen bestimmten Abstand ist der Quotient von X und $\lambda/(2\pi) = 1$

- Als Schirmmaterialien zur Abschirmung elektrischer und magnetischer Felder im höheren Frequenzbereich sowie elektrischer Felder im niedrigen Frequenzbereich werden vorzugsweise Kupfer und Aluminium verwendet, da hier die Impedanz der Schirmfläche besonders niedrig ist.
- Zur Abschirmung magnetischer Felder im niedrigen Frequenzbereich benötigt man als Schirmmaterial hingegen Stahlblech und hochpermeables Material, um die Feldlinien des magnetischen Feldes ablenken zu können. Ist der Schirm magnetisch gesättigt, so geht die Schirmwirkung völlig verloren. Man benötigt also viel Material, um niederfrequente H-Felder wirkungsvoll ablenken zu können, der Aufwand ist in der Regel sehr hoch (s. Abschnitt 4.4.1).

4.3.2 Schirmung von Geräten, Gebäuden und Leitungen

4.3.2.1 Allgemeines

Ein elektromagnetischer Schirm hat die Aufgabe, entweder ein in seinem Innern erzeugtes elektromagnetisches Feld zu schließen und an seiner Ausbreitung zu hindern oder in seinem Innern einen Raum zu schaffen, der frei von außen wirkenden Feldern ist. Dies gilt für Gehäuseschirme wie für Leitungsschirme, die als Fortsetzung der Gehäuse- oder Raumschirmung angesehen werden können (**Bild 4.33**).

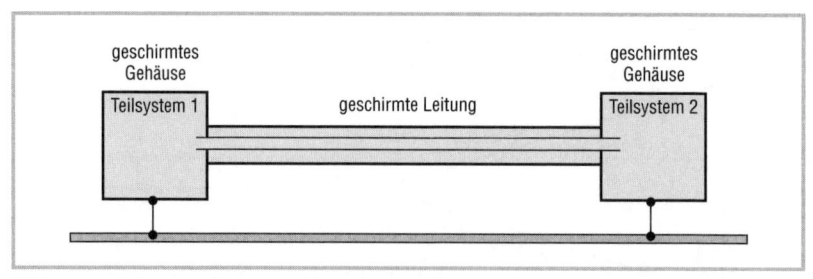

```
┌─────────────────────────────────────────────────────────────┐
│     geschirmtes                           geschirmtes        │
│     Gehäuse                               Gehäuse            │
│   ┌──────────┐                         ┌──────────┐          │
│   │Teilsystem 1│    geschirmte Leitung │Teilsystem 2│        │
│   └──────────┘                         └──────────┘          │
└─────────────────────────────────────────────────────────────┘
```

Bild 4.33 *Gehäuse- oder Raumschirmung und Leitungsschirme*

Schirmungsmaßnahmen sind stets frequenzbezogen. Das bedeutet, man muss bei einer Schirmungsmaßnahme fragen, gegen welche Störfelder geschirmt werden soll. Gegen niederfrequente Felder muss gegebenenfalls anders vorgegangen werden muss als gegen hochfrequente Felder.

Allgemein kann man zwischen niederfrequenten und hochfrequenten Feldern unterscheiden. *Niederfrequente Felder* sind laut Definition Felder mit Frequenzen bis 10 kHz.

Ein weiterer Unterschied liegt in der Physik der Felder begründet: Felder können als elektrische Felder (s. Abschnitt 2.2.3) oder als magnetische Felder (s. Abschnitt 2.2.2) auftreten. Besondere Probleme bereiten häufig die magnetischen Felder.

a) Sie kommen **betriebsbedingt** vor, wenn die elektrischen Betriebsmittel (Kabel und Leitungen, Transformatoren usw.) vom netzfrequenten Strom (in der Regel 50 Hz) durchflossen werden. Das dabei entstehende netzfrequente magnetische Feld wirkt auf die Umgebung.

Leider fallen hierunter auch die vagabundierenden Ströme (auch Streuströme genannt), die irgendwo im Gebäude fließen, weil dort ein TN-C-System (mit PEN-Leiter) vorhanden ist. Auch sie wirken auf die Umgebung. Nicht zuletzt sind die höherfrequenten Felder (einige 100 Hz) der Oberschwingungsströme zu nennen, die durch die angeschlossenen Verbraucher entstehen.

b) Magnetische Felder kommen **fehler-** oder **ereignisbedingt** vor, beispielsweise bei einem Kurzschluss, Ausschaltvorgang oder Blitzschlag. Diese Felder haben in der Regel ein breites Frequenzspektrum (bis in den hochfrequenten Bereich).

Der Schutz durch Schirmung ist stets eine sekundäre Maßnahme. Die Güte einer Schirmung wird allgemein durch die *Schirmdämpfung S* beschrieben:

$$S = \frac{\text{Feldstärke ohne Schirm } (H_0 \text{ bzw. } E_0)}{\text{Feldstärke mit Schirm } (H_1 \text{ bzw. } E_1)}.$$

4.3 Schirmung

Es ist zu unterscheiden zwischen

$S_H = H_1/H_0$ Dämpfung des magnetischen Feldes und

$S_E = E_1/E_0$ Dämpfung des elektrischen Feldes.

Statt der Schirmdämpfung S mit der Einheit 1 wird meist das *Schirmdämpfungsmaß* a_S in dB verwendet:

$a_S = 20 \lg S$ in dB.

Da die Schirmung nicht auf alle Felder in gleicher Weise wirkt, werden hier Schirmungsmaßnahmen bezogen auf die Art des Feldes angegeben.

Schutz gegen elektrische Felder
Elektrische Felder (besonders im niederfrequenten Bereich) lassen sich sehr gut durch Schirmung unterbinden bzw. beeinflussen. Wirksame Maßnahmen sind:
- metallene Gehäuse für Betriebsmittel und Baugruppen,
- elektrisch leitende Schirme für Kabel und Leitungen,
- elektrisch leitende Schirme für Räume und Gebäude,
- Verlegung unter Putz bei niederfrequenten elektrischen Feldern,
- Erdung der Schirme.

Hochfrequente elektrische Felder werden in der Regel ähnlich behandelt wie hochfrequente magnetische Felder.

Schutz gegen statische Magnetfelder
Hier beruht die Wirkung von Schirmen auf dem Prinzip der Umlenkung der Magnetfelder entlang des Schirmmaterials. Maschen und Schleifen haben in rein statischen Feldern keine Wirkung, da durch diese Gleichfelder keine Spannungen induziert werden. Für eine wirksame Schirmung muss die Störquelle vollständig mit dem Schirmmaterial umgeben sein. Zudem muss homogenes, magnetisch hoch leitfähiges Schirmmaterial (z. B. ferromagnetische Bleche) eingesetzt werden.

Schutz gegen niederfrequente magnetische Wechselfelder
Bei Schirmen aus ferromagnetischen Materialien wird die Wirkung durch Ablenkung des Feldes erreicht. Da jedoch schnell eine Sättigung eintritt, hängt die Güte eines solchen Schirmes vom Material sowie von der Materialdicke ab.

Aber auch mit nichtferromagnetischen Schirmmaterialien kann eine Schirmwirkung gegen niederfrequente magnetische Felder erzielt werden. Die Wirkung beruht darauf, dass die magnetischen Wechselfelder in der Schirmhülle (bei flächigen Schirmen, aber auch bei flächigen Gitterschirmen) *Wirbelströme* induzieren. Die magnetischen Felder der induzierten Wirbelströme sind den eindringenden Feldern entgegengerichtet. Hierdurch wird eine Schirmwirkung erreicht, die mit steigender Frequenz zunimmt – sie ist bei niederfrequenten Feldern also nur sehr gering.

Außerdem spielt ein weiterer physikalischer Effekt eine Rolle, der jedoch voraussetzt, dass der Schirm beidseitig an das Potentialausgleichssystem angeschlossen wurde: In Kabelschirmen induziert das außen wirkende magnetische Feld einen Schirmstrom, der durch den Schirm fließt und mit zunehmender Frequenz das Eindringen des Feldes verhindert, weil aufgrund des *Skineffektes* die fließenden Elektronen mit zunehmender Frequenz zur äußeren Hülle des Leiters – hier des Schirmes – abgedrängt werden.

Zusammenfassung
Bei betriebsbedingt auftretenden niederfrequenten Magnetfeldern, wie bei der Netzspannung (Frequenz in der Regel 50 Hz bzw. einige 100 Hz bei vorkommenden Oberschwingungen) ist die Wirkung der induzierten Wirbelströme bzw. Schirmströme noch relativ gering. Das bedeutet: Bei niederfrequenten magnetischen Feldern spielt die Umlenkfunktion des Schirmmaterials (wie bei den statischen Magnetfeldern) noch eine gewisse Rolle. Die Schirmwirkung hängt entscheidend von der Permeabilitätszahl (magnetische Leitfähigkeit) des Schirmmaterials, der Wanddicke und der Form des Schirmes ab.

Allerdings wirkt diese Umlenkfunktion nur bis zur magnetischen Sättigung des Schirmmaterials. Will man beispielsweise die Störquelle direkt schirmen, um so die Aussendung der störenden magnetischen Felder zu unterdrücken, so sind dort (ganz in der Nähe der Störquelle) die magnetischen Felder derart stark, dass man immens dicke Schirme benötigt, um zu verhindern, dass die Schirmwirkung durch die Sättigung im Schirmmaterial aufgehoben wird. Leider ist dies häufig aus Kosten- oder Funktionsgründen nicht möglich.

→ Da **niederfrequente magnetische Felder** in der elektrischen Anlage sehr häufig betriebsbedingt auftreten und zudem besonders hohe Werte aufweisen, sind sie in der Regel besonders kritisch. Schirme haben häufig keine oder eine zu geringe Wirkung, und es müssen andere Maßnahmen getroffen werden (s. Abschnitte 4.1 und 4.2).

Schutz gegen hochfrequente magnetische Felder

Die Wirkung der Wirbelströme (bei Flächenschirmen) und deren induzierter Felder nimmt mit steigender Frequenz zu. Außerdem behindert bei Kabelschirmen der induzierte Schirmstrom das Eindringen des magnetischen Feldes. Dieser Effekt wird mit zunehmender Frequenz noch verstärkt, weil im Schirm selbst ein Verdrängungseffekt (Skineffekt) stattfindet, der diesen Schirmstrom an den äußeren Rand des Schirmes lenkt.

Bei gelochten Schirmen oder Gitterschirmen nimmt die Schirmdämpfung mit kleiner werdenden Maschenweiten und steigenden Frequenzen bis zu bestimmten Grenzfrequenzen zu. Schirme und Anschlussleitungen müssen niedrige Impedanz – also gute elektrische Leitfähigkeit – aufweisen. Besonders zu beachten ist die geringe Induktivität des Systems. Niedrige Induktivitäten erhält man durch große Oberflächen und kurze Leitungslängen. **Die Abschirmung sollte lückenlos und impedanzarm ausgeführt werden.**

Zusätzlicher Schutz

Wenn trotz gut durchgeführter Schirmung leitungsgeführte Störgrößen in Form von Störspannungen und Störströmen auftreten, wird zusätzlich der Einsatz von Überspannungsableitern und Entstörfiltern erforderlich.

4.3.2.2 Gebäude- und Raumschirmung

Der EMV-gerechte Aufbau von Gebäuden wird insbesondere durch den Blitz- und Überspannungsschutz bestimmt. Dort hat sich das *Schutzzonenkonzept* bewährt, nach dem ein Gebäude und das Innere des Gebäudes in einzelne Bereiche oder Räume durch Schirmungsmaßnahmen in *Zonen* (**Bild 4.34**) mit unterschiedlicher Beeinflussung durch elektrische, magnetische und elektromagnetische Felder eingeteilt wird.

Innerhalb von Gebäuden entstehen durch direkte oder indirekte (entfernte) Blitzschläge Überspannungen. Deren Höhe ist u.a. abhängig
- vom Einschlagort,
- von der Blitzstromverteilung bei Direkteinschlägen,
- von der Gebäudedämpfung gegenüber magnetischen und elektromagnetischen Feldern und
- von der Größe und Lage der Induktionsschleifen in der Gebäudeinstallation, auf die magnetische Felder wirken können.

Einen wesentlichen Schutz für die elektrischen und elektronischen Einrichtungen bietet eine hochwertige Gebäudeschirmung. Hierfür ist die Durch-

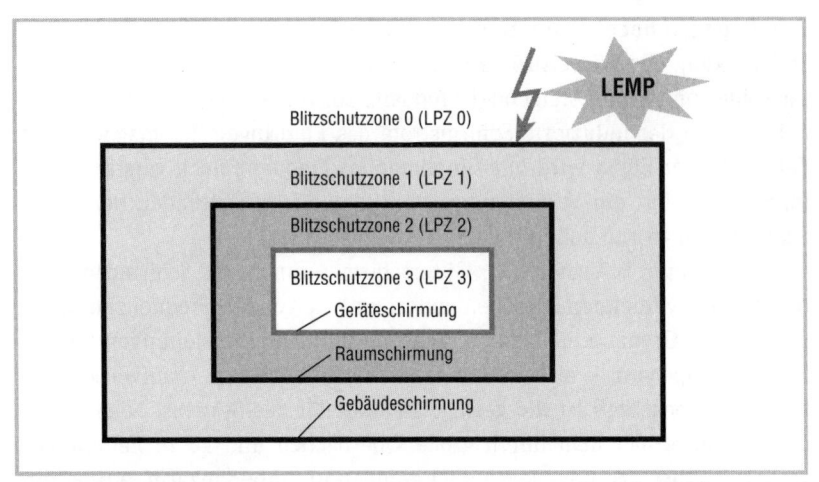

Bild 4.34 *Schutzzonen nach dem „Schutzzonenkonzept" im Bereich Blitz- und Überspannung*
LPZ lightning protection zone (Blitzschutzzone)
LEMP lightning electromagnetic pulse (Blitz/Blitzschlag)

verbindung aller leitenden Gebäudeteile (Stahlkonstruktionen, Armierungen, Erder, Potentialausgleich usw.) erforderlich. An dieser Stelle muss noch einmal auf die Ausführungen zum Potentialausgleich bzw. vermaschten Potentialausgleich im Abschnitt 4.1.4 hingewiesen werden. Merkpunkte sind hier:

- Die Einbeziehung der Bewehrungsstähle in Außenwänden und Decken ist bereits eine relativ wirksame Gebäudeschirmung. Hierdurch soll nach Möglichkeit ein geschlossener Käfig entstehen. Dabei muss die Anbindung an den Fundamenterder so häufig wie möglich durchgeführt werden (**Bild 4.35**).
- An möglichst vielen Punkten (natürlich nur dort, wo es sinnvoll ist) müssen Erdungsfestpunkte errichtet werden, um im Innern des Gebäudes an möglichst vielen Stellen eine Verbindung zum Potentialausgleich herstellen zu können (**Bild 4.36**).
- Wo es mit vertretbaren Mitteln möglich ist, müssen leitfähige Gebäudekonstruktionen, wie Metallfassaden, Stahlskelettkonstruktionen, angebunden werden.
- Einbezogen werden müssen auch leitfähige Attikableche, Trapezblechdächer und Stahlstützen.
- Schaltschränke sollten möglichst auf einen leitfähigen Rahmen gestellt werden, der Anbindung an die Gebäudeschirmung (Bewehrungsstähle)

Bild 4.35 *Fundamenterder und Armierung*

Bild 4.36 *Verbindung des Fundamenterders nach innen über Erdungsfestpunkte*

oder an die leitfähige Konstruktion des aufgeständerten Zwischenbodens, auf dem der Verteiler stehen soll, hat.

- Ebenso müssen, wo immer dies mit vertretbaren Mitteln möglich ist, innenliegende Stahlkonstruktionen, wie Stützen, Fundamente von Maschinen, Fußpunkte von großen Maschinen und anderen Anlagen aus metallenem Material, angeschlossen werden.
- Vorhandene leitfähige Konstruktionen von abgehängten Zwischendecken und aufgeständerten Zwischenböden müssen leitfähig untereinander verbunden werden. An möglichst vielen Stellen sind diese Konstruktionen mit dem Potentialausgleichssystem zu verbinden (eventuell über Erdungsfestpunkte, Anschlussfahnen von Fundamenterdern oder Potentialausgleichsschienen).
- Sind innenliegende Räume zu schirmen, so müssen auch die Bewehrungsstähle der Wände in diesen Bereichen einbezogen werden. Ist dies mit vertretbaren Mitteln nicht möglich, so sollten auch hier alternative Maßnahmen vorgenommen werden. Dafür kommen z. B. eine Metalltapete (die natürlich mit dem Potentialausgleichssystem verbunden werden muss) oder der nachträgliche Einbau von Gittern entlang der Wände, Decken und Fußböden in Frage. Zusätzlich tragen folgende Maßnahmen zu einer besseren Raumschirmung bei:
  – Leitfähige Fenster- und Türrahmen sind, sofern mit vertretbaren Mitteln möglich, an das Potentialausgleichssystem anzubinden.
  – Ein Erdungsringleiter (s. Abschnitt 4.1.4.5) kann die Schirmwirkung des Raumes ebenfalls verbessern, zumal durch ihn alle metallenen Konstruktionsteile, Verteiler, Körper von Betriebsmitteln usw. auf kurzem Weg miteinander verbunden werden können.
- Dehnungsfugen müssen durch flexible Bänder oder Seile in Abständen von etwa 5 m überbrückt werden.

Wenn Kabelkanäle die Gebäude verbinden, ist darauf zu achten, dass deren Bewehrungsstähle durch Schweißen miteinander und an beiden Enden mit dem Potentialausgleichssystem sowie nach Möglichkeit auch mit den Fundamenterdern der Gebäude verbunden werden (**Bild 4.37**, s. „Leitungsführung außerhalb von Gebäuden" im Abschnitt 4.3.2.3). Dehnungsfugen sind durch Bänder oder Rundleiter zu überbrücken.

4.3.2.3 Schirmung von Leitungen

Leitungsschirme bilden, wie bereits gesagt, eine Fortführung der Gebäude- oder Raumschirmung (gegebenenfalls auch einer Geräte- oder Schaltschrankschirmung). Dabei werden Störströme über den mit dem Gehäuse leitend verbundenen Schirm über die Schirmschiene zur Erde abgeleitet. Ist der Schirm nicht impedanzarm ausgeführt, so werden die zur Erde abfließenden Ströme selbst wieder zur Störquelle. Es sollten nur Leitungen mit *Schirmgeflecht* (Deckungsdichte ≥ 80 %) verwendet werden (**Bild 4.38**).

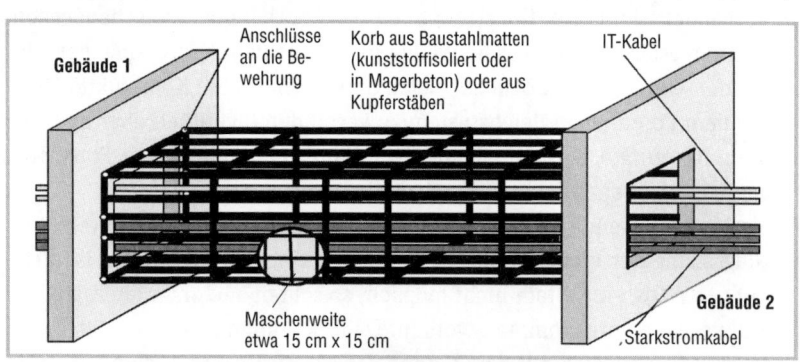

Bild 4.37 *Kabelkanal mit durchverbundenen Bewehrungsstählen, die an den Gebäudepotentialausgleich angeschlossen sind*

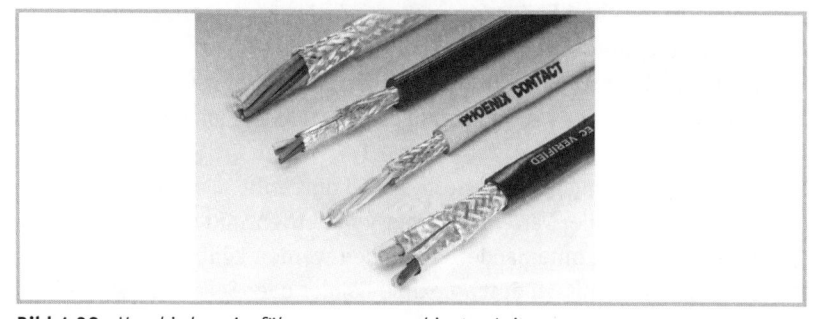

Bild 4.38 *Verschiedene Ausführungen von geschirmten Leitungen*

4.3 Schirmung

Leitungen mit *Folienschirmen* haben sich nicht bewährt, da die Folie durch Zug- und Druckbelastung sehr leicht beschädigt werden kann.

Anmerkung: Wenn im Folgenden von einer *niederimpedanten* oder *niederinduktiven Verbindung* bzw. *Anbindung* gesprochen wird, ist im Sinne der EMV eine Verbindung gemeint, die möglichst großflächig ausgeführt wird. Eine daran angeschlossene Verbindungsleitung muss möglichst kurz sein und – wenn möglich – einen rechteckig-flachen Querschnitt (z. B. Masseband) haben.

Zunächst ist die Frage der ein- oder zweiseitigen Auflage des Schirmes zu klären.

Einseitiger Schirmanschluss

Gegen elektrische Felder kann ein einseitiger Schirmanschluss ausreichen (**Bild 4.39**). Manchmal ist eine einseitige Schirmauflage sogar günstiger als die beidseitige. Dies gilt u. U. für folgende Fälle:

- Je nachdem, wie störungsarm das elektrische Netzsystem aufgebaut ist, kann es dazu kommen, dass durch eine beidseitige Schirmanbindung verschiedene Potentiale miteinander verbunden werden (s. Bild 4.53). Dadurch entsteht zwangsläufig ein betriebsbedingter Schirmstrom. Wenn nun eine Potentialausgleichsleitung als Schirmentlastungsleiter (s. Abschnitt „Beidseitiger Schirmanschluss") keine ausreichende Sicherheit bietet oder nicht verlegt werden kann, kann der Schirm nicht beidseitig aufgelegt werden.
- Bei der Übertragung von besonders empfindlichen Analogsignalen (im Bereich von einigen mV bzw. µA) ist eine beidseitige Schirmauflage u. U. ebenfalls nicht erwünscht.

Beidseitiger Schirmanschluss

Mit einem beidseitigen Schirmanschlusses (**Bild 4.40**) ist ein Schutz sowohl gegen elektrische als auch gegen magnetische Felder möglich. Zunächst sollen aber einige Nachteile der beidseitigen Anbindung und mögliche Gegenmaßnahmen besprochen werden:

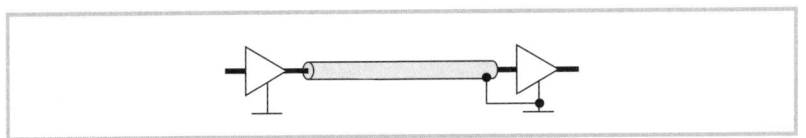

Bild 4.39 *Einseitiger Schirmanschluss*

Überbrückung von verschiedenen Potentialen

Hier geht es um die im Abschnitt „Einseitige Schirmauflage" erwähnte Gefahr, dass durch das beidseitige Anbinden des Schirmes verschiedene Potentiale überbrückt und dadurch niederfrequente Schirmströme hervorgerufen werden können. Diese können Störungen verursachen und den Schirm sogar derart thermisch belasten, dass eine Brandgefahr entsteht.

Abhilfe kann dadurch geschaffen werden, dass einer der beiden Schirmanschlüsse mit einem *Kondensator* beschaltet wird. Diese Form des Anschlusses wirkt beidseitig nur bei hochfrequenten magnetischen Störgrößen, je nach Auslegung des Kondensators (**Bild 4.41**).

Eine ideale Möglichkeit des Schirmanschlusses bietet der *Doppelschirm*. Der innere Schirm wird dabei lediglich einseitig, der äußere beidseitig aufgelegt (**Bild 4.42**). Der äußere Schirm muss natürlich stromtragfähig sein. Dabei muss stets überprüft werden, ob der dabei entstehende Schirmstrom (der fließt, wenn dieser Schirm verschiedene Potentiale überbrückt) den äußeren Schirm gefährdet.

Niederfrequente Ströme durch Schleifenbildung

Auch die immer vorhandene Schleifenbildung zwischen Schirm und Potentialausgleichssystem (sog. Erd- oder Potentialausgleichsschleife) kann sich nachteilig auswirken. In diese Schleife können nämlich niederfrequente Störfelder, die z.B. von Energiekabeln hervorgerufen werden, wirken und niederfrequente Schirmströme induzieren, die sich ebenfalls störend auswirken.

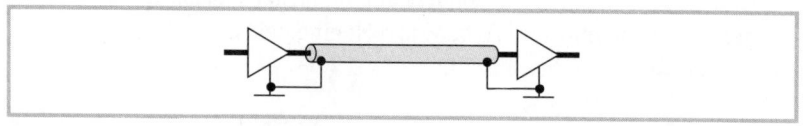

Bild 4.40 *Beidseitiger Schirmanschluss*

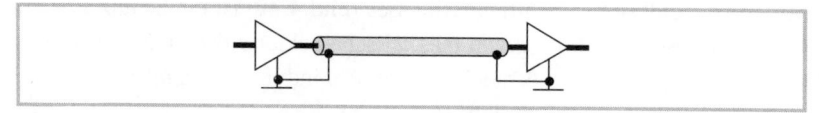

Bild 4.41 *Beidseitiger Schirmanschluss, ein Anschluss mit Kondensator beschaltet*

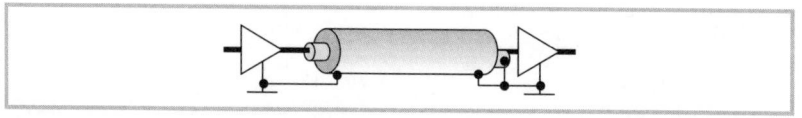

Bild 4.42 *Anschluss eines Doppelschirmes*

Dieses Problem lässt sich in Grenzen halten, indem der Schirm möglichst nahe entlang des Potentialausgleichssystems verlegt wird. In der Praxis wird dies dadurch gewährleistet, dass man die geschirmten Leitungen auf metallenen Trassen oder in metallenen Kanälen (die möglichst oft mit dem Potentialausgleichssystem leitfähig verbunden wurden) verlegt.

Bei dem beidseitigen Schirmanschluss kommt es auf eine niederimpedante Verbindung an. Folgende Anforderungen sollten aus diesem Grund beim Auflegen des Schirmes beachtet werden:

- „Überflüssiger Schirm-Anschlussleiter"

Bild 4.43 verdeutlicht die Situation, die entsteht, wenn ein Schirm über einen sog. „Schweineschwanz" (Pigtail) aufgelegt wird. Gemeint ist, dass der Schirm über einen Bogen an die Anschlussstelle geführt wird. Dieser überflüssige Schirm-Anschlussleiter mit einer Länge von einigen cm kann für hohe Frequenzen eine wesentliche Induktivität (bzw. einen erheblichen induktiven Widerstand) darstellen und ab einer bestimmten Frequenz wie eine „Störsendeantenne" wirken.

Die Störwirkung dieses überflüssigen Schirm-Anschlussleiters ist wie folgt zu erklären: Ein magnetisches Störfeld, der auf das Kabel einwirkt, induziert im Schirm einen Strom, der in dem Stromkreis: Leitungsschirm → Potentialausgleich (PA) fließt. Der „überflüssige Schirm-Anschlussleiter" liegt nun in diesem Stromkreis zwischen Schirm und Potentialausgleich. Dieser Schirmstrom ist für hohe Frequenzen im Hinblick auf die Schirmwirkung erwünscht (s. Abschnitt 4.3.2.1), der „Schweineschwanz" ist aber für hohe Frequenzen ein nicht unerheblicher induktiver Widerstand, der diesen Schirmstrom unterdrückt. Außerdem erzeugt er am „Schweineschwanz" einen Spannungsfall U_{ind}, der auf die geschirmten Leiter kapazitiv, mit der Kapazität des Schirmes, übergekoppelt wird.

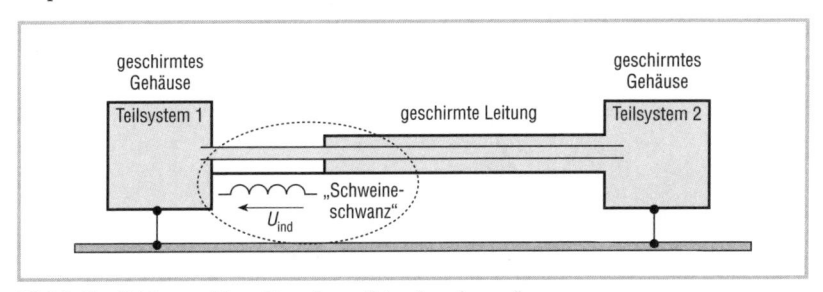

Bild 4.43 *Schirmanschluss über einen „Schweineschwanz"*

Befestigung und Anschluss des geschirmten Kabels

Im Anschlussbereich müssen die Kabel und Leitungen sicher befestigt werden (**Bilder 4.44** bis **4.47**).

Dient diese Befestigung zugleich als Schirmanschluss, so muss bei isolierten Kabeln der Schirm vor der Befestigung gegebenenfalls freigelegt werden. Für die Befestigung werden in diesem Fall spezielle Kabelschellen aus Metall verwendet (**Bilder 4.48, 4.49** und **4.44**), die den Schirm großflächig umfassen, um eine niederimpedante Verbindung zu gewährleisten.

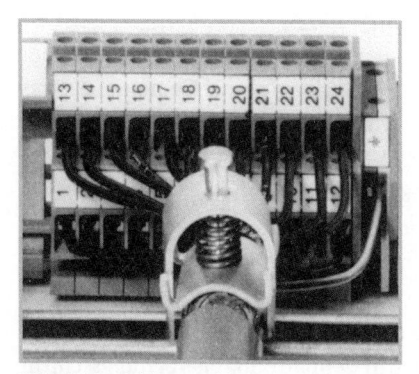

Bild 4.44 *Schirmanschluss einer Steuerleitung (s. Bilder 4.47 bis 4.51)*

Bild 4.45 *Schutzleiterklemme*

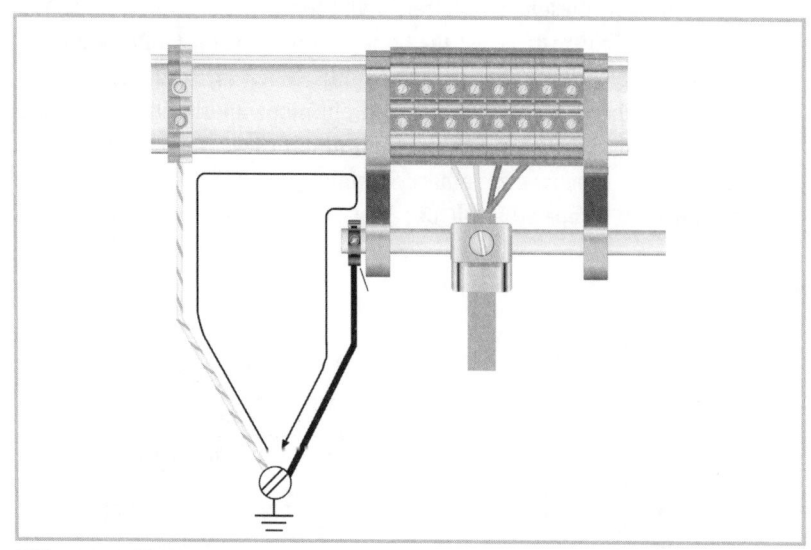

Bild 4.46 *Schleifenbildung durch Schirmanschluss und Potentialverbindung*

4.3 Schirmung

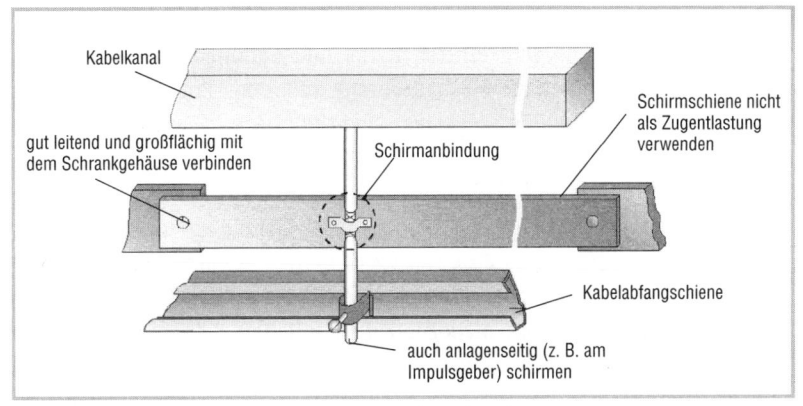

Bild 4.47 *Schirmanbindung bei Einführung in den Schrank*

Bild 4.48 *Schirmanschlussklemme*

Bild 4.49 *Schirmanschlussmaterial
Fa. KE Kitagawa*

Schirmschiene

Die Schirme der hereingeführten Kabel und Leitungen müssen in der Nähe des Eintritts in den Schaltschrank mit dem Potentialausgleichssystem verbunden werden. Dies geschieht entweder durch die zuvor genannte Befestigung (Bilder 4.44 und 4.46) oder durch eine besonders dafür vorgesehene Schirmschiene (Bilder 4.47, **4.50** und **4.51**). Bei der letztgenannten Möglichkeit muss darauf geachtet werden, dass der Schirmanschluss nicht als Zugentlastung verwendet wird. Dies muss eine separate Befestigungsschelle übernehmen (Bild 4.47).

Die Schirmschiene muss niederimpedant mit dem leitfähigen Gehäuse des Schaltschranks oder auf einem leitfähigen mit dem Potentialausgleich verbundenen Grundrahmen im Schaltschrank (z. B. einer metallenen Grundplatte) montiert werden (Bilder 4.47 und 4.51).

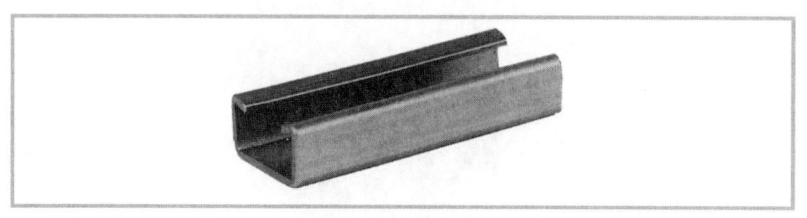

Bild 4.50 *Ankerschiene*

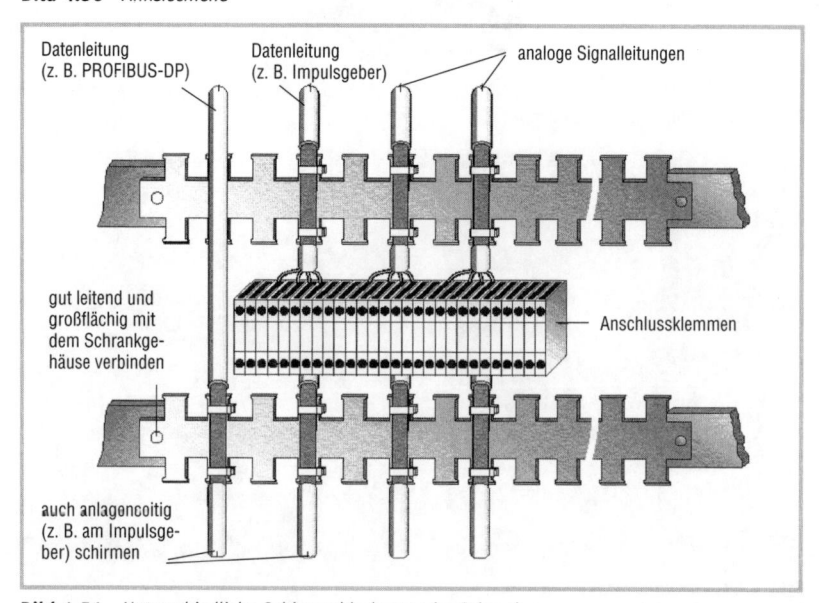

Bild 4.51 *Unterschiedliche Schirmanbindungen im Schrank*

4.3 Schirmung

Der Schirm sollte im weiteren Verlauf des Kabels bzw. der Leitung erhalten bleiben und erst kurz vor dem Anschluss am jeweiligen Gerät im Schaltschrank enden und dort letztmalig aufgelegt werden. Mit dieser zusätzlichen Maßnahme wird ein Schutz gegen Störfelder in Innern des Schaltschranks erreicht.

Befindet sich die Schirmschiene in einem Schaltschrank aus Isolierstoff oder ist sie isoliert im Schaltschrank aufgebaut (üblich bei Schaltschränken der Schutzklasse II), so muss sie möglichst niederimpedant mit dem Potentialausgleichssystem oder der PE-Schiene im Schaltschrank verbunden werden, um eine mögliche Schleifenbildung zwischen dem Schirm und dem Potentialausgleichssystem zu reduzieren (Bild 4.46).

Ein Montagebeispiel für die Schirmanbindung von Kabeln in einer Verteilung mittels Schirmschiene zeigt **Bild 4.52**.

▎**Vermeidung von Schleifen zwischen PA und Schirm**
Die geschirmte Leitung muss stets möglichst nahe an das Potentialausgleichssystem geführt werden – das gilt auch innerhalb der Verteilung.

▎**Gerätestecker**
Es sollten möglichst metallene Gerätestecker verwendet werden, die eine niederimpedante Verbindung und eine zusätzliche Abschirmung gegen mögliche Störfelder gewährleisten.

Anmerkungen:
1. In Bezug auf die Behandlung geschirmter Leitungen im Schaltschrank sind unbedingt die Anforderungen zu berücksichtigen, die in Abschnitt 4.5 beschrieben sind.
2. Soll auf eine beidseitige Schirmanbindung nicht verzichtet werden, obwohl zu erwarten ist, dass der Schirm verschiedene Potentiale überbrückt, so muss zwingend überprüft werden, ob ein parallel mitgeführter Schirmentlastungsleiter (oder ein besonders stromtragfähiger Schirm) durch den Ausgleichsstrom, der zwangsläufig über den Schirm fließt, nicht thermisch überlastet wird.
3. Nach VdS 2569, Abschnitt 4.2, darf bei EDV-Anlagen der Schirmstrom nicht größer werden als 100 mA.

Leitungsführung außerhalb von Gebäuden
Hier sollten die Leitungen nach Möglichkeit auf metallenen, abgedeckten Kabelträgern verlegt werden. Die Stoßstellen müssen galvanisch gut verbunden und die Träger der Kabelbahn an das Potentialausgleichssystem angeschlossen werden. Eine Verlegung in beidseitig mit dem Potentialausgleich

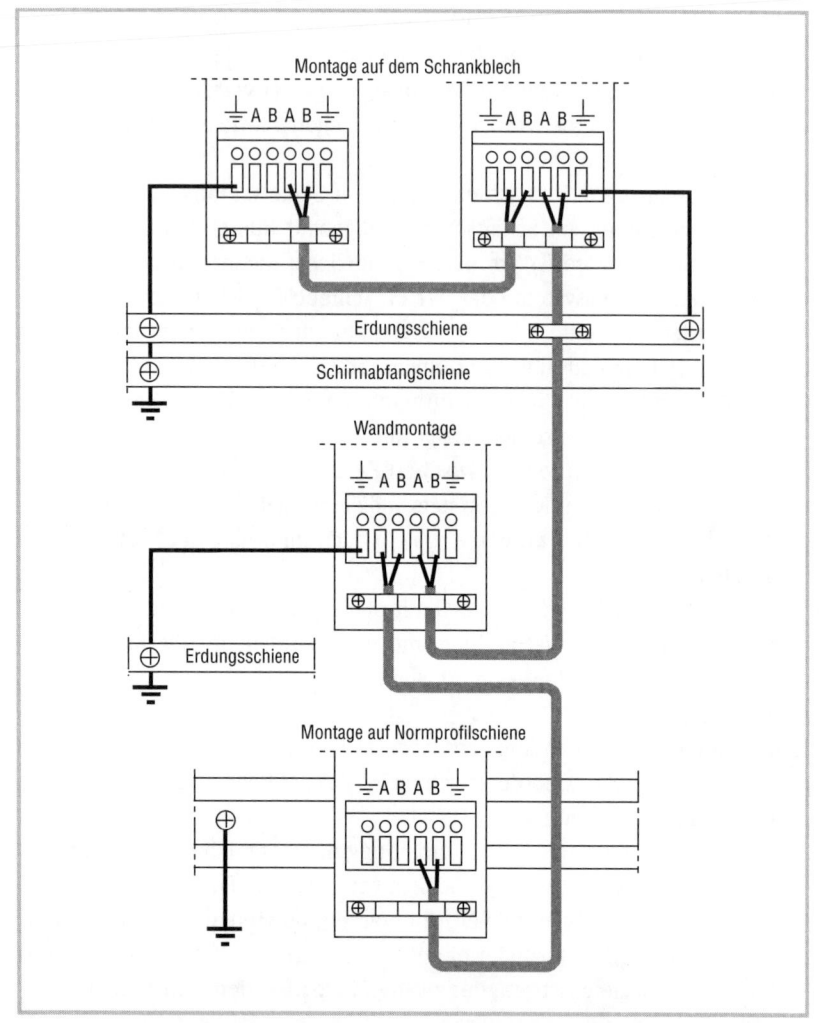

Bild 4.52 *Schirmung und Erdung eines Feldbussystems*
Beispiel PROFIBUS

verbundenen Metallrohren oder in betonierten Kabelkanälen mit durchgehend verbundener Bewehrung (s. Bild 4.37) ist ebenso möglich.

Infolge unterschiedlicher Potentiale an verschiedenen Erdungspunkten fließen ständig sog. *Streuströme* oder *vagabundierende Ströme* über leitfähige Teile (so auch über beidseitig angeschlossene Kabelschirme), die diese verschiedenen Potentiale zufällig oder gewollt leitfähig verbinden. Dies kommt beispielsweise vor, wenn mehrere Gebäude über eine gemeinsame

4.3 Schirmung

Niederspannungszuleitung im TN-C-System versorgt werden und zusätzlich durch geschirmte Datenleitungen verbunden sind (**Bild 4.53**). Legt man in solchen Fällen die Leitungsschirme beidseitig auf, so können starke Ausgleichsströme über den Schirm fließen. Diese Ausgleichsströme werden durch Potentialausgleichsleitungen (sog. *Schirmentlastungsleiter* bzw. *Entlastungs-Potentialleiter* nach nach DIN V VDE V 0800-2:2011-06 und DIN VDE 0100-444), die parallel zum Schirm verlegt und beidseitig an den Potentialausgleich der Gebäude angeschlossen werden, reduziert.

Ein ähnliches Problem ergibt sich, wenn z.B. zwei Gebäude im TT-System versorgt bzw. betrieben werden. Hier können im Fehlerfall (Körperschluss) hohe Ausgleichsströme fließen. Aber auch die Summe der Ableitströme eines Gebäudes kann über den Schirm fließen. Deshalb ist auch hier der erwähnte Schirmentlastungsleiter sinnvoll.

→ Ist damit zu rechnen, dass der Schirm von Blitz- oder Blitzteilströmen durchflossen wird, so müssen Leitungen mit blitzstromtragfähigen Schirmen verwendet werden. Besteht in diesem Fall die Gefahr, dass der beidseitig angeschlossene Schirm verschiedene Potentiale überbrückt, so muss nach VdS 2569, Abschnitt 4.5, eine Seite des Schirmes über eine Trennfunkenstrecke aufgelegt werden.
Es müssen unbedingt die Richtlinien und Normen für den inneren und äußeren Blitzschutz beachtet werden (DIN EN 62305).

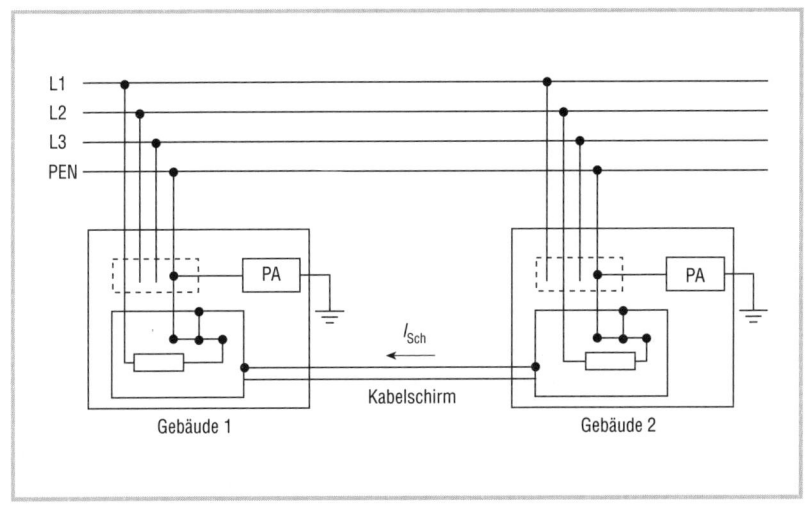

Bild 4.53 Strom I_{Sch} über den Kabelschirm beim TN-C-System

4.3.3 Korrosionsschutz

Die Schirmung von Gebäuden und Räumen gehört zu den vorbeugenden Maßnahmen gegen die Entstehung von Überspannungen im Innern des Gebäudes sowie gegen Einflüsse von Störfeldern, die von außen in das Gebäude oder den Raum wirken. Schon die Verbindung aller leitenden Teile an und in Gebäudewänden, -decken und -böden führt zu einer erheblichen Schirmwirkung. Der Zusammenschluss der Komponenten muss mit genormten Bauteilen erfolgen. Zudem ist bei der Auswahl der Materialien bzw. dem Zusammenschluss unterschiedlicher Materialien auf den Korrosionsschutz zu achten. Hierbei spielen das verwendete Material sowie die Umgebungsbedingungen eine große Rolle.

Eine *elektrochemische Korrosion* erfolgt durch elektrischen Strom, der von einem metallenen Werkstoff in einen Elektrolyten übertritt. An der Austrittsstelle aus dem Metall in den Elektrolyten (in technischer Stromrichtung) werden Metallionen von der Oberfläche abgelöst. Dabei wird die negative Elektrode zerstört.

An Kontaktstellen von verschiedenen Metallen in Verbindung mit einem Elektrolyten tritt die sog. *Kontaktkorrosion* auf. Sie entsteht besonders bei der Verbindung von Metallen, die in der elektrochemischen Spannungsreihe weit auseinanderliegen, z.B. Kupfer und Aluminium. Hier führt die Korrosion zur Zerstörung des Aluminiums. Praktisch kann man davon ausgehen, dass Metalle mit einer Potentialdifferenz bis 0,25 V zusammengeschlossen werden können. Bei höheren Potentialdifferenzen müssen Maßnahmen getroffen werden, die die Kontaktkorrosion verhindern (z.B. Verwendung von „Kupal-Klemmen").

Auch beim Fundamenterder muss man auf mögliche Korrosion achten. So darf er nicht direkt mit Eisenwerkstoffen in Verbindung gebracht werden, die sich ohne weiteren Schutz (korrosionshemmende Anstriche, Umhüllungen, chemische Oberflächenbehandlungen) direkt im Erdboden befinden. Auch hier kommt es zur Korrosion, denn die elektrische Potentialdifferenz zwischen einfachem sowie verzinktem und betonummanteltem Stahl ist beachtlich (**Tabelle 4.9**).

Aus diesem Grund ist die heraus- bzw. hochgeführte Anschlussfahne des Fundamenterders für den Anschluss der Ableitungen der äußeren Blitzschutzanlage stark korrosionsgefährdet, wenn an der Austrittstelle des Stahlbandes aus dem Beton bis 30 cm über dem Erdreich kein Korrosionsschutz vorgesehen wird (beispielsweise Korrosionsschutzbinde).

Tabelle 4.9 *Elektrochemische Spannungsreihe (Elektrolyt: Bodenfeuchtigkeit)*

Metall	Potential gegen Cu/CuSO$_4$-Sonde in V
Aluminium-Knetlegierung Al-Cu-Mn-Mg-Si	−0,6 ... −0,8
Blei	−0,5 ... −0,6
Eisen (Stahl)	−0,5 ... −0,8
Eisen (Stahl) in Beton	−0,1 ... −0,4
Eisen, verrostet	−0,4 ... −0,6
Eisen, verzinkt	−0,7 ... −1,0
Guss, verrostet	−0,2 ... −0,4
Kupfer	−0,0 ... −0,1
V4A	−0,1 ... +0,3
Zink	−0,9 ... −1,1
Zinn	−0,4 ... −0,6

Wird ein verzinkter Bandstahl im Erdreich ohne Betonumhüllung mit dem Eisen im Beton (Stahlarmierung) in Verbindung gebracht, so liegt eine Gefährdung des verzinkten Bandstahls vor. Sind solche Verbindungen (eventuell zwischen Gebäuden, die so zu einer Potentialfläche verbunden werden sollen) notwendig, so wird der Einsatz von Edelstahlband empfohlen.

4.4 Filterung

4.4.1 Einführung

Unter Filtern versteht man Entstör- und Schutzbeschaltungen mit Bauteilen überwiegend linearer Kennlinie: Wirkwiderstände, Kapazitäten und Induktivitäten. Im Gegensatz zu Überspannungsableitern werden sie eingesetzt, wenn ein Störereignis über eine längere Zeitspanne ansteht oder wenn Störgrößen häufig in regelmäßigen Zeitabständen auftreten.

Ein weiteres wichtiges Kriterium für den Einsatz von Filtern ist ein genügend großer Abstand zwischen den Frequenzspektren der Nutz- und der Störsignale, weil dann die selektive Dämpfung der Störung ohne Beeinträchtigung des Nutzsignals gewährleistet ist.

Je nach Impedanz der Störquelle bzw. der zwischengeschalteten Versorgungs- und Kommunikationsleitungen und der Eingangsimpedanz der Störsenke wählt man eine der im **Bild 4.54** dargestellten Schaltungen aus.

Alle Filterschaltungen sind *Vierpole,* die zusammen mit den Störquellen- und Störsenkenimpedanzen einen frequenzabhängigen Spannungsteiler bil-

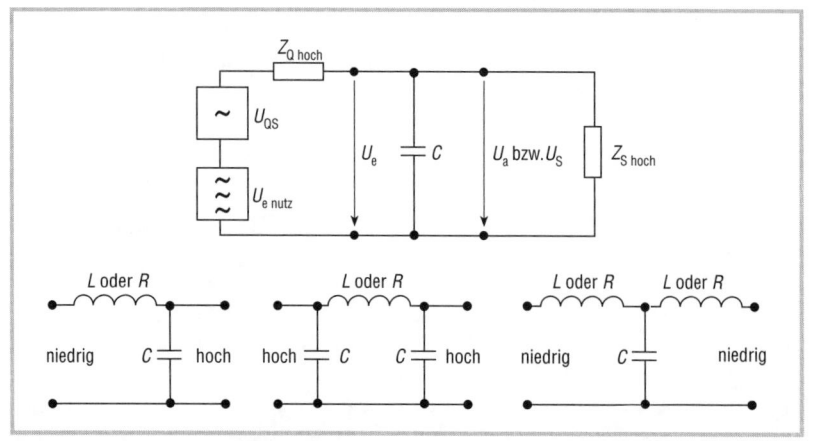

Bild 4.54 *Elementare Filterschaltungen*
Z_Q Stör-/Nutzsignalquellenimpedanz
U_{QS} Störquellenspannung
U_S Störsenkenspannung
U_e, U_a Nutzsignalspannungen am Ein- und Ausgang

den. Für die frequenzabhängige Übertragungsfunktion der Störspannung (sie wird als *Filterdämpfung* a_F bezeichnet) erhält man in logarithmischer Darstellung

$$a_F = 20 \lg \frac{U_Q}{U_S} \text{ dB};$$

U_Q Störquellenspannung,
U_S Störsenkenspannung,
a_F Filterdämpfung in dB.

Indirekt geht aus dieser Formel hervor, dass die Filterdämpfung a_F eine Funktion der Quellen- und Senkenimpedanzen ist. Diese Impedanzen haben jedoch für jeden Anwendungsfall andere Werte, und das bedeutet wiederum, dass jeder Anwendungsfall eine eigene Frequenzcharakteristik hat. Um aber eine reproduzierbare Aussage über die Dämpfungseigenschaft einer Filterschaltung treffen zu können, legen die Hersteller die Störquellen- und Senkungsimpedanzen mit beispielsweise 50 Ω fest. Damit liegt es beim Betreiber der Anlage, ob er mit dieser Standard-Filterdämpfung zufrieden ist oder ob er gezwungen ist, die Filterschaltung an die tatsächlichen Störquellen- und Störsenkenimpedanzen anzupassen.

Die Filtermaßnahmen bei vorkommenden Oberschwingungen werden in den Abschnitten 5.4.3 bis 5.4.6 behandelt.

4.4.2 Filtereinsatz

Eine wichtige Maßnahme zur Einhaltung der EMV ist die Filterung von Leitungen. Die Filterung wirkt immer in beide Richtungen, d.h., sie erhöht die Störfestigkeit und vermindert die Störaussendung der gefilterten Leitung.

Die korrekte Funktion des Filters hängt wesentlich vom sachgemäßen Einbau ab. Dabei spielen Einbauort, Erdung und Leitungsführung eine wichtige Rolle.

Einbauort

Es gibt zwei günstige Einbauorte für Filter. Ein guter Einbauort ist direkt an der Durchführung der gefilterten Leitung ins Metallgehäuse (**Bild 4.55a**). In diesem Fall kann zwar die Leitung zwischen Filter und Gerät Probleme bereiten, weil auf diesem Leitungsstück Störungen koppeln können. Diese Probleme können aber durch Schirmung dieses Leitungsstücks behoben werden.

Ebenfalls ein guter Einbauort für ein Filter ist direkt an dem dazugehörenden Gerät (**Bild 4.55b**). In diesem Fall kann die Leitung zwischen Filter und Gehäusedurchführung Probleme bereiten, weil hier Störungen auftreten können. Auch diese Probleme können durch Schirmung dieses Leitungsstücks behoben werden.

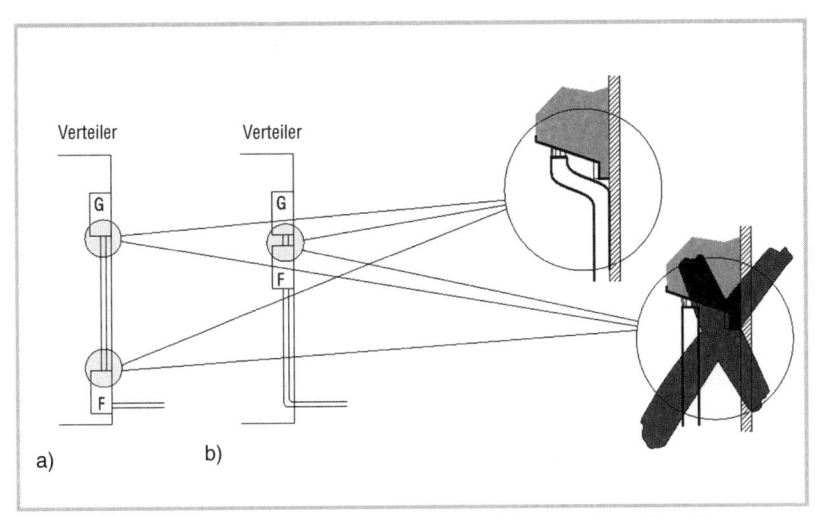

Bild 4.55 *Installationsmöglichkeiten von Gerät (G) und dazugehörigem Filter (F)*
  Rechts in der Detaildarstellung wird gezeigt, dass die Leitung stets eng entlang der metallenen Verteilerwand geführt werden muss. Mindestens der Teil der Leitung zwischen (G) und (F) sollte geschirmt ausgeführt sein.

Erdung

Da nahezu alle Filter Ableitkondensatoren gegen Erde enthalten, hängt die Filterwirkung wesentlich von der Erdung des Filters ab. Eine schlechte Erdung kann durch einen Widerstand R_E und eine Induktivität L_E dargestellt werden. Die durch diese zusätzlichen Impedanzen belastete Erdung verhindert, dass bei hohen Frequenzen die Störspannung durch die Ableitkondensatoren kurzgeschlossen wird und kann dazu führen, dass das Filter F komplett überbrückt wird (**Bild 4.56**).

Da ein Filter im Allgemeinen die Störspannungen kurzschließt, um die Störströme I_S zur Störquelle zurückfließen zu lassen, muss die Verbindung zwischen Filter und Störquelle so niederimpedant wie möglich sein. Eine gemeinsame blanke, metallene Montageplatte oder eine geschirmte Leitung zwischen Filter und Störer sind hierbei sehr effektiv.

Leitungsführung

Die Filterwirkung kann nur dann gewährleistet werden, wenn die gefilterte und die ungefilterte Leitung im größtmöglichen Abstand zueinander verlegt werden. Andernfalls können Störungen von der ungefilterten auf die gefilterte Leitung übertragen werden. Ist eine getrennte Verlegung dieser beiden Leitungen nicht möglich, so muss die ungefilterte Leitung geschirmt werden.

Ebenso wichtig ist es, die gefilterten Leitungen möglichst dicht entlang der vorhandenen Teile des Potentialausgleichs (beispielsweise entlang der metallenen Wände in der Verteilung) zu verlegen.

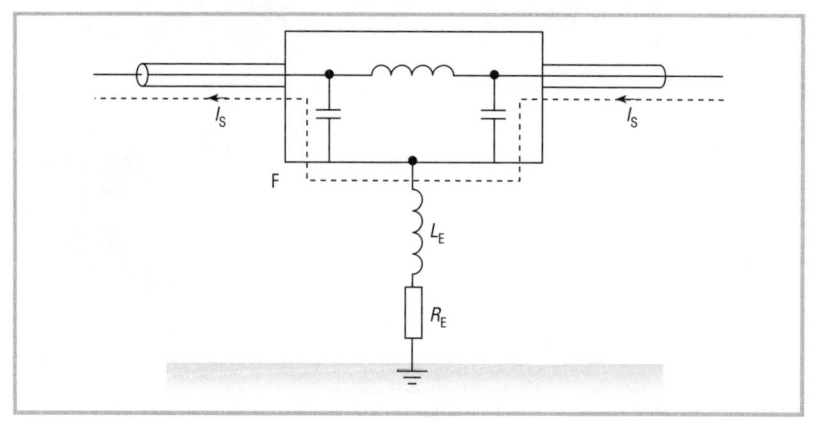

Bild 4.56 *Ersatzschaltbild für Filter mit schlechter Erdung*
Der Störstrom I_S sucht sich den für ihn impedanzärmeren Weg über die beiden Kondensatoren.

4.5 Schaltschrank

Der Schaltschrank gehört innerhalb der elektrischen Anlage zu den kritischen Knotenpunkten. Hier wird die elektrische Energie „angeliefert" und verteilt. Aus diesem Grund entsteht hier auch die höchste Energiedichte. Dazu kommt, dass sich im Schaltschrank oft wichtige Schalt-, Steuer- und Überwachungseinrichtungen befinden. Häufig sind solche Einrichtungen Störsenken in Bezug auf ihre Umgebung. Aus diesem Grund muss bei der Planung und Errichtung besonderes Augenmerk auf

- die Auswahl (z. B. Schutzart und Aufbau),
- den Aufstellungsort und
- die korrekte Montage

des Schaltschrankes gerichtet werden.

Eine besondere Rolle spielen in der Praxis der Anschluss des Schrankes an den Gebäude-Potentialausgleich sowie die Einführung der von außen kommenden Kabel und Leitungen.

Im Folgenden wird beispielhaft ein für die EMV günstiger Aufbau und Anschluss eines Schaltschrankes beschrieben.

→ Grundsätzlich gilt: Schaltschränke mit einem Sammelschienensystem, bei dem sich die Außenleiterschienen **oben** und die Neutralleiter- oder PEN-Leiter-Schiene **unten** befinden, sind zu vermeiden.

In **Bild 4.57** ist ein Schaltschrankaufbau gezeigt, bei dem die Massung der inaktiven Metallteile sowie das Auflegen von geschirmten Kabeln dargestellt wird. Dabei handelt es sich um ein Schaltschrankgehäuse der Schutzklasse I.

In den folgenden Abschnitten werden einige Themen aufgegriffen, die für einen für die EMV günstigen Aufbau und Anschluss eines Schaltschrankes von Bedeutung sind.

4.5.1 Verminderung von Einflüssen magnetischer Störfelder

Schaltanlagen stehen häufig in der Nähe von Lastschwerpunkten, also in der Nähe von Einrichtungen, die elektrische Energie benötigen bzw. nutzen. Sowohl die Verbraucher selbst als auch die energietechnischen Kabel und Leitungen sowie die Schalt- und Steuereinrichtungen erzeugen teilweise starke nieder- und hochfrequente magnetische Felder, die auf potentielle Störsenken wirken können.

Auch im Schaltschrank selbst befinden sich eine ganze Reihe von Betriebsmitteln, die mehr oder weniger starke magnetische Felder hervorru-

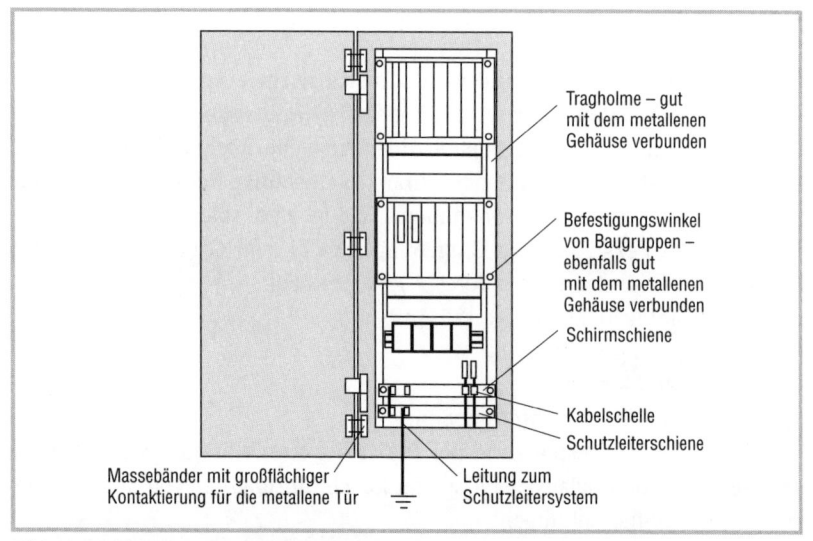

Bild 4.57 *EMV-gerechter Schaltschrankaufbau*
Sämtliche metallenen Konstruktions- und Gehäuseteile sind leitfähig miteinander verbunden. In der Nähe der Einführungen sind Schienen für die Schirmauflage vorhanden. Insgesamt ist der Schrank in Funktionsgruppen getrennt, und – wenn möglich – sind diese Funktionsgruppen voneinander geschottet.

fen. Deshalb sind einige grundlegende Anforderungen zu beachten, um Betriebsmittel, die als Störsenke in Frage kommen können, zu schützen:

- Die Einführung von Kabeln und Leitungen sollte möglichst an **einer** Stelle im Schrank geplant werden.
- Daten- und Signalleitungen müssen geschirmt sein. Die Anbindung der Schirme erfolgt sofort hinter der Einführung in den Schaltschrank (s. hierzu Abschnitt 4.3.2.2).
- Geschirmte Kabel und Leitungen sind so nahe wie möglich an leitfähigen und mit dem Potentialausgleich verbundenen Teilen zu führen (beispielsweise in Schaltschränken der Schutzklasse I am Gehäuse).
- Im Schaltschrank wie auch in der gesamten elektrischen Anlage ist durch geschickte Verlegung dafür zu sorgen, dass es nicht zu Schleifenbildungen kommt.

Zuleitungen aus verschiedenen Systembereichen (Daten- oder Steuerleitung sowie Niederspannungszuleitung), die zu ein und demselben Betriebsmittel im Schrank geführt werden müssen, sollten möglichst nahe beieinander verlegt werden (eventuell muss man die Datenleitung durch Schirmung vor dem Feld der parallel verlaufenden Energieleitung schützen).

4.5 Schaltschrank

- Systeme, die gegenseitig zur Störquelle werden können (beispielsweise Frequenzumrichter und Signalleitungen), sind räumlich zu trennen (**Bild 4.58**).
- Im Schrank selbst sollte stets auf geringe Abstände zwischen zusammengehörenden aktiven Leitern (Außen- und Neutralleiter eines Stromkreises) geachtet werden. Nach Möglichkeit sollten sämtliche ungeschirmten Kabel und Leitungen des selben Stromkreises verdrillt werden.
- Reserveleitungen bzw. Reserveadern sind passend abzulängen und auf Masse zu legen.
- Es sind kurze Leitungslängen zu wählen (Verzicht auf „stille Reserven" in Verdrahtungskanälen); die Zuleitung zu den Geräten sollte also auf kürzestem Weg erfolgen.

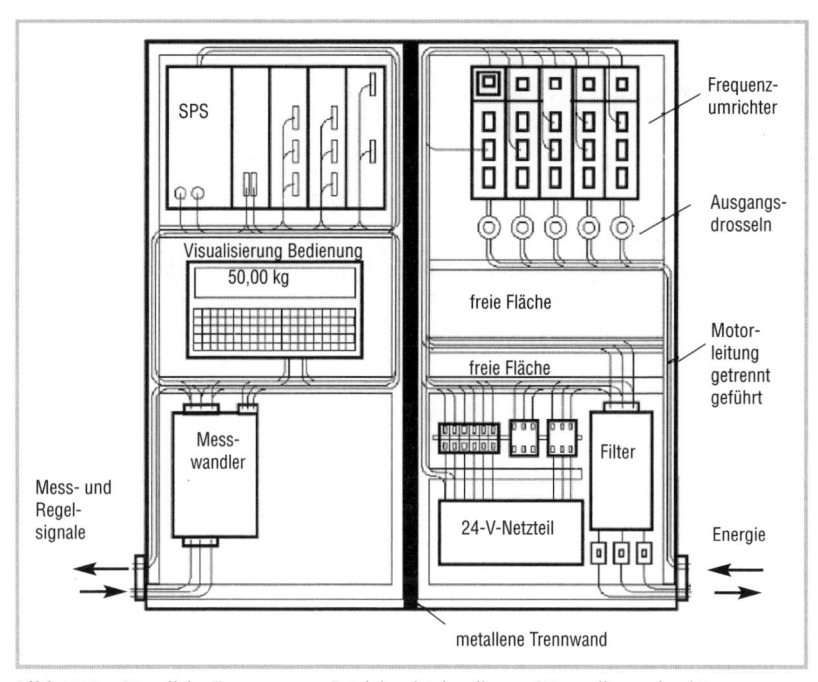

Bild 4.58 *Räumliche Trennung von Betriebsmitteln, die zur Störquelle werden können, und solchen, die potentielle Störsenken sind (Aufteilung in Funktionsgruppen s. Abschnitt 4.5.3)*

4.5.2 Verbindung der inaktiven Teile des Schrankes bzw. Massung

Die folgenden Ausführungen setzen (wie schon bei einigen der zuvor genannten Anforderungen) voraus, dass es sich um einen Schaltschrank der Schutzklasse I handelt. Unter dieser Voraussetzung kann folgende grundsätzliche Anforderung gestellt werden:

→ Alle leitfähigen Teile des Schaltschrankes sind miteinander zu verbinden! An Baugruppenträgern, an Tragholmen, an Schirm und Schutzleiterschienen sind alle Metallteile großflächig und impedanzarm miteinander zu verbinden und zu erden (**Bild 4.59**).

Von dieser Zielsetzung aus können folgende Einzelmaßnahmen beschrieben werden:

- Sämtliche Verbindungen müssen „niederimpedant" (Definition s. Anmerkung im Abschnitt 4.3.2.3) ausgeführt sein. Das bedeutet, dass sämtliche Leitungen für die Verbindung der metallenen Teile, Schutzleiter- und Schirmschiene, Schaltschranktür usw. möglichst kurz auszuwählen und möglichst großflächig aufzulegen sind. Flache Leiter sind runden vorzuziehen (s. Bild 2.13).
- Die Schutzleiterschiene muss großflächig mit den Tragholmen verbunden sein (Metall-Metall-Verbindung). Stör- und Fehlerströme werden über eine externe Leitung ($\geq 10\,mm^2$ Cu), die an das Schutzleitersystem angeschlossen ist, abgeleitet.

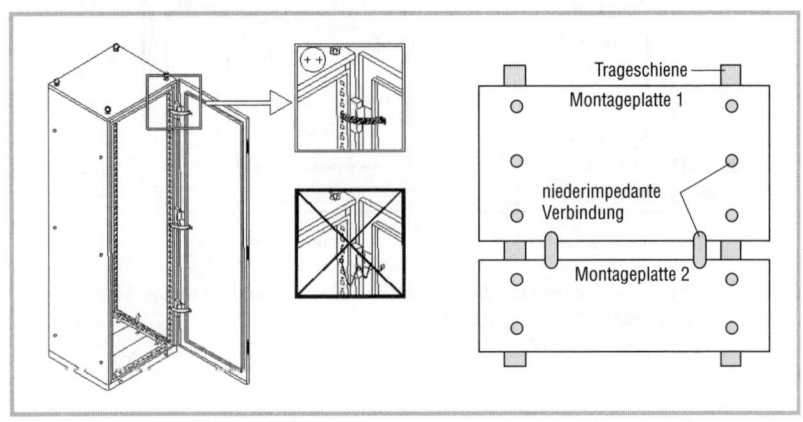

Bild 4.59 *Verbindung der inaktiven Teile des Schrankes und der Montageplatte mit kurzen Leitungen, die großflächig kontaktieren*

- Die Schirmschiene muss großflächig mit den Tragholmen verbunden sein (Metall-Metall-Verbindung).
- Wenn inaktive Metallteile, wie Schranktür und Tragebleche, keine direkte großflächige Metall-Metall-Verbindungen zum übrigen Gehäuse haben, müssen sie mit Massebändern verbunden werden (Bild 4.59).
- Die Tragholme müssen großflächig mit dem Schaltschrankgehäuse verbunden werden.
- Es muss eine großflächige Verbindung zwischen Tragholm und Befestigungswinkel bestehen.
- Isolierende Schichten an lackierten und eloxierten Oberflächen sind an den Verbindungsstellen zu entfernen, oder die Verbindungen sind mit Kontaktscheiben auszuführen („Kratzscheiben").
- Die Verbindungen sind gegen Korrosion zu schützen, beispielsweise durch Fett.
- Eine eventuell vorhandene PEN-Schiene im Schrank muss gegen das Gehäuse des Schrankes isoliert werden. Sie darf nur einmal mit der PE-Schiene verbunden sein (s. Abschnitt 4.1.3).

4.5.3 Schaltschrank-Zonenkonzept

Die kostengünstigste Entstörmaßnahme ist die räumliche Trennung von Störquellen und Störsenken – vorausgesetzt, sie wird bereits während der Planung einer Maschine oder Anlage berücksichtigt. Zunächst ist für jedes verwendete Gerät die Frage zu beantworten, ob es eine potentielle Störquelle oder Störsenke ist. Störquellen sind in diesem Zusammenhang z.B. Frequenzumrichter, Bremseinheiten, Schütze. Störsenken sind z.B. Automatisierungsgeräte, Geber und Sensoren.

Anschließend teilt man die Maschine/Anlage in *EMV-Zonen* ein und ordnet die Geräte den Zonen zu. In jeder Zone herrschen bestimmte Anforderungen bezüglich Störaussendung und Störfestigkeit. Die Zonen sind räumlich zu trennen, am besten durch Metallgehäuse oder innerhalb eines Schaltschrankes durch geerdete Trennbleche. An den Schnittstellen der Zonen sind gegebenenfalls Filter einzusetzen. Das Zonenkonzept wird im Folgenden anhand eines einfachen Antriebssystems nach **Bild 4.60** erläutert.

- **Zone A:** Hier befindet sich der Netzanschluss des Schaltschrankes einschließlich Filter. In dieser Zone soll die Störaussendung bestimmte Grenzwerte nicht überschreiten.

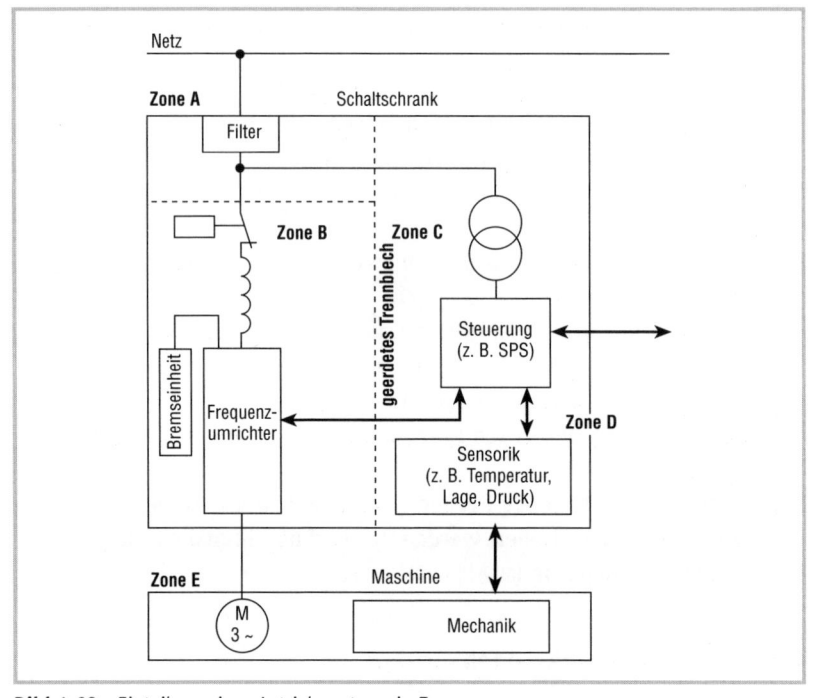

Bild 4.60 *Einteilung eines Antriebssystems in Zonen*

- **Zone B:** In dieser Zone befinden sich die Netzdrossel und die potentiellen Störquellen Frequenzumrichter, Bremseinheit und Schütz.
- **Zone C:** Hier wurden der Steuerungstransformator sowie die potentiellen Störsenken Steuerungseinrichtungen und Sensorik montiert.
- **Zone D:** Das ist der Übergangsbereich der Signal- und Steuerleitungen zur Peripherie. Hier wird ein bestimmter Störfestigkeitspegel verlangt.
- **Zone E:** In dieser Zone sind der Drehstrommotor und die Motorzuleitung untergebracht.

Nach der Aufteilung in Zonen werden die einzelnen Maßnahmen zur elektromagnetischen Entkopplung definiert:

- Die Zonen sollen räumlich getrennt sein, Mindestabstand 20 cm.
- Noch besser ist die Entkopplung über geerdete Trennbleche. Auf keinen Fall dürfen Leitungen, die verschiedenen Zonen zugeordnet sind, in gemeinsamen Kabelkanälen verlegt werden!
- An den Verbindungsstellen zwischen den Zonen sind gegebenenfalls Filter einzubauen.

- Innerhalb einer Zone können ungeschirmte Signalleitungen verwendet werden.
- Alle Busleitungen (z. B. RS 485, RS 232) und Signalleitungen, die den Schaltschrank verlassen, müssen geschirmt sein.

4.5.4 Schirmung des Schaltschrankes

Im Abschnitt 4.3 wurden Gebäude- und Raumschirmungsmaßnahmen beschrieben. Auch ein Schaltschrank kann durch ein Gehäuse nach außen geschirmt werden. Im Schrank selbst können durch Schottungen mehrere EMV-Zonen gebildet werden, die in sich gekapselt sind. Voraussetzung ist, dass der gesamte Schaltschrank aus Metall besteht.

Außerdem ist darauf zu achten, dass er rundum elektrisch hermetisch verschlossen ist. Das bedeutet, dass die Kanten der Tür beim Schließen einen innigen Kontakt mit dem Gehäuse erhalten. Hierzu dienen gut leitende Dichtungsmaterialien, noch besser Kontaktfedern, wie sie im **Bild 4.61** zu sehen sind. Der Aufwand für ein solches Gehäuse lohnt sich aber nur, wenn die gesamte Anschlusstechnik sozusagen HF-dicht ausgeführt ist.

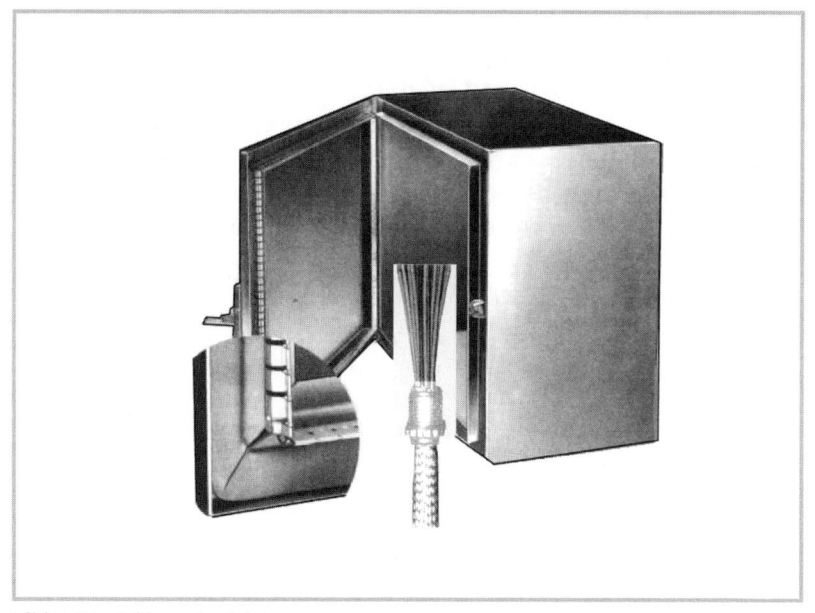

Bild 4.61 *Schirmendes Gehäuse*
Quelle: Fa. Feuerherdt

4.5.5 Maßnahmen zur Vermeidung von Überspannungen

Treten im Schrank Überspannungen auf oder können sie über die angeschlossenen Kabel und Leitungen von außen in den Schrank gelangen, so sind diese Störgrößen durch *Filter* oder *Ableiter* aufzufangen. Folgende Punkte sind hierbei zu beachten:

- Sämtliche Kabel und Leitungen, die von außen Überspannungen (durch Schalthandlungen oder Blitzeinwirkung) einführen können, müssen mit Ableitern (SPDs) beschaltet werden.
- Schütze, Relais und Magnetventile müssen stets beschaltet werden, da diese bei Schaltvorgängen nicht unerhebliche Überspannungsimpulse in die übrige elektrische Anlage aussenden können.

In der elektrischen Anlage und vor allem im Schaltschrank selbst gibt es genügend elektrische Betriebsmittel, die Überspannungsimpulse aussenden. Das liegt daran, dass bei Schaltvorgängen mit mechanischen Kontakten oder mit Halbleiterbauelementen sehr schnelle Stromänderungen (di/dt) auftreten. Allein das kann bereits zu mehr oder weniger großen Überspannungsimpulsen führen, da in einer elektrischen Anlage immer Induktivitäten beteiligt sind (z. B. die Leitungsinduktivitäten), die bei schnellen Stromänderungen mit derartigen Impulsen reagieren können.

Die mit Abstand größten und schwerwiegendsten Störgrößen entstehen beim Schalten von **induktiven Lasten**. Das bedeutet, dass bei jedem Ausschaltvorgang eines Relais, Schützes, Ventils oder Transformators (die stets Induktivitäten, z. B. in Form von Spulen, enthalten) hohe *Überspannungsimpulse* auftreten können. Diese Überspannungen treten als *Einzelimpulse (Spikes)* oder als *Mehrfachimpulse (Bursts)* in Erscheinung (**Bild 4.62**).

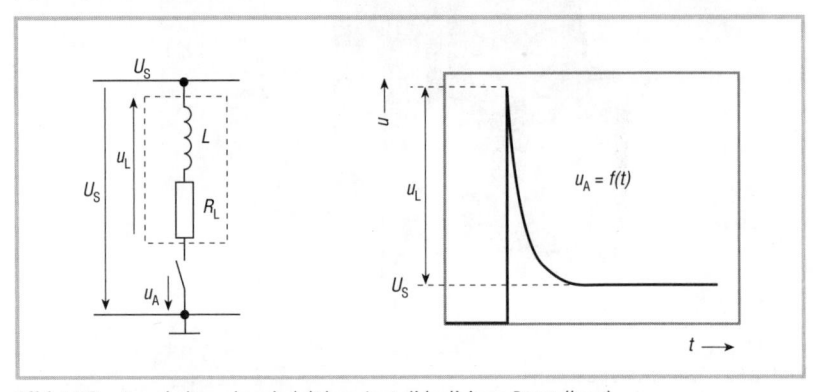

Bild 4.62 *Ausschalten einer induktiven Last (idealisierte Darstellung)*

Die Überspannung beim Ausschalten eines induktiven Verbrauchers entsteht ursächlich dadurch, dass der Strom innerhalb kürzester Zeit unterbrochen wird. Die Induktivität (hier die Spule) hat in ihrem Magnetfeld Energie gespeichert. Diese Energie möchte den plötzlichen Stromabbruch verhindern und lässt einen Spannungsimpuls entstehen, der wesentlich höher liegen kann als die Nennspannung (Bild 4.62, rechts). Über den sich öffnenden Kontakt kommt es infolgedessen zu einer derart hohen Spannung, dass die Luftstrecke zwischen den Kontakten ionisiert wird und eine *Lichtbogenentladung* auftritt. Bei Schütz- oder Relaisspulen sind Abschaltspannungen in der Größenordnung der zehnfachen Betätigungsspannung zu erwarten. Der maximale Spannungsanstieg kann 1 kV/µs erreichen.

Der Lichtbogen kann verlöschen und erneut durchzünden. Dann kommt es zu mehreren Impulsen – aus dem Spike ist ein Burst geworden. Die Dauer eines Bursts liegt höchstens bei einigen ms.

→ Diese Überspannungsimpulse müssen bedämpft oder begrenzt werden, zweckmäßigerweise möglichst direkt am Entstehungsort.

Zur Überspannungsbedämpfung sind im Wesentlichen folgende Beschaltungsglieder gebräuchlich: Dioden, RC-Glieder und Varistoren.

Bei Beschaltung mit einer *Freilaufdiode* kann der Strom auch nach dem Öffnen des Stromkreises weiterfließen (**Bild 4.63a**). Damit werden Überspannungen fast vollständig vermieden. Durch das Weiterfließen des Stromes (Freilaufeffekt) wird allerdings die Ausschaltzeit t_{ab} um den Faktor 6 ... 9 verlängert. Diese Eigenschaft kann vorteilhaft genutzt werden, wenn z. B. kurze Spannungseinbrüche im Bereich von ms überbrückt werden sollen. Bei hoher Schalthäufigkeit führt es jedoch zu Nachteilen.

Bei Schützen und Relais werden Dioden als Beschaltungsglieder direkt zum Schütztyp passend angeboten oder sind häufig integriert. Soll der Nachteil der verlängerten Abschaltzeit reduziert werden, so werden häufig Reihenschaltungen von Dioden und *Z-Dioden* eingesetzt (**Bild 4.63 b**). Hier ergibt sich die maximale Abschaltspannung zu

$U_A = U_S + U_Z + U_F$;
U_A maximale Abschaltspannung in V,
U_S Versorgungsspannung in V,
U_Z Ansprechspannung der Z-Diode in V,
U_F Durchlassspannung der Diode in V.

Die Schaltung sollte so dimensioniert werden, dass die beim Ausschalten entstehende Spannung U_A unter keinen Umständen größer ist als die Spannungsfestigkeit des zu schaltenden Halbleiterbauelements.

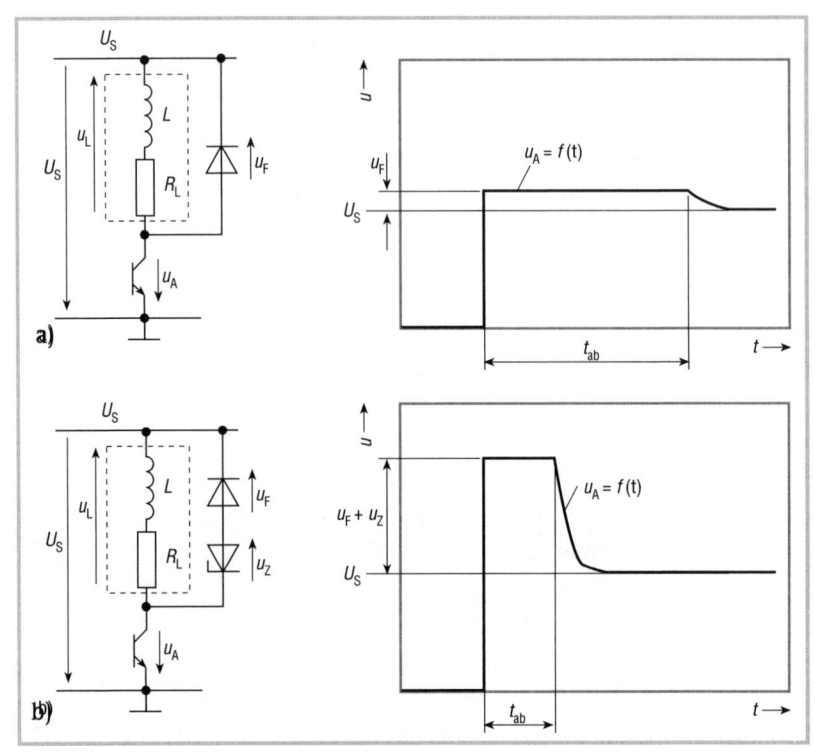

Bild 4.63 *Spannungsbegrenzung mit Freilaufdiode (a) und Z-Diode (b)*

Anstelle von Z-Dioden werden häufig auch *Suppressordioden* eingebaut. Das sind Z-Dioden, die extrem schnell ansprechen (im Pikosekundenbereich) und sich zur Begrenzung von sehr energiehaltigen Überspannungen eignen.

RC-Glieder werden überwiegend zur Beschaltung von wechselstrombetätigten Induktivitäten verwendet; ein Einsatz bei gleichstrombetätigten Spulen ist jedoch auch möglich. Sie verringern die Steilheit des Spannungsanstiegs und die Spannungsspitzen. Richtig ausgelegte RC-Glieder beeinflussen die Schaltzeiten nur geringfügig. Eine optimale Bedämpfung erfordert jedoch eine Anpassung an die jeweilige Nennsteuerspannung und Frequenz sowie an Spuleninduktivität und -widerstand.

Für handelsübliche Betätigungsspulen elektromagnetischer Schaltgeräte werden die RC-Beschaltungen üblicherweise mit angeboten, so dass die Anpassung einfach ist (**Bild 4.64**). Bei nicht handelsüblichen Betätigungsspulen von Relais, Schützen oder Spulen werden die RC-Glieder berechnet

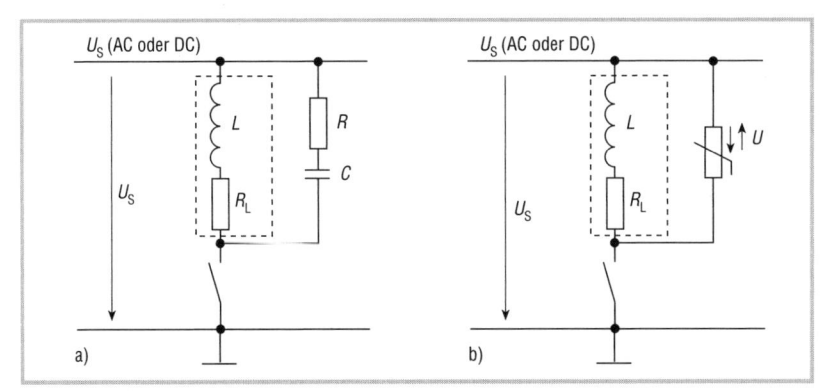

Bild 4.64 *Überspannungsbegrenzung mit RC-Glied (a) und Varistor (b)*

oder empirisch optimiert. Auf die Berechnung soll im Rahmen dieses Buches nicht eingegangen werden.

Eine Beschaltung mit *Varistoren* ist ebenfalls möglich (Bild 4.64). Varistoren (spannungsabhängige Widerstände) begrenzen die Höhe der Überspannung. Im Unterschied zum RC-Glied und zur Beschaltung mit Diode und Z-Diode verringern sie die Steilheit des Spannungsanstiegs nicht. Sie sind für Gleich- und Wechselstrom verwendbar und beeinflussen die Schaltzeiten nur unwesentlich.

4.6 Abstände von Monitoren

Es ist hinlänglich bekannt, dass ein Monitor (mit Elektronenstrahlröhre) besonders empfindlich reagiert, wenn er durch elektrische oder magnetische Felder beeinflusst wird. Die Zeilen „tanzen", Zeichen werden unscharf, oder die Farben verschwimmen.

Besonders das magnetische Feld verursacht in Räumen und Gebäuden mit Monitornutzung häufig Probleme. Als Grenzwert wird allgemein eine magnetische Flussdichte von 1 µT angesehen. Um diesen Wert einhalten zu können, sollte man mit den Monitorarbeitsplätzen stets einen genügenden Abstand von allen Magnetfelderzeugern einhalten (Starkstromkabel, Verteiler, Aufzugsantriebe, Schienenverteiler usw.).

Tabelle 4.10 gibt grobe Richtwerte für Sicherheitsabstände an. Sie sind bei üblichen Anlagen bzw. Einrichtungen dieser Art einzuhalten; zumindest liegt man mit den angegebenen Abständen in der Regel auf der sicheren Seite.

Tabelle 4.10 *Mindestabstände von Monitorarbeitsplätzen von bestimmten elektrischen Betriebsmitteln bzw. elektrischen Anlagen*

Elektrisches Betriebsmittel / Art der Anlage	Mindestabstand zu Monitorarbeitsplätzen in m
Gleichstrommotor mit 100 kW	3…4
Mehrleiterkabel mit PEN-Leiter, bei dem durch Ableitströme über Gebäudeteile ein Differenzstrom von 20 A (50 A) wirksam ist (z. B. Kabel zwischen einspeisendem Transformator und NHV), s. Beispiel unten	>4 (>10)
USV-Anlage > 100 kVA	4…8 (je nach Leistung)
Drehstromtransformator mit 630 kVA	5…8
Niederspannungsschaltanlage mit I_n = 1000 A	5…8
Bahnoberleitung	20…40

Zur zweiten Tabellenzeile „Mehrleiterkabel mit PEN-Leiter …" ist Folgendes zu sagen: Über den Neutralleiter sowie über den PEN-Leiter fließen bekanntlich betriebsbedingte Rückströme sowie Oberschwingungsströme von Verbrauchern, die Oberschwingungen der 3. und 9. Ordnung produzieren (PCs, Kopierer, Monitore, EVGs und sämtliche einphasige Verbraucher mit elektronischen Netzteilen). In der Nähe von Mehrleiterkabeln mit PEN-Leiter, bei denen ein Teil dieses Betriebsstromes nicht über den PEN-Leiter (also im Mehrleiterkabel), sondern parallel dazu über leitfähige Gebäudeteile bzw. über den Potentialausgleich zurückfließt (s. Abschnitte 4.1 und 4.2.1), wird der oben erwähnte Grenzwert von 1 µT schnell erreicht.

Beispiel:
In der folgenden Formel ist I_S der sog. Summenstrom, d.h. der Stromanteil, der im Mehrleiterkabel fehlt, weil er parallel zum PEN-Leiter über mit ihm in Verbindung stehende Teile (Rohre, Stahlkonstruktionen, Potentialausgleichsleiter usw.) zur Spannungsquelle zurückfließt. Dieser Summenstrom soll im Beispiel I_S = 20 A betragen.
Dann folgt für B = 1µT = 10^{-6} T aus

$$B = \frac{\mu_0 \cdot I_S}{2 \cdot \pi \cdot r}$$

$$r = \frac{\mu_0 \cdot I_S}{2 \cdot \pi \cdot B} = \frac{1{,}256 \cdot 10^{-6} \cdot V \cdot s \cdot 20\, A \cdot m^2}{A \cdot m \cdot 2 \cdot \pi \cdot 10^{-6} \cdot V \cdot s} = 4\, m.$$

Das bedeutet: Im Umkreis von 4 m vom Kabel sollten keine Bildschirmarbeitsplätze eingerichtet werden (s. Tabelle 4.10).

Aus diesen Gründen ist es sinnvoll, für genügend Abstand zu sorgen und/oder sonstige im Abschnitt 4.7 genannte Maßnahmen zu ergreifen.

4.7 Nachrüstungen in bestehenden Anlagen

Treten beim Betrieb einer elektrischen Anlage Fehler (Betriebsstörungen oder Ausfälle) auf, so wird häufig die Frage laut, durch welche Maßnahme die bestehende Anlage EMV-günstig nachgerüstet werden kann. Diese Frage kann letztlich nur „vor Ort" beantwortet werden. Im Grunde sollte alles bisher Gesagte beachtet werden, um im Einzelfall zu entscheiden, welche Maßnahmen sinnvollerweise ergriffen werden können. Einige Dinge sollen jedoch besonders hervorgehoben werden. Sie werden in den folgenden Abschnitten behandelt.

4.7.1 Einführung eines TN-S-Systems

Mindestens ab Gebäudeeinspeisung, wenn möglich ab einspeisendem Transformator, muss ein 5-Leiter-System eingeführt werden. Sollte auch die Hauptleitung vom Transformator bis zur NHV störend wirken, so muss die Sternpunkterdung des Transformators in die NHV verlegt werden. Dabei ist darauf zu achten, dass die PEN-Schiene in der NHV zum Gehäuse der NHV isoliert aufgebaut wird (also keine leitende Verbindung mit dem Gehäuse der NHV hat). Die Verbindung zwischen dieser PEN-Schiene und der separaten PE-Schiene darf **nur einmal** im Schaltschrank hergestellt werden (s. Abschnitt 4.1.3 und Bild 4.6).

Sämtliche Steigleitungen bzw. Verteilungs-Zuleitungen sollten einen fünften Leiter erhalten. Für den Fall, dass die Installation eines neuen Kabels nicht möglich ist (eventuell aus Kostengründen), muss darauf geachtet werden, dass in keinem Fall der Neutralleiter, **sondern der Schutzleiter (PE)** nachgezogen wird.

Begründung: Im Kabel würden die Außenleiter sowie der frühere PEN-Leiter, der nach der Umrüstung nur noch als Schutzleiter (PE) verwendet wird, zurückbleiben. Das hätte folgende Auswirkungen:

- Von dem separat verlaufenden Neutralleiter und den im Kabel verbleibenden Außenleitern wird eine Schleife aufgespannt, die erhebliche magnetische Störfelder erzeugt, die allein schon EMV-Probleme verursachen können.
- Die Stromsumme im Kabel ist nun nicht mehr null. Das bedeutet, dass dieses Kabel für sich genommen nach außen wie ein Einleiterkabel wirkt, bei dem insgesamt der Strom (Summenstrom) fließt, der im separat geführten Neutralleiter zurückfließt. Dieser Summenstrom induziert

eine Spannung in der Schleife, die durch den im Kabel ebenfalls enthaltenen Schutzleiter (PE) und leitfähige Teile, die mit dem Schutzleiter in Verbindung stehen, gebildet wird (vgl. hierzu die Verhältnisse bei einem Kabel mit PEN-Leiter im Abschnitt 4.2.1).

Der vorhandene PEN-Leiter sollte (wenn das nicht bereits der Fall ist) an den Enden eine hellblaue Markierung erhalten und auf die N-Schiene der Verteilungen aufgelegt werden. Ein zusätzliches Schild an jedem Ende des Kabels bzw. der Leitung kann auf die Nachrüstung und somit auf die veränderte Funktion des PEN-Leiters (der nunmehr nur noch die Neutralleiterfunktion erfüllt) hinweisen. Diese Nachinstallation muss in die Dokumentation (Pläne usw.) eingetragen werden.

Nach der Nachrüstung des fünften Leiters muss geprüft werden, ob es noch zusätzliche Verbindungen in der Anlage zwischen PE- und Neutralleiter gibt. Werden solche festgestellt, so müssen sie entfernt werden. So müssen die (ehemaligen) PEN-Schienen der Verteilungen vom Gehäuse isoliert werden. Die Überwachung eines „sauberen" TN-S-Systems mit einem Gerät ist im Abschnitt 4.1.4.3 beschrieben.

Bei Netzeinspeisungen im Niederspannungsbereich erfolgt die Zuleitung vom Netzbetreiber (NB) in der Regel mit einem 4-Leiter-Kabel (L1, L2, L3 und PEN). Der Errichter kann dann keinen Einfluss auf die Erdung des Transformators nehmen. Trifft dies zu, so kann der PEN-Leiter des einspeisenden Kabels in der Regel nicht auf eine isoliert aufgebaute PEN-Schiene gelegt werden. Statt dessen wird er häufig auf eine vom Gehäuse des Verteilers (meist des Hausanschlusskastens) nicht isolierte PE-Schiene (oder PE-Klemme) aufgelegt (**Bild 4.65**). Von hier aus muss versucht werden, ein TN-S-System aufzubauen.

Allerdings ist dann nicht mehr zu vermeiden, dass betriebsbedingte Neutralleiterströme nicht nur über den PEN-Leiter des einspeisenden Kabels zurück zum Transformator fließen, sondern parallel dazu auch über die PE-Schiene, alle damit verbundenen Teile, die Erdverbindung haben (wie Fundamenterder oder Wasserrohre) und das Erdreich (**Bild 4.66**).

Wenn im Verteiler (Hausanschlusskasten) eine zweite Schiene oder Klemme vorhanden ist, sollte diese für die Aufteilung des PEN-Leiters in den abgehenden Neutralleiter (N) und den Schutzleiter (PE) genutzt werden. Auf eine Schiene wird dann der ankommende PEN-Leiter aufgelegt und von dort aus eine Verbindung zur zweiten Schiene (Klemme) geschaffen. An die Schiene (Klemme), an der der PEN-Leiter angeklemmt ist, wird die Verbindungsleitung zur Potentialausgleichsschiene des Gebäudes ange-

4.7 Nachrüstungen in bestehenden Anlagen

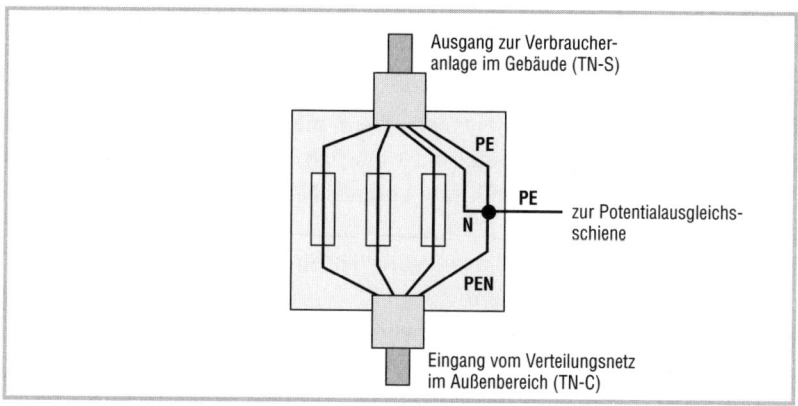

Bild 4.65 *Das Versorgungs-Netzsystem ist bei üblichen Niederspannungs-Versorgungssystemen ein TN-C-System. Hier muss (sofern möglich) der Anschlusspunkt des ankommenden PEN-Leiters im Hausanschlusskasten als Aufteilungspunkt ausgeführt werden, mit dem der abgehende Neutralleiter (N) und der Schutzleiter (PE) verbunden werden.*

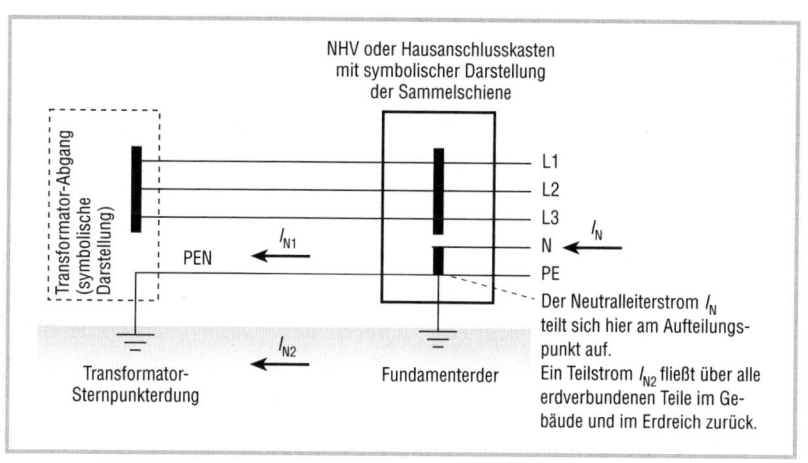

Bild 4.66 *Aufteilung des betriebsbedingten Neutralleiterstromes I_N am Aufteilungspunkt in die Teilströme I_{N1} (Strom über den PEN-Leiter) und I_{N2} (Strom über das Erdreich) Der Teilstrom I_{N2} fließt im Gebäude über sämtliche mit dem Aufteilungspunkt und Erde in Verbindung stehenden Teile.*

schlossen und an die zweite Schiene (Klemme) der abgehende Neutralleiter. Bild 4.65 setzt im Grunde eine zweite Klemme oder eine Doppelklemmstelle voraus. Wenn diese zweite Schiene (Klemme) bzw. Doppelklemmstelle allerdings nicht vorhanden ist, bleibt im Grunde nur die Möglichkeit, die im Bild 4.8 (Abschnitt 4.1.3) dargestellt ist.

4.7.2 Behandlung der Einleiterkabel und parallelen Stromschienen

Bei Problemen sollten Einleiterkabel – wenn möglich – gegen Mehrleiterkabel ausgetauscht werden. Ist dies nicht möglich, so sollte man die Verlegung der Kabel bzw. die Leitungsführung untersuchen. Dabei sind folgende Fragen zu klären:
- Können eventuell durch Umverlegung der Einleiterkabel Probleme mit der EMV vermieden werden?
- Liegen alle aktiven Leiter (einschließlich des Neutralleiters) möglichst dicht beieinander?
- Ist es möglich, die Schirmwirkung von metallenen Konstruktionen usw. zu nutzen?

Eventuell kann das parallele Verlegen eines Potentialausgleichsleiters, der an beiden Enden mit dem Potentialausgleich verbunden wird, bereits eine positive Wirkung erzielen.

Liegt eine für die EMV ungünstige Errichtung vor, so sollte diese auf alle Fälle nachträglich verbessert werden. Hier gelten die gleichen Vorgaben wie im Abschnitt 4.2.1. Auch bei parallelen Stromschienen ist eine symmetrische Aufteilung der Außen- und Neutralleiter wie bei den Einleiterkabeln möglich.

4.7.3 Nachrüstung des Potentialausgleichs

Hier gelten die Aussagen im Abschnitt 4.1. Sämtliche Potentialausgleichsverbindungen, die dort beschrieben sind, sollten (wenn nicht vorhanden) möglichst nachgerüstet werden. Besonders die durchgehende Verbindung der metallenen Trassenkonstruktionen ist wichtig. Fehlen Verbindungen zum Gebäude-Potentialausgleich, so kann ein Erdungssammelleiter (entweder ein Stahlband mit mindestens 30 mm × 3,5 mm oder 25 mm × 4 mm Außenmaßen oder ein Cu-Leiter von mindestens 16 mm^2), der so häufig wie möglich mit dem Potentialausgleich verbunden wird bzw. an den sämtliche Körper, leitfähige Anlagenteile usw. im Raum anzuschließen sind, errichtet werden.

Nach Möglichkeit sollten nichtmetallene Verlegesysteme (Kanäle, Schächte, Rohre und sonstige Trassen) durch metallene ersetzt werden. Sie sollten durchverbunden und zusätzlich möglichst häufig (mindestens an beiden Enden) mit dem Potentialausgleich verbunden werden.

In manchen Fällen kann es bereits von Vorteil sein, wenn man einen Potentialausgleichsleiter (natürlich beidseitig an den Potentialausgleich angeschlossen) parallel zu den übrigen Kabeln und Leitungen separat (eventuell 16 mm^2 Cu) mitführt (s. Abschnitt 4.7.5).

4.7.4 Behandlung der Schirme

Sind die vorgenannten Nachrüstungen erst einmal eingeführt worden, so sollte durch Messung nachgewiesen werden, dass keine nennenswerten Potentialunterschiede mehr vorliegen. Trifft dies zu, so können sämtliche Kabel- und Leitungsschirme beidseitig aufgelegt werden (Ausnahme eventuell bei empfindlichen Analogsignalen, s. Abschnitt 4.3.2.3).

4.7.5 Trennung und Schirmung der Systeme

Sollte sich herausstellen, dass es Beeinflussungen zwischen Systemen gibt – beispielsweise zwischen Starkstromkabeln und Signalleitungen –, so muss für einen ausreichenden Abstand gesorgt werden. Kann die Trassenführung nicht mehr verändert werden, so müssen Schirmungsmaßnahmen für Abhilfe sorgen. Allerdings sind nachträglich eingebrachte Schirme häufig weniger effektiv. Besonders beachtet werden muss, dass Schirmungsmaßnahmen direkt an der Störquelle häufig nicht greifen, da dort die Feldstärken so hoch liegen, dass das Schirmmaterial schnell in die magnetische Sättigung geht.

Dennoch sollte nichts unversucht bleiben. Vielfach führt bereits das beidseitige Anschließen einer freien Reserveader an den Potentialausgleich bei einer Leitung zu einem zufriedenstellenden Ergebnis. Eventuell kann man auch einen zusätzlichen Potentialausgleichsleiter (wie in den Abschnitten 4.7.2 und 4.7.3 beschrieben) in direkter Nähe zu den Kabel- und Leitungssystemen verlegen (also mitten zwischen diesen Systemen). Dieser Leiter muss ebenfalls beidseitig an den Potentialausgleich angeschlossen werden.

4.7.6 Zusätzliche Maßnahmen (Ersatzmaßnahmen)

In DIN VDE 0100-444, die als Grundlagennorm zur EMV in elektrischen Anlagen gilt, wird deutlich hervorgehoben, dass es nicht immer möglich ist, die Elektroinstallation komplett zu ändern bzw. im Sinne der EMV umzurüsten. Im Abschnitt 444.4 werden deshalb folgende Ersatzmaßnahmen beschrieben:

- Verwendung von *Lichtwellenleitern* für die informationstechnischen Leitungen,
- Verwendung von elektrischen *Betriebsmitteln der Schutzklasse II*,
- Verwendung von örtlichen *Transformatoren mit getrennten Wicklungen* (Trenntransformatoren). Mit diesen Transformatoren werden die Betriebsmittel der Informationstechnik versorgt und somit von der übrigen Elektroinstallation galvanisch getrennt. Hierbei muss natürlich darauf geachtet werden, dass auch über die Kabel- und Leitungsschirme kein Potential der übrigen Anlage in das galvanisch getrennte System eingeschleust wird.

Diese Maßnahmen sind übrigens auch anwendbar, wenn bei der Planung/ Errichtung beispielsweise ein sauberer „fremdspannungsarmer" Potentialausgleich nicht vollständig zu erreichen ist.

5 Oberschwingungen

5.1 Allgemeines

Weil harmonische Oberschwingungen in den letzten Jahren zu einem besonderen und immer mehr in den Vordergrund rückenden Thema geworden sind, werden sie hier in einem separaten Kapitel behandelt. Dabei halten sich die folgenden Ausführungen an die vorgegebene Reihenfolge in den Kapiteln 1 bis 4.

Durch den zunehmenden Einsatz von Leistungselektronik, beispielsweise in Umrichtern und Leuchtstofflampen, wird das öffentliche Netz in steigendem Maße mit Oberschwingungen belastet. Die maßgeblichen Frequenzen von 150 ... 350 Hz sind der Netzspannung überlagert und können zu Störungen in Messsystemen, zu Ausfällen von PCs und zur Überlastung von Blindstromkompensationsanlagen führen.

Jeder Kunde, der an das öffentliche Netz angeschlossen ist, sollte sich aber nicht nur als Leidtragender dieser „elektrischen Umweltverschmutzung" sehen, sondern auch in fast allen Fällen als Mitverursacher. Ursachen der Netzbelastung durch Oberschwingungen sind nämlich nicht nur große Anlagen der Leistungselektronik, wie Umrichter oder USV-Anlagen, sondern auch Kleingeräte, wie PCs, Fernsehgeräte, Energiesparlampen, Kopierer. Diese belasten das öffentliche Netz durch Summation aller Geräte mit steigender Tendenz.

Die Belastung öffentlicher Netze durch Oberschwingungen betrifft drei Hauptgruppen (**Bild 5.1**):

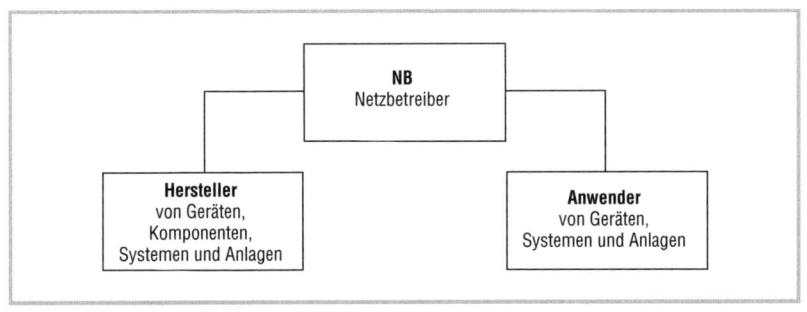

Bild 5.1 *Hauptbetroffene und Hauptverursacher der „elektrischen Umweltverschmutzung" und deren gegenseitige Beeinflussung*

- die **Netzbetreiber** (NB) als Lieferanten und Garanten für einwandfreie Netzqualität nach den bestehenden gesetzlichen Vorschriften,
- die **Gerätehersteller**, welche nach Produktnormen unter Einhaltung der für diese Geräte zutreffenden Vorschriften und Normen produzieren und dieses mit der CE-Kennzeichnung am Gerät sichtbar machen,
- die **Anwender** bzw. Endkunden, die eine Vielzahl unterschiedlicher Geräte gemeinsam in einem Netz betreiben.

Für die Beurteilung der Grenzwerte der Emission von Oberschwingungen einzelner Geräte, Systeme und Anlagen sind Normen zu beachten (s. Abschnitt 6.3.1, Tabelle 6.1).

5.2 Störgrößen und ihre Auswirkungen

Oberschwingungen entstehen beim Anschluss nichtlinearer Verbraucher. Generell kann gesagt werden, dass sie das Netz zusätzlich belasten. Oberschwingungsströme haben folgende Auswirkungen:

- Sie steigern die **Eisenverluste** in Transformatoren, so dass es zu einer thermischen Überlastung kommen kann.
- Sie erhöhen den **Blindleistungsanteil**, da die Leistung, die Oberschwingungsströme hervorrufen, nicht effektiv genutzt werden kann.
- Sie beeinflussen die **Abschaltcharakteristik** von Leistungsschaltern, was zu einer frühzeitigen Auslösung führen kann.
- Sie bilden häufig eigene **Drehfelder**, die schneller umlaufen als das Drehfeld der 50-Hz-Netzspannung. Außerdem können diese Oberschwingungsdrehfelder gegenläufig zum Netzdrehfeld sein. Motoren, die durch das Drehfeld der Netzspannung angetrieben werden (z. B. Asynchronmotoren), werden dadurch beeinflusst, laufen unruhig, werden laut und überlastet (erhöhte Verluste).
- Sie überlasten den **Neutralleiter** und können so zum Neutralleiterbruch führen (s. Abschnitt 5.2.4). Hierdurch entstehen thermisch gefährliche Überlastbeanspruchungen durch konstant auftretende Überspannung bei angeschlossenen Betriebsmitteln (s. Bild 5.11).
- Sie überlasten **Kompensationsanlagen**, wobei deren Verlustleistung erhöht wird. Auch in diesem Fall ist ein Anlagenausfall oder ein Brand zu befürchten.
- Bei in der Anlage vorhandenen **Kondensatoren** (Kompensationsanlagen,

Filter usw.) können sie zu Resonanzerscheinungen führen und so für Überspannungen sorgen.
- Sie verzerren die **Netzspannung,** da die verzerrten Ströme an den Netzimpedanzen einen Spannungsfall hervorrufen, der in Summe die Sinusform der Netzspannung verändert. Die Spannungsverzerrungen wirken sich über galvanische Verbindungen oder über die Transformatoren in der gesamten elektrischen Anlage aus. Damit treten oberschwingungsbehaftete Spannungen auch in Netzbereichen auf, in denen keine Oberschwingungserzeuger betrieben werden.
- Die **Störwirkung** des magnetischen Feldes von Oberschwingungsströmen ist wegen der höheren Frequenzen größer als die der Grundschwingung. Dadurch belasten sie zusätzlich die „elektromagnetische Umwelt" der übrigen Geräte und Anlagenteile.

5.2.1 Wichtige Begriffe

In diesem Abschnitt werden wichtige Begriffe zum Thema Oberschwingungen definiert und erläutert.

5.2.1.1 Augenblickswert (Momentanwert)

Es ist üblich, Strom und Spannung mit kleinen Buchstaben zu bezeichnen (i bzw. u), wenn man sie als zeitlich sich ständig ändernde Größen versteht. So wird beispielsweise in der Darstellung der Sinuskurve in **Bild 5.2** die Stromkurve mit i und die Spannungskurve mit u angegeben. Die Kleinbuchstaben bezeichnen somit *Augenblickswerte (Momentanwerte)* einer sich ständig ändernden Größe. Eine Wechselspannung u ist z.B. die in einem bestimmten Zeitpunkt t gemessene Spannung. An zwei Beispielen für Wechselstrom und Wechselspannung wird der rechnerische Zusammenhang gezeigt (Bild 5.2).

Bei einer sinusförmigen Funktion (Spannung oder Strom) lassen sich die Augenblickswerte nach folgenden Formeln berechnen:

$$u = \hat{u} \cdot \sin \alpha;$$

u Augenblickswert der sinusförmigen Spannung,
$\hat{u}$ Scheitelwert (Spitzenwert, Amplitude),
α elektrischer Winkel;

$$i = \hat{i} \cdot \sin \alpha;$$

i Augenblickswert des sinusförmigen Stromes,
$\hat{i}$ Scheitelwert (Spitzenwert),
α elektrischer Winkel.

Beispiel:
Welchen Wert hat eine sinusförmige Spannung u bei den Winkeln 25°, 90° und 245°, wenn der Scheitelwert der Spannung 325 V beträgt?
Lösung: $u = \hat{u} \cdot \sin \alpha$
$u = 325\ V \cdot \sin 25° \quad = 137{,}35\ V$
$u = 325\ V \cdot \sin 90° \quad = 325\ V$
$u = 325\ V \cdot \sin 245° = -294{,}55\ V$

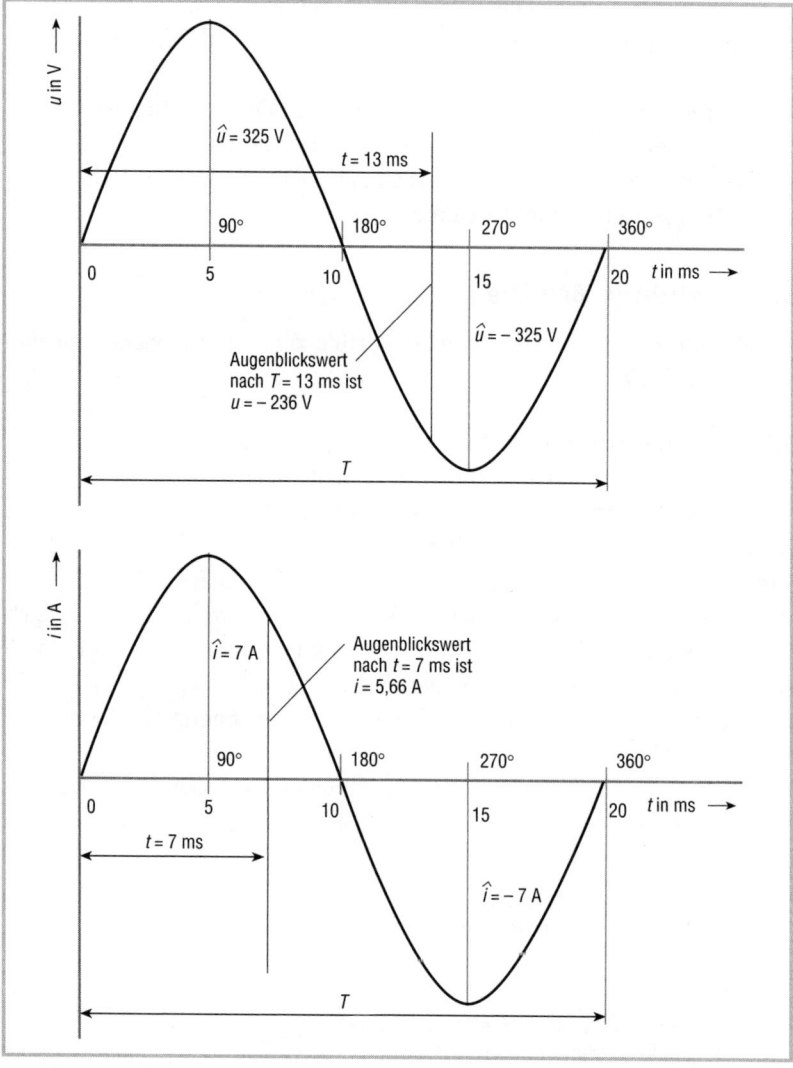

Bild 5.2 *Sinusförmiger Strom und Spannung aus den errechneten Augenblickswerten*

5.2.1.2 Effektivwert und Gleichrichtwert

Unter dem *Effektivwert* eines Wechselstromes I_{eff} oder einer Wechselspannung U_{eff} versteht man den Wert, der die gleiche Leistung am gleichen Widerstandswert R erbringt wie ein Gleichstrom $I_=$ gleicher Höhe bzw. eine ebenso hohe Gleichspannung $U_=$. Den Effektivwert nennt man auch *quadratischen Mittelwert*.

In der Energietechnik erfolgen in der Regel alle Angaben in Effektivwerten. Man setzt daher $U_{eff} = U$ und $I_{eff} = I$, da keine Verwechslung vorkommen kann.

Mit dem *Scheitelwert* der Wechselspannung bzw. des Wechselstromes hängt der Effektivwert wie folgt zusammen (**Bild 5.3**):

$$\frac{\hat{u}}{\sqrt{2}} = U_{eff} = U \quad \text{und} \quad \frac{\hat{i}}{\sqrt{2}} = I_{eff} = I.$$

Daraus ergibt sich:

$$U = U_{eff} = 0{,}707 \cdot \hat{u} \quad \text{und} \quad I = I_{eff} = 0{,}707 \cdot \hat{i}.$$

Der *Gleichrichtwert* I_d ist der über eine Periode der Sinusschwingung (**Bild 5.4**) genommene arithmetische Mittelwert der Beträge i der Augenblicks-

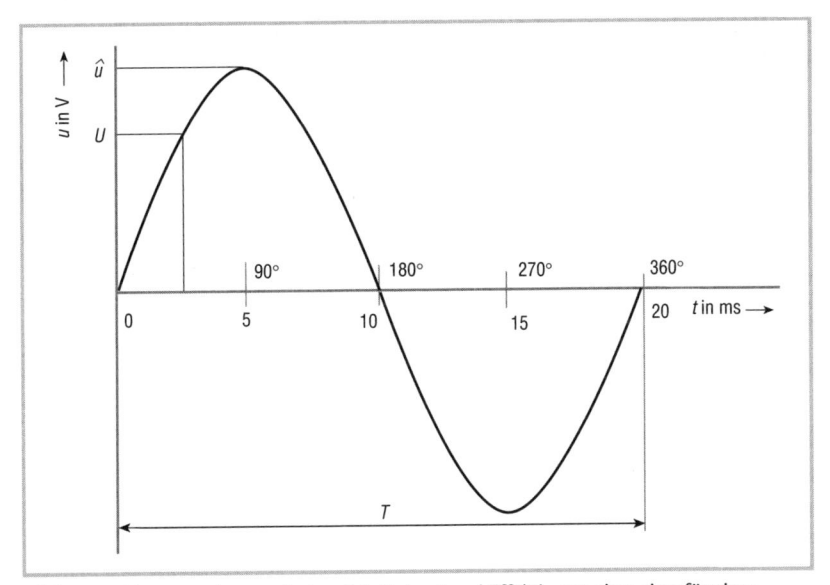

Bild 5.3 *Zusammenhang zwischen Scheitelwert und Effektivwert einer sinusförmigen Wechselspannung*

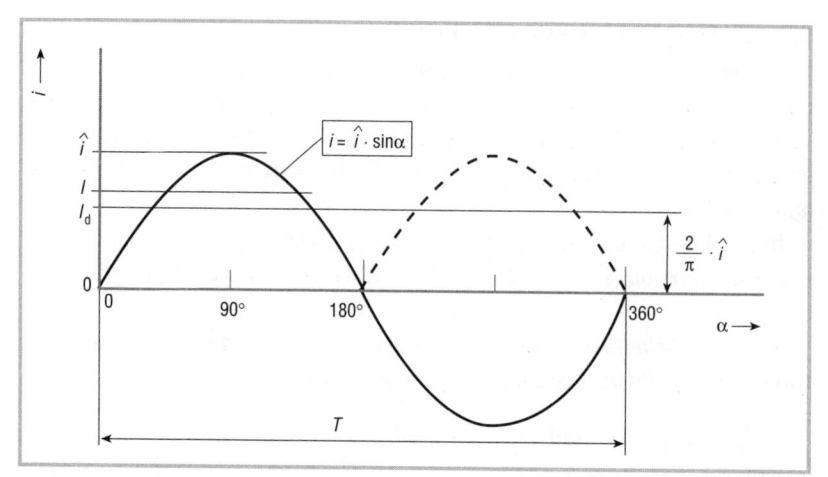

Bild 5.4 *Sinusförmiger Stromverlauf mit Angabe von Scheitelwert, Effektivwert und Gleichrichtwert*
Der Verlauf von 0° bis 360° entspricht einer Periode dieser Sinusschwingung. Die Zeit, in der der Strom von 0° bis 360° durchläuft, nennt man Periodendauer T. Die Frequenz f ist davon der Kehrwert: $f = 1/T$.

werte eines Wechselstromes. Dieser Wert ist ein Maß für die Menge der elektrischen Ladungsträger (Q), die während einer Periode bewegt werden. Ein Gleichstrom $I_=$ der gleichen Höhe bewegt die gleiche Anzahl an Ladungsträgern:

$$I_d = I_=.$$

Hinweis: Die Periode einer Sinusschwingung hat eine positive und eine negative Halbwelle (Bild 5.4). Da in der ersten Halbperiode positive Werte addiert und gemittelt würden und in der zweiten Halbperiode negative Werte, wäre der arithmetische Gleichrichtwert über die gesamte Periode null. Hier setzt man jedoch eine Gleichrichtung voraus, die die zweite (negative) Halbperiode sozusagen zum Positiven hin „hochklappt" (gestrichelte Linie im Bild 5.4).

5.2.1.3 Formfaktor

Das Verhältnis von Effektivwert zum Gleichrichtwert wird Formfaktor F genannt:

$$F = \frac{U}{U_d} \quad \text{und} \quad \frac{I}{I_d} \,;$$

F Formfaktor,
U Effektivwert der Spannung,
U_d Gleichrichtwert der Spannung,
I Effektivwert des Stromes,
I_d Gleichrichtwert des Stromes.

Für eine sinusförmige Wechselspannung ist der Formfaktor

$$F = \frac{0{,}707 \cdot \hat{u}}{0{,}637 \cdot \hat{u}} = \frac{0{,}707 \cdot \hat{i}}{0{,}637 \cdot \hat{i}} = 1{,}11.$$

Weicht der Formfaktor F der Spannung vom Wert 1,11 ab, so ist dies ein Hinweis darauf, dass keine sinusförmige Wechselspannung vorliegt (**Tabelle 5.1**).

Tabelle 5.1 *Formfaktoren sowie Scheitelfaktoren für typische Schwingungsformen*

Schwingungsform	Formfaktor F	Scheitelfaktor k_S
Sinus	1,11	1,414
Rechteck	1	1
Dreieck / Sägezahn	1,1547	1,732

5.2.1.4 Scheitelfaktor (Crestfaktor)

Für die Beurteilung der Durchschlagsfestigkeit von festen, flüssigen und gasförmigen Isolierstoffen ist nicht der Effektivwert, sondern vor allem der *Scheitelwert* (Spitzenwert, Amplitude) eines Wechselstromes bzw. einer Wechselspannung bestimmend. Dieser Scheitelwert lässt sich für sinusförmige Wechselgrößen aus dem Effektivwert errechnen:

$$\hat{u} = \sqrt{2} \cdot U \quad \rightarrow \quad \frac{\hat{u}}{U} = \sqrt{2} = 1{,}414.$$

Das Verhältnis von Scheitelwert zu Effektivwert einer Wechselspannung nennt man *Scheitelfaktor* oder *Crestfaktor* k_S:

$$k_S = \frac{\hat{u}}{U};$$

k_S Scheitelfaktor (bei sinusförmigen Größen ist $k_S = \sqrt{2} = 1{,}414$),
$\hat{u}$ Scheitelwert der Spannung,
U Effektivwert der Spannung.

Beispiel:
Eine sinusförmige Wechselspannung wird mit U = 230 V angegeben. Wie hoch ist der Scheitelwert dieser Spannung?
$\hat{u} = 1{,}414 \cdot 230$ V $= 325$ V ($\sqrt{2} \approx 1{,}414$)

Die Aussage dieses Scheitelfaktors ist:

Welches Verhältnis besteht zwischen dem „effektiven Nutzen" (genauer: dem Effektivwert) einer sich zeitlich verändernden Größe zu ihrem Maximalwert (Scheitelwert)? Je größer der Scheitelfaktor ist, umso größer ist der Scheitelwert (Maximalwert) im Verhältnis zu diesem „effektiven Nutzen".

Beispiel:
Ein periodisch auftretender kurzer Impuls hat einen verhältnismäßig kleinen Effektivwert. Man könnte sagen, er bringt „keinen hohen effektiven Nutzen". Sein Scheitelwert ist jedoch extrem hoch. Somit ist sein Scheitelfaktor sehr groß – dies wird aus obiger Formel deutlich.
Ein Gleichstrom hat dagegen den „Nutzen", der durch die Stromhöhe angegeben wird. Sein Maximalwert sowie sein Effektivwert sind identisch mit der angegebenen Stromstärke. Sein Scheitelfaktor ist somit 1. Das zeigt zugleich, dass 1 der kleinstmögliche Wert für den Scheitelfaktor ist.

Die Formfaktoren und Scheitelfaktoren sind also abhängig von der Schwingungsform, deshalb sind in Tabelle 5.1 die Werte für einige wichtige Schwingungsformen genannt.

5.2.1.5 Weitere Begriffe
In Folgenden werden übliche Begriffe im Zusammenhang mit Oberschwingungen beschrieben:

Grundschwingung
  Jede periodische Schwingung (also jede Schwingung, deren Kurvenform sich ständig wiederholt) kann in Sinusschwingungen mit verschiedenen Frequenzen zerlegt werden (s. Abschnitt 5.2.2). Die Sinusschwingung, die die gleiche Frequenz aufweist wie die periodische (nichtsinusförmige) Ausgangsschwingung, wird Grundschwingung genannt.

Grundschwingungsstrom
  I_1 (als Effektivwert)

Oberschwingungsstrom
  I_n Effektivwert irgendeines Oberschwingungsstromes, wie $I_2, I_3, ...,$
  einschließlich I_1

Gesamt-Oberschwingungsstrom
  I_0 geometrischer Mittelwert aus allen Oberschwingungsströmen, wie $I_2, I_3, ...,$ **ohne I_1**

$$I_0 = \sqrt{\Sigma I_n^2}$$

ΣI_n^2 = Summe aller I_n^2, wie $I_2^2 + I_3^2 + I_4^2 ...,$ **ohne I_1**

Effektivstrom (Gesamtstrom)

I_{eff} Effektivwert der Summe **aller** Ströme

$$I_{eff} = \sqrt{I_1^2 + I_0^2}$$

(in der Regel ist $I = I_{eff}$)

Grundschwingungsgehalt

$$g = \frac{I_1}{I_{eff}}$$

Quotient aus Grundschwingungsstrom I_1 und Gesamtstrom I_{eff}.
Da die Grundschwingung allein den „effektiven Nutzen" des Gesamtstromes bewirkt, ist g ein Maß dafür, wie effektiv der Gesamtstrom genutzt wird. Je größer g ist, umso geringer ist der Oberschwingungsanteil des Gesamtstromes, d. h. umso höher ist der „effektive Nutzen" des Gesamtstromes.
$g = 1$, wenn bei einer sinusförmigen Spannung ein sinusförmiger Strom fließt. Bei vorhandenen Oberschwingungen ist g somit stets < 1.

Oberschwingungsgehalt (Klirrfaktor)

$$k = \frac{I_0}{I_{eff}}$$

Im Gegensatz zu g gibt k den Anteil des gesamten Oberschwingungsstromes I_0 am Gesamtstrom I_{eff} an.
So wie g den „Nutzen" des Gesamtstromes beschreibt, so ist k ein Maß für den Verlust, denn je größer k ist, umso höher liegt der Anteil der Oberschwingungen.
$k = 0$, wenn bei einer sinusförmigen Spannung ein sinusförmiger Strom fließt.
Der Klirrfaktor wird meist in % angegeben (z. B. 5 % statt 0,05).

Verzerrungsfaktor (THD-Wert)

$$d = \frac{I_0}{I_1}$$

d gibt das Verhältnis des Gesamtoberschwingungsstromes I_0 zum Grundschwingungsstrom I_1 an. Er wird häufig als THD (aus dem Englischen: total harmonic distortion) bezeichnet.
Je größer d ist, umso höher liegt der Oberschwingungsanteil. Dieser Wert ist sehr verwandt mit dem Klirrfaktor k, gibt allerdings noch direkter das Verhältnis des „nutzbaren" Grundschwingungsstromes zu den „nicht nutzbaren" Oberschwingungsströmen an, er ist also ein Maß für das Verhältnis von „Blindgrößen" zu den „Nutzgrößen" des Gesamtstromes.

$d = 0$, wenn bei einer sinusförmigen Spannung ein sinusförmiger Strom fließt.

Beispiele:
$d = 1$ bedeutet, dass der „Blindanteil" der Oberschwingungen genauso groß ist wie der „Nutzanteil" der Grundschwingung.
$d = 2$ bedeutet, dass der „Blindanteil" der Oberschwingungen doppelt so hoch liegt wie der „Nutzanteil" der Grundschwingung.

Der Verzerrungsfaktor wird häufig in % angegeben (z. B. $d = 155\%$ statt $d = 1{,}55$).

5.2.1.6 Wirk-, Blind- und Scheinleistung (ohne Oberschwingungen)

Misst man in einem einphasigen Wechselstromkreis mit angeschlossenem ohmsch-induktivem Verbraucher den Effektivwert des Stromes und der Spannung, so ergibt die Multiplikation dieser Werte die *Scheinleistung*

$$S = U \cdot I;$$

S Scheinleistung in VA,
U Effektivwert der Netzspannung in V,
I Effektivwert des Stromes in A.

Die im Verbraucher tatsächlich umgesetzte *Wirkleistung* kann ermittelt werden aus

$$P = U \cdot I \cdot \cos \varphi \, ;$$

P Wirkleistung in W,
U Effektivwert der Netzspannung in V,
I Effektivwert des Stromes in A,
$\cos \varphi$ Leistungsfaktor,
φ Winkel (Phasenverschiebung) zwischen Strom und Spannung.

Schließlich ergibt sich die reine *Blindleistung* aus

$$Q = U \cdot I \cdot \sin \varphi \, ;$$

Q Blindleistung in var,
U Effektivwert der Netzspannung in V,
I Effektivwert des Stromes in A,
$\sin \varphi$ Blindfaktor,
φ Winkel (Phasenverschiebung) zwischen Strom und Spannung.

Allerdings geht es hier noch um die Blindleistung ohne Beeinflussung durch Oberschwingungen (s. Abschnitt 5.2.5). Das allgemeine Formelzeichen für den Leistungsfaktor ist λ. In λ ist auch der Blindleistungsanteil der Oberschwingungen enthalten.

5.2.2 Grundsätzliches zur Oberschwingungstheorie

Entspricht der Verlauf von Strom und Spannung exakt dem einer reinen Sinusschwingung (s. Bild 5.2), dann sind in Strom und Spannung keine Oberschwingungen enthalten. Jede von der Sinusform abweichende periodische Kurvenform enthält dagegen mehr oder weniger Anteile an Oberschwingungen.

Der französische Mathematiker und Physiker *Fourier* hat herausgefunden, dass jede periodische Funktion (also jede sich ständig wiederholende Kurvenform) in eine endlose Reihe von Sinusschwingungen mit unterschiedlichen Frequenzen zerlegt werden kann. Man nennt dieses Verfahren *Fourieranalyse.*

Geht man von einer nichtsinusförmigen Kurvenform aus (ganz gleich, ob es eine Rechteckschwingung, eine Dreieckschwingung oder eine Impulsschwingung ist), so kann man durch die Fourieranalyse die beteiligten sinusförmigen Oberschwingungen ermitteln.

Dabei ist ein Gedanke hervorzuheben: Eine Rechteck- oder Dreieckschwingung sowie andere, von der Sinusform abweichende Schwingungsverläufe kommen in der Natur nicht vor. Dort entstehen ausschließlich harmonische Sinusschwingungen – so z. B. bei einem Pendel. Rechteckschwingungen oder Schwingungen in Form von angeschnittenen Sinuskurven usw. sind immer künstlich, also technisch erzwungene Verläufe von physikalischen Größen. Hinter all diesen unnatürlichen Kurvenformen steht somit immer eine Vielzahl von Sinusschwingungen, und real bzw. physikalisch wirksam sind stets diese harmonischen Schwingungen, die erst in der Summe die erzwungenen (nicht sinusförmigen) Schwingungen ergeben.

Die erste sich daraus ergebende Schwingung ist die *Grundschwingung.* Sie hat dieselbe Frequenz wie die *nichtsinusförmige Ausgangsschwingung:*

$$f_1 = f_{Ausg.}$$

Alle weiteren Schwingungen, die sich von der nichtsinusförmigen Ausgangsschwingung ableiten lassen, haben höhere Frequenzen. Die jeweilige Frequenz ist stets ein ganzzahliges Vielfaches der Grundschwingung (oder Ausgangsschwingung):

$$f_i = n \cdot f_{Ausg};$$

f_{Ausg} Frequenz der nichtsinusförmigen Ausgangsschwingung,
f_1 Frequenz der Grundschwingung,
f_i Frequenz der i-ten Oberschwingung,
n Multiplikator ($n = 2$ für 2. Oberschwingung, z. B. $n = 3$ für die 3. Oberschwingung usw.).

Mit Hilfe dieser so ermittelten *Oberschwingungen* kann man jede nichtsinusförmige Stromkurve oder Spannungskurve eindeutig beschreiben. Damit hat man gleichzeitig die Möglichkeit, die Auswirkungen von Stromverzerrungen oder Spannungsverzerrungen zu erfassen.

Wird die Fourieranalyse beispielsweise auf einen rechteckigen Wechselstrom (**Bild 5.5**) angewendet, so findet man neben der Grundschwingung u. a. Oberschwingungen mit der 3- und 5-fachen Frequenz. Nach Addition aller Augenblickswerte der Grundschwingung und sämtlicher beteiligter Oberschwingungen erhält man wieder die ursprüngliche Rechteckkurve.

Da im Bild 5.5 aber nur die Grundschwingung sowie die 3. und 5. harmonische Oberschwingung addiert wurden, ist der exakte Verlauf der Rechteckschwingung noch nicht zu sehen. Erst wenn sämtliche beteiligten Oberschwingungen addiert werden, ergibt sich der exakte Kurvenverlauf.

Bezeichnung der Oberschwingungen

Die Oberschwingungen werden in der Literatur unterschiedlich bezeichnet. Üblich sind Bezeichnungen wie „harmonische Teilschwingung", „harmonische Oberschwingung", „Harmonische" oder „Oberschwingung". Die 1. Oberschwingung ist genau genommen die Grundschwingung. Dies kann u. U. zu Verwechslungen führen (**Tabelle 5.2** und **Bild 5.6**). Folgendes gilt:

▪ Gleichbedeutend sind die Bezeichnungen *Harmonische, harmonische Oberschwingung* und *harmonische Teilschwingung.* Dabei ist die

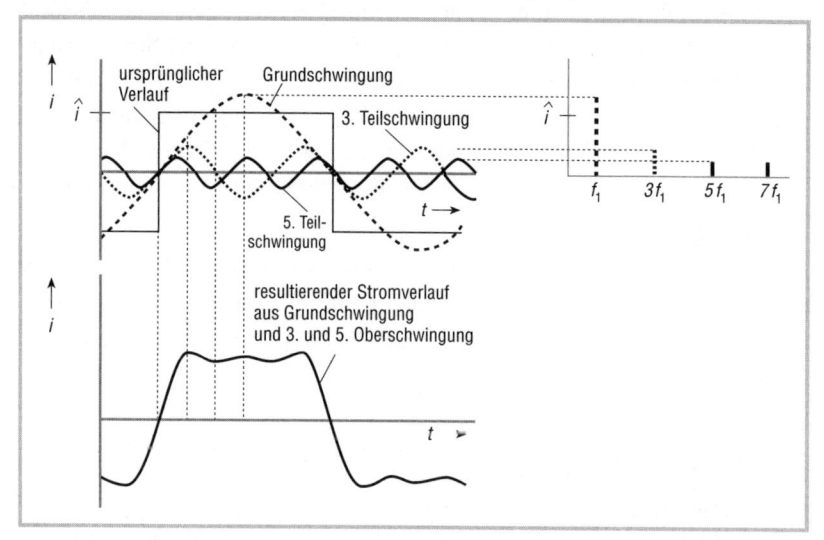

Bild 5.5 *Zerlegung eines rechteckigen Wechselstromes in Grund- und Oberschwingungen*

Tabelle 5.2 *Bezeichnungssysteme von Oberschwingungen*

Bezeichnung der Grundschwingung als	Bezeichnung der ganzzahligen Vielfachen der Grundschwingung als
1. Harmonische	2., 3., 4., ... Harmonische
1. harmonische Oberschwingung	2., 3., 4., ... harmonische Oberschwingung
1. harmonische Teilschwingung	2., 3., 4., ... harmonische Teilschwingung
Grundschwingung	1., 2., 3., ... Oberschwingung

```
 0        f         2f         3f         4f        5f   f →
     1. Harmonische  2. Harmonische  3. Harmonische  4. Harmonische   usw.
     1. Teilschwingung 2. Teilschwingung 3. Teilschwingung 4. Teilschwingung
     Grundschwingung  1. Oberschwingung 2. Oberschwingung 3. Oberschwingung
```

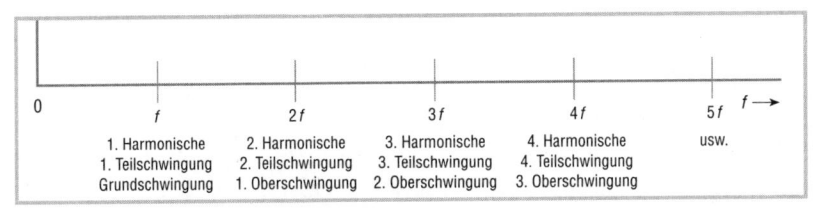

Bild 5.6 *Bezeichnungen der Oberschwingungen*
f steht hier für die Netzfrequenz (50 Hz).

- *1. Harmonische* (oder *1. harmonische Teilschwingung* oder *1. harmonische Oberschwingung*) identisch mit der *Grundschwingung* (Tabelle 5.2).
- Davon zu unterscheiden ist die allgemeine Bezeichnung „Oberschwingung". In der Regel bezeichnet man damit die Oberschwingungen **ohne** die Grundschwingung. Also ist die *1. Oberschwingung* identisch mit der *2. Harmonischen* (oder *2. harmonischen Teilschwingung* oder *2. harmonischen Oberschwingung*) (Tabelle 5.2).

Bild 5.6 zeigt vereinfacht, wie die verschiedenen Begriffe parallel verwendet werden können, je nachdem, für welche Bezeichnung (Tabelle 5.2) man sich entscheidet. Wichtig ist nur, dass man bei dem einmal gewählten Bezeichnungssystem bleibt, sonst kommt es u. U. zu großen Verwirrungen. Im Folgenden wird die Benennung *Harmonische* verwendet.

5.2.3 Oberschwingungserzeuger

Die Verbraucher, die nach Abschnitt 5.1 eine nichtlineare Stromaufnahme hervorrufen, werden im Weiteren *nichtlineare Verbraucher* genannt. Dazu gehören

a) Stromrichter, Frequenzumrichter (s. Abschnitt 5.3), Gleichstromsteller usw.,
b) EDV-Anlagen mit USV (unterbrechungsfreier Stromversorgung),
c) sämtliche Verbraucher mit elektronischen Netzteilen, wie Computer,

Drucker, Kopierer, Geräte der Unterhaltungselektronik, Haushaltsgeräte, elektronische Vorschaltgeräte (EVGs) in der Beleuchtungstechnik.

In den letzten Jahren ist besonders die 3. Harmonische immer wichtiger geworden. Sie kann erhebliche Störungen und sogar Brandgefahren verursachen, da sie in Summe den Neutralleiter überlastet. Hervorgerufen wird sie durch Verbraucher, die unter c genannt sind (zum Teil auch durch unter a und b genannte). Der Grund dafür ist häufig, dass diese Verbrauchsmittel in der Regel im Eingang über ein **Netzgerät** mit **kapazitiver Glättung** betrieben werden. Hier tritt die 3. Harmonische intensiv auf.

In Gleichrichtern größerer Leistung (gesteuert und ungesteuert) werden in der Regel 6-pulsige Drehstrombrückenschaltungen verwendet. Auch das sind potentiell nichtlineare Verbraucher. Sie werden in der Leistungselektronik für Schaltungen von drehzahlveränderbaren Antrieben eingesetzt (s. unter a, eventuell auch unter b bei größeren Leistungen). Die entstehenden Oberschwingungsströme hängen sehr stark vom Umrichtertyp ab (s. Abschnitt 5.5).

5.2.4 Besonderheiten der 3. Harmonischen

Typische Erzeuger für die 3. Harmonische sind überwiegend Netzteile mit kapazitiver Glättung. Diese Geräte werden in fast allen elektronischen Geräten zur Stromversorgung eingesetzt. Dabei hat das einzelne Gerät häufig nur eine geringe Leistung, führt aber aufgrund des **massenhaften Einsatzes** und des **hohen Gleichzeitigkeitsfaktors** solcher Geräte insgesamt zu einer starken Oberschwingungsbelastung der gesamten elektrischen Anlage. Verantwortlich dafür ist die impulsförmige Stromaufnahme (**Bild 5.7**).

Die Wirkungsweise der Schaltung nach Bild 5.7 ist allgemein bekannt: Der Laststrom I_2 entlädt den Ladekondensator C, der in der positiven und in der negativen Netz-Halbperiode wieder aufgeladen wird, und zwar immer dann, wenn der Augenblickswert der Eingangsspannung u größer wird als die im Kondensator gespeicherte Spannung u_d.

Diese 3. Harmonische tritt besonders stark bei Verbrauchern auf, die ihre Spannung zwischen einem Außenleiter und dem Neutralleiter abgreifen.

Die Ströme der Außenleiter in unserem Netz bilden ein *Drehfeld,* dessen Drehzahl von der Netzfrequenz abhängt. In der (richtigen) Reihenfolge L1, L2, L3 sprechen wir von einem *Rechtsdrehfeld.*

Die Oberschwingungsströme der drei Außenleiter bilden ebenfalls Drehfelder. Allerdings drehen deren Drehfelder wegen der höheren Frequenz schneller, und es kann vorkommen, dass es dabei zu *Linksdrehfeldern*

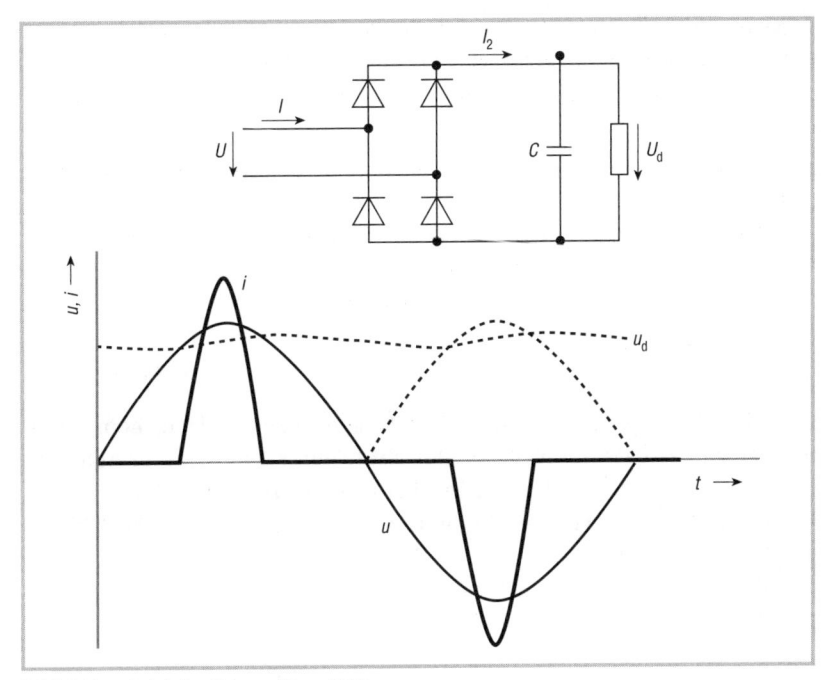

Bild 5.7 *Netzteil mit kapazitiver Glättung*
u Netzspannung; u_d Spannung am Verbraucher und zugleich Spannung am Kondensator

kommt – je nach Frequenz der Oberschwingung.

Die Grundschwingung hat dieselbe Frequenz wie die verzerrte Ausgangsschwingung. Somit liegt ein Rechtsdrehfeld vor. Bei einem Rechtsdrehfeld (egal ob von der Grundschwingung oder von Oberschwingungen erzeugt) spricht man von einem *Mitsystem*. Mitsysteme werden durch die 1., 4., 7. usw. Harmonische gebildet.

Wenn durch die jeweilige Oberschwingung zunächst ein Maximum von L1, dann ein Maximum von L3 und schließlich ein Maximum von L2 gebildet wird, liegt ein Linksdrehfeld vor. Man spricht dann von einem *Gegensystem*. Gegensysteme werden durch die 2., 5., 8. usw. Harmonische gebildet.

Die übrigen Oberschwingungen bilden kein Drehfeld, weil zufälligerweise die Oberschwingungsverläufe aller drei Außenleiter übereinstimmen – also phasengleich sind. Man spricht von einem *Nullsystem*. Nullsysteme werden durch die 3., 6., 9. usw. Harmonische gebildet.

Man könnte dies vereinfacht so formulieren: Die drei Systeme wechseln sich in folgender Reihenfolge ab (die Reihenfolge ist durch die Harmonischen gegeben: Grundschwingung → 2. Harmonische → 3. Harmonische...):

Mitsystem → Gegensystem → Nullsystem → Mitsystem → Gegensystem → Nullsystem usw.

Man kann also abzählen: Grundschwingung (1. Harmonische) = Mitsystem
2. Harmonische = Gegensystem
3. Harmonische = Nullsystem
usw.

→ **Achtung!**
Die Oberschwingungen, die **Mit-** oder **Gegensysteme** bilden, **heben sich im Sternpunkt bzw. im Neutralleiter auf** (wenn sie in den drei Außenleitern gleich groß und nicht gegeneinander phasenverschoben sind).
Die Oberschwingungen, die ein **Nullsystem** bilden, **addieren sich hingegen im Neutralleiter,** da sie in allen drei Außenleitern phasengleich auftreten (**Bild 5.8**). Die Oberschwingung, die hier besonders stark in den Vordergrund tritt, ist die **3. Harmonische**.

5.2.5 Blindleistung durch Oberschwingungen

Generell haben Oberschwingungsströme ähnliche Eigenschaften wie Blindströme. Sie erhöhen den Gesamtstrom und damit die Netzbelastung, ohne eine Erhöhung der effektiv am Verbraucher wirksamen Leistung zu bewirken.

Wie im Abschnitt 5.2.1.5 beschrieben, setzt sich die Scheinleistung S bei linearen Verbrauchern aus der Blindleistung Q, die durch die Phasenverschiebung zwischen Strom und Spannung entsteht, und der Wirkleistung P zusammen. Bei vorhandenen Oberschwingungen kommt jedoch noch der Anteil der Blindleistung Q_0, die durch die Oberschwingungsströme entsteht, hinzu:

$$S = \sqrt{P^2 + Q^2 + Q_0^2}.$$

Oberschwingungen verschlechtern also auf alle Fälle den Leistungsfaktor ($\cos\varphi$ bzw. λ – s. Abschnitt 5.2.1.6)!

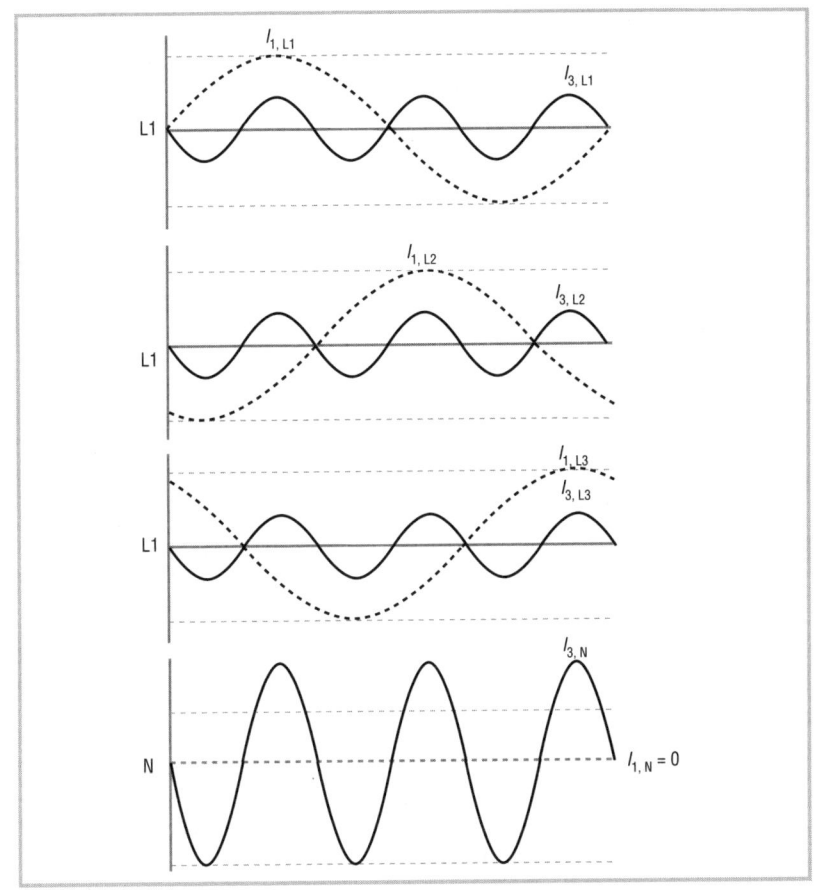

Bild 5.8 *Neutralleiterbelastung durch die 3. Harmonische*
Oben im Bild sind die Grundschwingungen (50 Hz) der drei Außenleiterströme zu sehen und jeweils die 3. Harmonische (150 Hz). Unten ist der Neutralleiterstrom dargestellt. Wie man sieht, heben sich die Grundschwingungen im Neutralleiter auf (addieren sich zu null), während die 3. Harmonische die dreifache Größe hat.

5.2.6 Neutralleiterüberlastung und Neutralleiterunterbrechung

Aus **Bild 5.8** und **Bild 5.9** wird deutlich, dass sich die Ströme der Oberschwingungen, die ein Nullsystem bilden, im Neutralleiter addieren.

Bei vielen Verbrauchern, die typischerweise eine 3. Harmonische erzeugen, liegt der Anteil der Oberschwingungen des Nullsystems in der Regel extrem hoch (**Bild 5.10**).

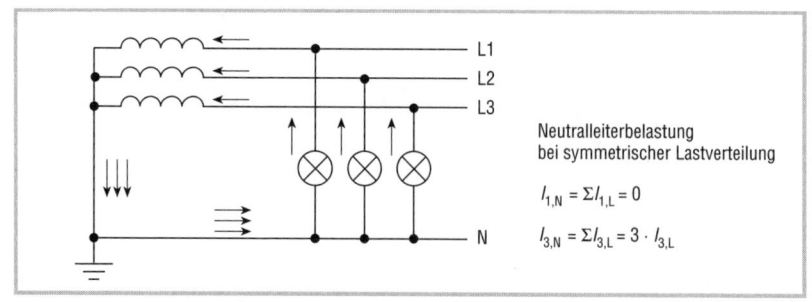

Bild 5.9 Neutralleiterbelastung durch Oberschwingungen

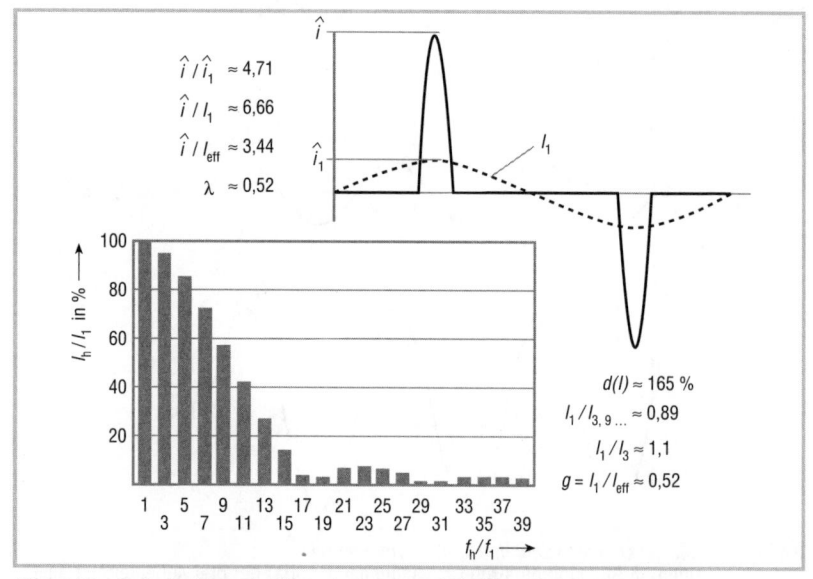

Bild 5.10 Typische Werte der Oberschwingungen bei elektronischen Netzgeräten mit kapazitiver Glättung

Die pulsförmige Stromaufnahme beim Nachladen des Speicherkondensators (s. Abschnitt 5.2.4 und Bild 5.7) weist einen überaus hohen Oberschwingungsgehalt auf. Im Beispiel aus Bild 5.10 beträgt d (THD-Wert) $\approx$ 165 %.

Dadurch ist der Effektivstrom solcher Geräte häufig doppelt so groß wie der aufgenommene Wirkstrom ($g \approx 0{,}5$). Allein aus dieser Tatsache ergibt sich bereits, dass Netze, in denen überwiegend elektrische Verbraucher mit dieser Eigenschaft betrieben werden, nur zu etwa 50 % mit nutzbarer Wirkleistung belastet werden können.

Die Ströme der 3. Harmonischen addieren sich also im Neutralleiter, auch wenn die Geräte gleichmäßig auf die drei Außenleiter verteilt sind. Dadurch ist der Neutralleiterstrom in typischen Verteilerstromkreisen u. U. mit bis zum 1,7-fachen des Außenleiterstromes (und mehr) belastet – eine Überlastung ist programmiert.

Im Folgenden wird mit den Daten aus Bild 5.10 eine Berechnung der Belastungsströme durchgeführt. Dieses Berechnungsbeispiel zeigt im Ergebnis, dass durch Ströme der 3. Harmonischen tatsächlich eine brandgefährliche Situation entstehen kann, obwohl die Strombelastung der Außenleiter durchaus noch keinen Anlass zur Sorge gibt.

Abgesehen davon ist der effektive Nutzen gegenüber der Belastung der Außenleiter gering, da der Gesamtstrom der Außenleiter I_{eff} gegenüber dem Grundschwingungsstrom I_1 viel zu hoch liegt; denn nur der Grundschwingungsstrom erzeugt die effektive Leistung.

Berechnungsbeispiel: Neutralleiterüberlastung

Netz	3 × 400/230 V, 50 Hz
Sicherungsabgang	125 A
Leitungsquerschnitt	3 × 50/25 mm² Cu
Auslastung	100 A – das sind etwa 80 % (ausschließlich Netzteile)

50-Hz-Strom (Wirkstrom):	**52 A**	(= 100 A · 0,52)
Oberschwingungsstrom:	**85,8 A**	(= 52 A · 1,65)
Davon $I_{3,9...}$:	**58,4 A**	(= 52 A/0,89)
Neutralleiterbelastung:	**175 A**	(= 3 · 58,4 A)
Neutralleiterbelastbarkeit (maximal):	**80 A**	(bei einem Querschnitt von 25 mm² Cu)
Übertemperatur bei I_N (mindestens):	**40 K**	(bei 30 °C Umgebungstemperatur sind das 70 °C Betriebstemperatur)
Übertemperatur (bei 175 A):	**191 K**	(= 40 K · (175/80)²)
Neutralleitertemperatur:	**221 °C**	(= 30 °C + 191 K)

Ergebnis: Brandgefahr!

Bei einer Neutralleiterüberlastung sind stets Anschluss- und Verbindungsstellen gefährdet. Leiterisolierungen und andere Isolierstoffe können sich entzünden. Zusätzlich besteht die Gefahr der *Neutralleiterunterbrechung*. Bei einer Neutralleiterunterbrechung stellt sich bei den angeschlossenen Verbrauchern in Abhängigkeit von der momentanen Lastverteilung eine Spannung ein, die im Extremfall annähernd 400 V (Leiter-Leiter-Spannung U_L) betragen kann (**Bild 5.11**).

Der Grund dafür ist, dass die Verbraucher hinter dem abgetrennten Neutralleiter zwischen den Außenleitern in Reihe geschaltet werden (Bild

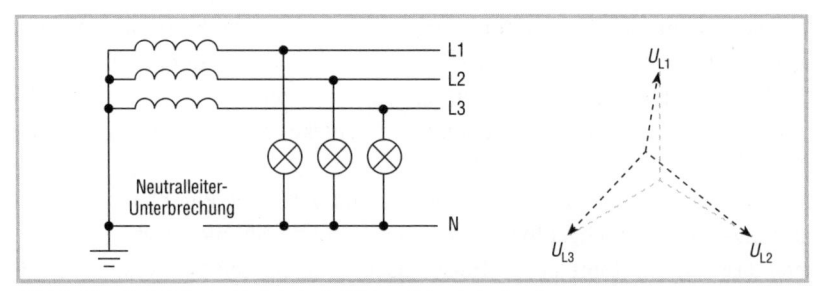

Bild 5.11 *Undefinierter Nullpunkt bei Neutralleiterunterbrechung*

5.11). Dadurch wird sich am Verbraucher mit der kleinsten Leistung die höchste Spannung einstellen. Das heißt, im gesamten Verteilungsnetz verschieben sich die Strangspannungen (die sonst üblicherweise 230 V betragen) und können im Extremfall zwischen annähernd 0 V und annähernd 400 V variieren. All dies kann zu einer Gerätezerstörung durch Über- oder Unterspannung führen. In dem Zusammenhang ist zu bemerken, dass Schützspulen auch bei Unterspannung durchbrennen können.

Beispiel:
Zwei Verbraucher werden an unterschiedlichen Außenleitern und dem Neutralleiter betrieben. Nach einer Neutralleiterunterbrechung liegen sie in Reihe zwischen den Außenleitern – also zusammen an 400 V. Dabei bekommt der Verbraucher mit dem höheren Widerstand (bzw. der Verbraucher mit der kleineren Leistung) nach dem 2. Kirchhoff'schen Satz stets die größte Spannung ab. Dadurch können konstante Überspannungen von bis zu 390 V entstehen, die den Verbraucher auf Dauer sicher zerstören.

5.2.7 Bemessung bzw. Auslegung des Stromversorgungssystems

Die Wirkleistung wird nur durch die Grundschwingung übertragen. Die Oberschwingungen bewirken lediglich eine Blindleistung – allerdings eine andere als die, die von der Phasenverschiebung zwischen Strom und Spannung bei (induktiven oder kapazitiven) Blindleistungsverbrauchern herrührt.

Für die Bemessung des Stromversorgungssystems ist unbedingt die Scheinleistung der angeschlossenen elektrischen Verbraucher zugrunde zu legen. Bei nichtlinearen Verbrauchern wird die Scheinleistung überwiegend durch den Oberschwingungsanteil bestimmt, d. h., die Scheinleistung liegt bei nichtlinearen Verbrauchern deutlich über der Wirkleistung.

5.2 Störgrößen und ihre Auswirkungen

Grundsätzlich gilt folgende Faustformel:

→ Erreicht die Gesamtleistung der nichtlinearen elektrischen Verbraucher 20 % (Angabe in W) oder 40 % (Angabe in VA) der Bemessungsleistung des Stromversorgungssystems, so sind bereits Schutzmaßnahmen notwendig (s. Abschnitt 5.4).

Bei der Auslegung bzw. Berechnung der Betriebsmittel innerhalb der elektrischen Anlage ist folgender Grundsatz zu beachten:

→ Im Zweifelsfall ist bei nichtlinearen Verbrauchern nach VdS 2349 deren doppelte Wirkleistung anzunehmen.

Einzelheiten zur Bemessung von Betriebsmitteln in elektrischen Anlagen, in denen Oberschwingungen erwartet werden, für die keine Filtermaßnahmen vorgesehen sind, werden im Abschnitt 5.4.4 beschrieben.

5.2.8 Spannungseinbrüche bei gesteuerten Stromrichtern (Kommutierungsprobleme)

Insbesondere in Industrienetzen, in denen häufig gesteuerte Gleichrichter eingesetzt werden, tritt folgendes Problem auf: Aufgrund der Kommutierung (Ventilumschaltung) kommt es zu kurzen Spannungseinbrüchen in der Netzspannung. Anhand der folgenden Bilder soll erläutert werden, wie diese Störungen entstehen.

Dem **Bild 5.12** liegt ein Steuerwinkel der Thyristoren von $\alpha = 30°$ zugrunde. Es wird zunächst von einem Stromfluss über V5 und V6 ausgegangen. Die Ausgangsspannung der Schaltung wird dann durch die Spannungsdifferenz der Augenblickswerte u_{L3} und u_{L2} gebildet. Zum Zeitpunkt t_1

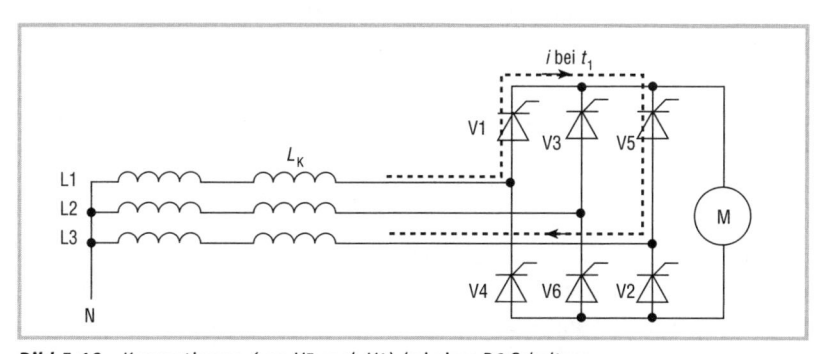

Bild 5.12 *Kommutierung (von V5 nach V1) bei einer B6-Schaltung*

übernimmt der Thyristor V1 den Strom. Da vorher der Thyristor V5 leitend war, sind in seinem Halbleiterkristall noch so viele Ladungsträger gespeichert (sogenannter Trägerstau-Effekt, TSE), dass ein Strom, von u_{L1} getrieben, über V1 rückwärts durch den Thyristor V5 fließt. Es kommt (bedingt durch den noch leitenden Halbleiter) zu einem niederohmigen Pfad zwischen L1 und L3 (ähnlich einem Kurzschluss).

Die Dauer dieses Zustandes ist extrem kurz; sie beträgt nur einige 100 µs. Trotzdem macht sich dieser impulsartige Kurzschluss bemerkbar. Während seiner kurzen Dauer bricht nämlich die Netzspannung etwas zusammen (je nachdem wie hoch der Kurzschlussstrom ausfällt und welchen Wert der vorhandene Netzinnenwiderstand aufweist) – man spricht in diesem Zusammenhang von *Kommutierungseinbrüchen* (**Bild 5.13**).

Kommutierungsvorgänge verzerren somit die Spannung und verursachen dadurch Oberschwingungen. Kommutierungseinbrüche mit hoher Flankensteilheit sind eine Hauptursache für Störungen in elektronischen Schaltungen. Sollten also Funktionsstörungen in einer elektronischen Schaltung auftreten, so sollte man zuerst nach Kommutierungseinbrüchen schauen. Man erkennt diese am besten mit einem Oszilloskop.

Die einzige mögliche Gegenmaßnahme ist der Einbau ausreichend großer *Kommutierungsdrosseln*. Für Drosseln mit Induktivitäten L_K, die lediglich den dreifachen Wert der Netzinduktivität L_N aufweisen ($L_K = 3 \cdot L_N$), ist bereits eine deutliche Verringerung der Rückwirkung auf das Netz gegeben.

5.3 Kopplungsarten

Oberschwingungsströme bereiten Probleme, dies wurde bereits im Abschnitt 5.1 erläutert. Sie belasten eine Vielzahl von elektrischen Betriebsmitteln, verzerren die Netzspannung, verursachen Resonanzerscheinungen usw. In diesem Abschnitt werden die Störgrößen und ihre Kopplungswege näher beschrieben.

Grundlegend kann man folgende Fälle unterscheiden:
- Die Kopplung bei Oberschwingungen findet **leitungsgebunden** statt (Bilder 5.14 und 5.17), wenn die Oberschwingungsströme sich durch die Verzerrung der Netzspannung in der gesamten Anlage auswirken oder wenn sie mit anderen Betriebsmitteln Schwingkreise bilden und auf diese Weise stören bzw. Gefahren herbeiführen.

5.3 Kopplungsarten

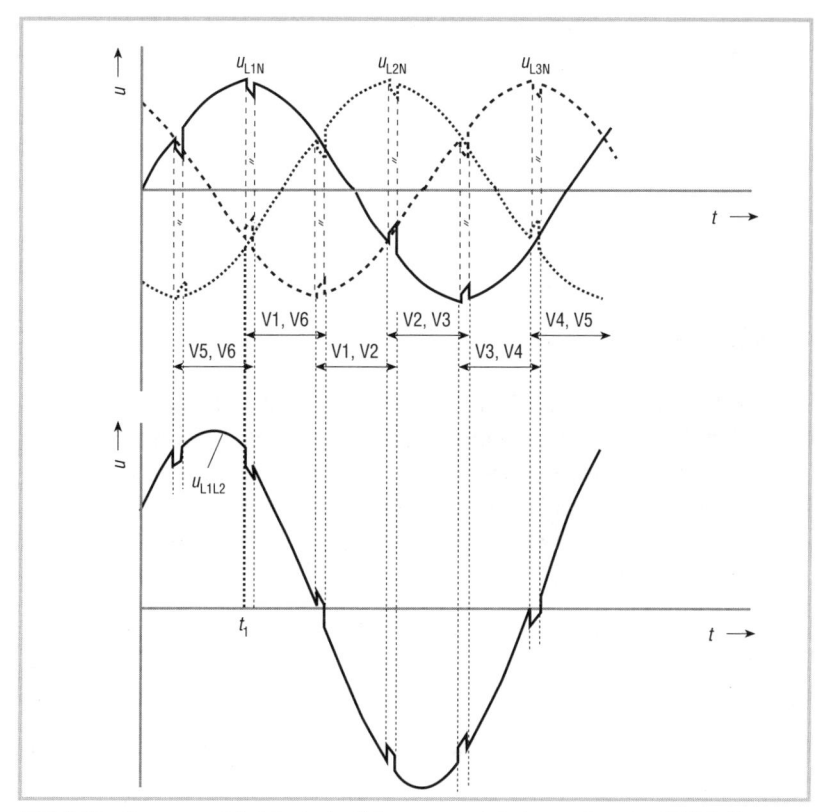

Bild 5.13 *Spannungseinbrüche in der Netzspannung bei einer gesteuerten B6-Schaltung*

- Die Oberschwingungen wirken über das entstehende **magnetische Feld**. Elektrische Ströme rufen magnetische Felder hervor, die als Störquellen wirken können. Je höher die Frequenz der Ströme ist, umso stärker sind die entsprechenden magnetischen Störfelder. In elektrischen Anlagen mit PEN-Leiter wirken sich diese Störungen natürlich besonders stark aus.

5.3.1 Leitungsgebundene Kopplung

Man kann sich jeden nichtlinearen Verbraucher als einen Oberschwingungserzeuger, also als eine Spannungsquelle für Oberschwingungen, vorstellen. Dies wird in **Bild 5.14** verdeutlicht. Aus dem Bild wird außerdem ersichtlich, dass der Oberschwingungserzeuger (z. B. Frequenzumrichter)

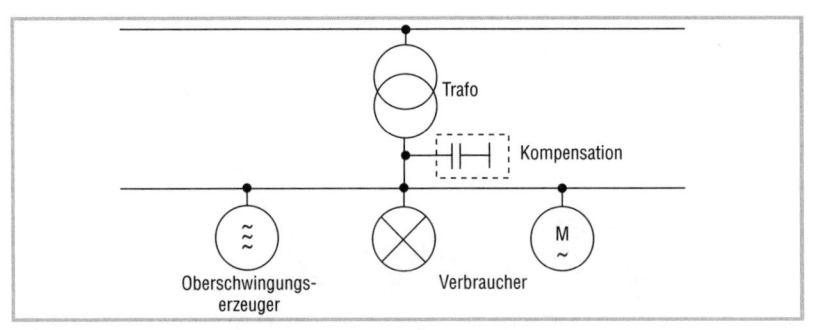

Bild 5.14 *Netz mit Oberschwingungserzeuger*

mit den Induktivitäten des Transformators, des Netzes und der Verbraucher sowie den Kapazitäten der Kompensationsanlage einen Schwingkreis bilden kann. Je nach Einspeisung des Oberschwingungserzeugers kann es zu einem Reihen- oder einem Parallelschwingkreis kommen.

Generell gilt für die *Resonanzfrequenz eines Schwingkreises*, dass der **induktive Blindwiderstand**

$X_L = \omega \cdot L$ gleich dem *kapazitiven Blindwiderstand* $X_C = \dfrac{1}{\omega \cdot C}$ ist:

$$\omega \cdot L = \frac{1}{\omega \cdot C}.$$

Daraus ergibt sich die Formel für die Resonanzfrequenz (Thomson'sche Schwingungsformel)

$$f_r = \frac{1}{2 \cdot \pi \cdot \sqrt{L \cdot C}};$$

f_r Resonanzfrequenz in Hz,
L wirksame Induktivität in H,
C wirksame Kapazität in F,
$\omega = 2 \cdot \pi \cdot f$.

Bei einem *Reihenschwingkreis* bilden Induktivität und Kapazität eine Reihenschaltung. Wird der Reihenschwingkreis mit der Resonanzfrequenz betrieben, so stellt sich für die Impedanz Z der niedrigste Widerstand ein, da sich hier der induktive Widerstand und der kapazitive Widerstand gegenseitig aufheben, d.h., abgesehen von noch vorhandenen ohmschen Anteilen, herrscht annähernd ein Kurzschluss.

Bei Frequenzen oberhalb der Resonanzfrequenz überwiegt der induktive Widerstand, d.h., der Schwingkreis wirkt induktiv. Bei Frequenzen unterhalb der Resonanzfrequenz wirkt der Schwingkreis kapazitiv (**Bild 5.15**).

Bei einem *Parallelschwingkreis* bilden Induktivität und Kapazität eine Parallelschaltung. Daraus resultiert, dass der Parallelschwingkreis bei der Resonanzfrequenz seinen höchsten Widerstand hat, da sich rechnerisch die Leitfähigkeiten von Kondensator und Induktivität aufheben. Die Leitfähigkeit ist der Kehrwert des Widerstandes, und eine Leitfähigkeit von null bedeutet mathematisch einen unendlich hohen Widerstand. Der Strom, der von außen zum Parallelschwingkreis fließt (also nicht der Strom im Parallelschwingkreis selbst), erreicht von daher ein Minimum, weil er hier lediglich den Weg über ohmsche Anteile findet (**Bild 5.16**).

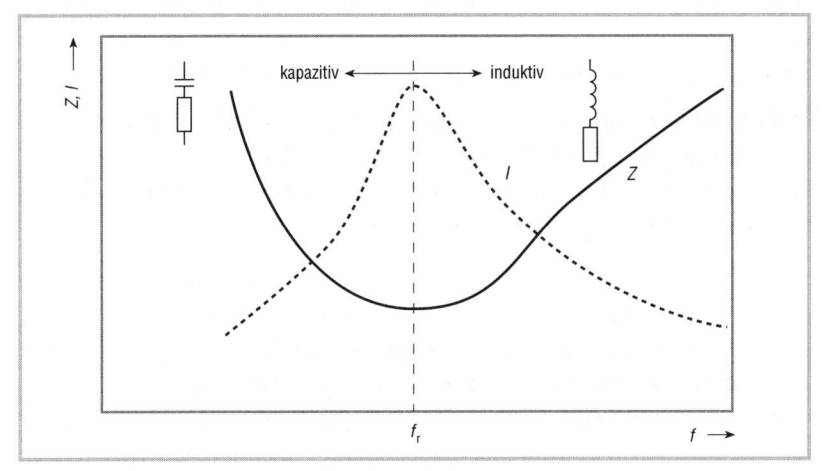

Bild 5.15   *Resonanzkurve eines Reihenschwingkreises*

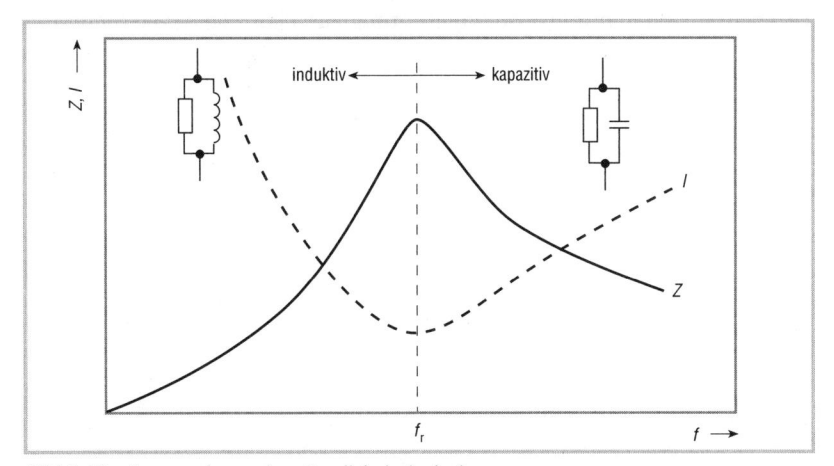

Bild 5.16   *Resonanzkurve eines Parallelschwingkreises*

Bei Frequenzen unterhalb der Resonanzfrequenz wirkt der Parallelschwingkreis induktiv und oberhalb der Resonanzfrequenz kapazitiv.

Sind die kapazitiven und induktiven Anteile im Netz allein auf die anstehende Netzfrequenz ausgelegt, so kann davon ausgegangen werden, dass bei korrekter Planung und Errichtung keine gefährlichen Zustände eintreten. Oberschwingungsströme haben jedoch eine höhere Frequenz. Es kann der Fall eintreten, dass sich die erwähnten kapazitiven und induktiven Anteile in der elektrischen Anlage für eine Oberschwingungsfrequenz im Resonanzzustand befinden. Dies kann dazu führen, dass es zu Strom- oder Spannungserhöhungen kommt, die die Verluste erhöhen und Anlagenteile gefährlich belasten.

Besonders für Kompensationsanlagen kann formuliert werden:

→ In Kompensationsanlagen bilden die Kondensatoren niederohmige Kreise für Oberschwingungsströme [$X_C = 1/(\omega \cdot C)$]. Das kann zu zusätzlicher Erwärmung und sogar zur Zerstörung der Kondensatoren führen. Abhilfe schaffen verdrosselte Kompensationsanlagen.

Oberschwingungsströme verbreiten sich in der gesamten elektrischen Anlage, indem sie an den vorgeschalteten Impedanzen (der Netzimpedanz bzw. dem Netzinnenwiderstand und den Impedanzen der Zuleitungen bis zu den Verteilungen usw.) einen Spannungsfall bewirken (**Bild 5.17**).

Betrachtet man beispielsweise den impulsförmigen Strom in den elektronischen Netzteilen, so wird dieser Impulsstrom, den das Netz liefert, auch an der Netzimpedanz einen entsprechenden Spannungsfall bewirken. Dieser Spannungsfall wird ebenso impulsförmig ausfallen und so die Sinusform der Spannung verzerren.

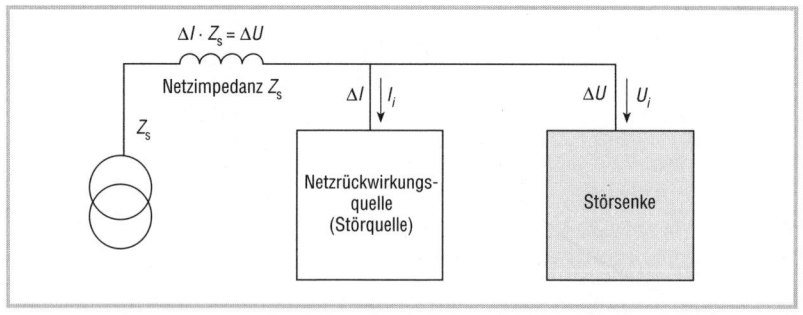

Bild 5.17 *Ein nichtlinearer Verbraucher (Netzrückwirkungsquelle) bewirkt einen Spannungsfall an der Netzimpedanz und dadurch einen Spannungsfall ΔU der Netzspannung, die sich an einem anderen Verbraucher (Senke) auswirkt.*

→ Die Folge: Die Netzspannung ist nun ebenso oberschwingungsbelastet, und diese Oberschwingungen wirken sich weiter im gesamten Verbrauchernetz aus (Bild 5.17).

5.3.2 Kopplung über das magnetische Feld

Eine weitere Störwirkung sind durch die von den Oberschwingungsströmen verursachten magnetischen Felder zu erwarten. Fließen z. B. Oberschwingungsströme über den PEN-Leiter zurück zum Netztransformator, so entwickeln der PEN-Leiter, die PEN-Schiene im Verteiler und das mit dem PEN verbundene Potentialausgleichssystem entsprechende magnetische Störfelder. Wegen der höheren Frequenzen dieser Oberschwingungsströme wirken diese magnetischen Felder noch störender, als dies bei netzfrequenten Strömen der Fall ist.

5.4 Maßnahmen gegen die Auswirkungen von Oberschwingungen

5.4.1 Errichten des Stromversorgungssystems

Bei Stromversorgungssystemen mit PEN-Leiter fließen im gesamten Erdungs- und Potentialausgleichssystem betriebsbedingt Ströme, die Schäden oder Störungen verursachen können. Besonders, wenn eine Belastung des PEN-Leiters durch Oberschwingungen zu erwarten ist, muss auf ein **TN-S-System** (5-Leiter-System) umgestellt werden.

Neu zu errichtende elektrische Anlagen sind nach VDE 0110-444 als TN-S-System zu planen – möglichst ab dem einspeisenden Transformator, mindestens jedoch ab der Einspeisestelle. Im Übrigen sind die Maßnahmen zur Erdungsanbindung der Anlage, zum Potentialausgleich bzw. zur Massung, zur Kabelführung bzw. zu den Kabeltrassen usw. anzuwenden, die in den Kapiteln 2 bis 4 beschrieben sind.

Für besonders leistungsstarke Verbraucher, die Oberschwingungen erzeugen, ist der Speisepunkt (Anschlusspunkt) möglichst in der Nähe der Netzeinspeisung in das Gebäude vorzusehen. Je weiter dieser Speisepunkt ins Gebäude hinein verlegt wird, umso größer fällt der Netzinnenwiderstand für diesen Verbraucher aus und damit wird die Auswirkung der durch ihn verursachten Oberschwingungen um so gravierender.

5.4.2 Auswahl von störungsarmen Betriebsmitteln

Besteht die Möglichkeit der Wahl, so muss auf solche oberschwingungserzeugende Verbraucher zurückgegriffen werden, deren Oberschwingungsanteil möglichst klein bleibt. Frequenzumrichter mit kleiner Leistung sollten möglichst mit Drehstrom-Brückenschaltungen (B6-Schaltungen) ausgerüstet werden.

Sofern eine Beeinträchtigung durch oberschwingungserzeugende Verbraucher unvermeidbar ist, sind Maßnahmen nach den Abschnitten 5.4.3 bis 5.4.6 zu ergreifen.

5.4.3 Netzentlastung durch Filter

Oberschwingungsströme können durch Filter (Netzentlastungseinrichtungen) reduziert werden. Dafür stehen *aktive* und *passive Filter* zur Verfügung. Im Folgenden geht es in erster Linie um Filter, die die Auswirkungen der 3. Harmonischen reduzieren. Im Abschnitt 5.4.6 werden dann kurz aktive Netzfilter beschrieben, die auch bei den übrigen Oberschwingungen geeignet sind.

Die Bemessungsleistung der Filter zur Reduzierung der Ströme der 3. Harmonischen (**Bild 5.18**) muss mindestens so groß gewählt werden wie die Leistung aller Verbraucher des Stromversorgungssystems. In der Regel wird der Betriebsstrom der Außenleiter bei der Auswahl zugrunde gelegt.

Die Netzentlastungseinrichtungen können, wie Bild 5.18 zeigt, in den Sternpunkt des Transformators oder in den Neutralleiter geschaltet werden.

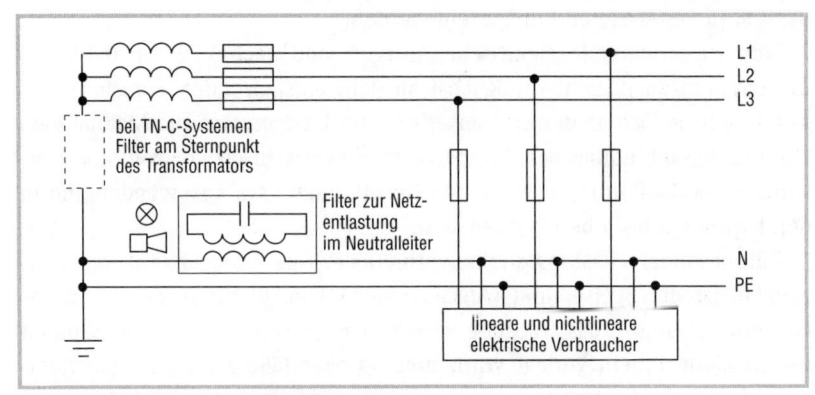

Bild 5.18 *Einrichtungen zur Netzentlastung von Oberschwingungen (hier vornehmlich der 3. Harmonischen)*

5.4 Maßnahmen gegen die Auswirkungen von Oberschwingungen

Werden sie in den Neutralleiter eingebaut, so sind die beteiligten Stromkreise zusätzlich durch eine **Fehlerstrom-Schutzeinrichtung (RCD)** zu schützen, um zu verhindern, dass es zu unzulässigen Brücken zwischen dem Neutral- und dem Schutzleiter (PE) kommt. Im letztgenannten Fall würden nämlich die Oberschwingungsströme nicht über den für sie gesperrten Neutralleiter abfließen, sondern **über den Schutzleiter (PE)**.

Wenn die Netzentlastung im Transformatorsternpunkt errichtet wird, muss der dadurch **erhöhte Schleifenwiderstand** des Netzes beachtet werden. Der Schleifenwiderstand muss immer noch so niedrig sein, dass nach DIN VDE 0100-410 die nötigen Abschaltzeiten der Überstrom-Schutzeinrichtungen bei Körperschluss erreicht werden.

Es sind Netzfilter mit optischer und akustischer Meldeeinrichtung auszuwählen, um damit eine Weiterleitung der Meldung zu ermöglichen.

Die Filter sollten möglichst auch die anderen Oberschwingungen, insbesondere die 5. und 7. Harmonische, aufheben. Andernfalls sind zum Schutz der Anlage weitere geeignete Einrichtungen vorzusehen, z. B. stromsaugende Entlastungseinrichtungen (wie passive Filterstufen für die 5. und 7. harmonische Oberschwingung) oder Aktivfilter (s. Abschnitt 5.4.6). Sie sind unmittelbar vor den oberschwingungserzeugenden elektrischen Verbrauchern anzuordnen und für die Bemessungsleistung auszulegen. Die Überlastung oder der Ausfall der Netzentlastungseinrichtung muss optisch und akustisch gemeldet werden.

Eine andere Möglichkeit der Filterung besteht darin, in Reihe zu jedem oder zu einer Gruppe von oberschwingungserzeugenden Geräten ein *Reihenresonanzfilter* zu installieren. Ein solches Filter müsste für die 50-Hz-Grundschwingung niederohmig und für höhere Frequenzen, also auch für andere Oberschwingungen, hochohmig sein.[*] In den EVGs namhafter Hersteller geschieht dies bereits bei einer Leistung ab 25 W bzw. 36 W.

Besonders bei Paralleleinspeisungen (zwei Transformatoren bzw. Transformator und Notstromgenerator) hat man in der Vergangenheit häufig auf einfache Maßnahmen gegen die 3. Harmonische zurückgegriffen. So wurde im Sternpunkt der Transformatoren eine sog. *150-Hz-Drossel* installiert, die für diese Frequenz eine besonders hohe Impedanz bildet. Natürlich entstehen hier Verluste, und eine solche Drossel ist nicht so effektiv wie das zuvor beschriebene Filter, kann aber in vielen Fällen für ausreichende Sicherheit sorgen.

---

[*] de (1999) H. 19, S. 201g

5.4.4 Maßnahmen ohne Netzentlastung

Können die Maßnahmen gemäß Abschnitt 5.4.3 nicht realisiert werden, so ist auf andere Art und Weise dafür zu sorgen, dass sich die Oberschwingungen nicht schädigend auswirken (s. hierzu VdS 2349 und DIN VDE 0298-4). Dies ist nach VDE 0100-430, Abschnitt 431.2.3, auch ausdrücklich gefordert. Es gibt folgende Möglichkeiten:

- Ein **PEN-Leiter ist stets zu vermeiden** (TN-S-System).
- **Neutralleiter sind zu überwachen**, z. B. durch Leistungsschalter (siehe **Bild 5.19**). Dabei muss der Neutralleiter nicht notwendigerweise geschaltet werden. Es reicht, die zugehörigen Außenleiter zu schalten, wenn im Neutralleiter ein zu hoher Strom festgestellt wird.

  Es ist auch möglich, den Neutralleiterstrom durch Stromwandler zu überwachen, während das Schaltschloss nur auf die Außenleiter wirkt.

- Es ist sinnvoll, mit einer **Meldeeinrichtung** anzuzeigen, dass die Anlage wegen Überlastung des Neutralleiters abgeschaltet wurde.
- Bei der Auslegung der Spannungsquellen, wie Transformatoren, ist die **zweifache Wirkleistung** der nichtlinearen elektrischen Verbraucher zugrunde zu legen. Darüber hinaus müssen bei der Dimensionierung auch die höheren Verluste beachtet werden, die durch andere Oberschwingungen als die 3. Harmonische verursacht werden.
- Auf eine Reduzierung des Neutralleiterquerschnitts muss muss nach VDE 0298-4, Abschnitt 4.2.3, verzichtet werden.

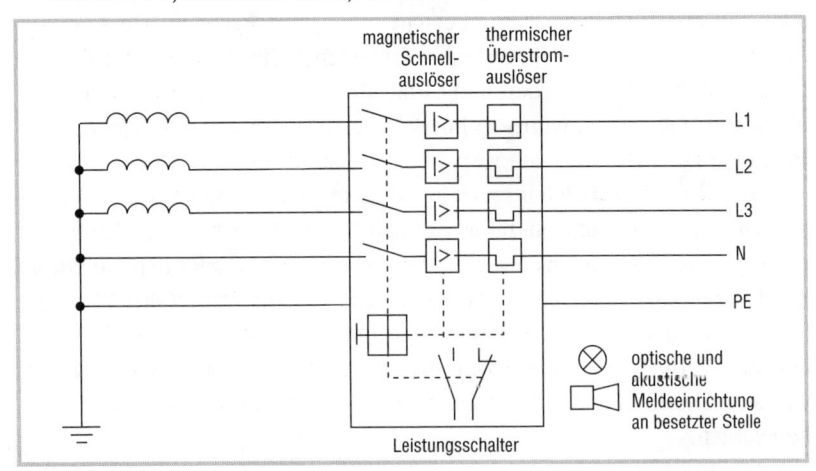

Bild 5.19 *Außenleiter- und Neutralleiterschutz durch Leistungsschalter und Signalisierung an besetzter Stelle*

- Bei der Bemessung der Leitungsquerschnitte ist die **zweifache Wirkleistung** der angeschlossenen nichtlinearen elektrischen Verbraucher zu berücksichtigen. PEN- bzw. Neutralleiter sind mindestens für die Summe der Ströme der 3. Harmonischen in allen Außenleitern zu dimensionieren. Wenn also zu erwarten ist, dass wegen hoher Oberschwingungsströme die Neutralleiterbelastung höher liegt als die Außenleiterbelastung, so muss der Querschnitt des Kabels bzw. der Leitung nach der Belastung des Neutralleiters ausgelegt werden (s. auch Abschnitt 4.2.2.4). Wird der PEN- bzw. Neutralleiter für den doppelten, vorstehend ermittelten Außenleiterquerschnitt dimensioniert, so ist üblicherweise nicht mit einer Überlastung zu rechnen.
  Bei einem hohen Anteil an Oberschwingungsströmen des Nullsystems kann der PEN- bzw. Neutralleiter höher belastet sein als die Außenleiter. Deshalb kommt es bei richtiger Auslegung dazu, dass für den benötigten Betriebsstrom viel zu große Kabel- bzw. Leitungsquerschnitte gewählt werden müssen. Aus diesem Grund lohnt sich letztlich bei hoher Oberschwingungsbelastung der Einsatz eines **Netzfilters**.
- **Kompensationskondensatoren sind zu verdrosseln** (s. Abschnitt 5.4.5), um schädliche Netzresonanzen zu vermeiden. Dabei ist das Tonfrequenz-Rundsteuersignal (TF) zu beachten.
- Die Auslastbarkeit von **USV-Anlagen** kann ggf. durch einen zu hohen Scheitelfaktor begrenzt werden. Bei ihrer Auslegung sind deshalb die nichtlinearen Verbraucher mit der **dreifachen Wirkleistung** zu berücksichtigen, es sei denn, der Hersteller der USV-Anlage bestätigt ausdrücklich einen sicheren Betrieb auch bei vorhandenen Oberschwingungsbelastungen.

5.4.5 Verdrosselte Kompensationsanlagen

Jedes Netz verhält sich in Bezug auf Oberschwingungen wie ein Schwingkreis und weist möglicherweise eine oder mehrere Resonanzstellen auf (s. Abschnitt 5.3).

Fällt die Resonanzfrequenz mit einer vorkommenden Oberschwingung zusammen, so sind Resonanzerscheinungen, wie sie im Abschnitt 5.3.1 beschrieben wurden, zu erwarten. Die Problematik wird noch dadurch erschwert, dass sich die Netzparameter ständig ändern. Aus diesem Grunde können mögliche Resonanzstellen nie hundertprozentig ausgeschlossen werden.

Um Resonanzerscheinungen zu vermeiden, müssen verdrosselte Kompensationsanlagen eingesetzt werden. Bei ihnen wird zu jeder Kondensatorstufe eine Drossel in Reihe geschaltet, so dass ein *Reihenschwingkreis* entsteht. Dessen Resonanzfrequenz muss unterhalb der niedrigsten vorkommenden Oberschwingung liegen. Unterhalb der Resonanzfrequenz wirkt der Reihenschwingkreis kapazitiv und dient zur Kompensation der linearen Blindleistung, oberhalb der Resonanzfrequenz wirkt er induktiv und bildet somit einen hohen Widerstand für vorhandene Oberschwingungen durch nichtlineare Verbraucher.

Hinzu kommt die Tatsache, dass Kondensatoren für höhere Frequenzen stets eine geringere Impedanz aufweisen als für niedrigere Frequenzen. Fallen Oberschwingungsströme an, so bilden die Kompensationskondensatoren für sie den „Weg des geringsten Widerstands". Damit steigt die Verlustleistung und somit die thermische Belastung der Kondensatoren. Dies kann dann zu Ausfall oder Zerstörung des Kondensators führen.

Bei der Planung ist es natürlich nicht möglich, eine exakte Oberschwingungsermittlung durchzuführen. Es sind aber meistens die zum Einsatz kommenden Verbraucher bekannt. Nach empirischen Untersuchungen gilt Folgendes: Eine verdrosselte Kompensationsanlage sollte eingesetzt werden, wenn der Anteil der Leistungen aller Verbraucher, die Oberschwingungen erzeugen, an der gesamten Wirkleistung der Anlage **15 %** überschreitet.

Beispiel:
Die gesamte Verbraucherleistung einer Anlage beträgt 180 kW. Es ist davon auszugehen, dass etwa 30 kW davon als nichtlineare Last anfallen. Diese 30 kW entsprechen 16,7 % der gesamten Verbraucherleistung. Es sollte also eine verdrosselte Kompensationsanlage eingesetzt werden.

Ein weiterer Hinweis dafür, dass es sinnvoll ist, eine Anlage zu verdrosseln, ist ein Anteil der Oberschwingungsspannung von 2 % bei der 5. Harmonischen (250 Hz) oder bei einem **Oberschwingungsgehalt (Klirrfaktor)** von 3 % (s. Abschnitt 5.2.1.5).

Zur Bestimmung der genauen Werte ist eine *Netzanalyse* notwendig. Sie ist mit relativ komplizierten Messungen und Berechnungen verbunden und sollte nur von Fachleuten mit entsprechender Erfahrung (z. B. einem VdS-anerkannten EMV-Sachkundigen) durchgeführt werden.

5.4.6 Aktive Netzfilter

Aktive Netzfilter (**Bild 5.20**) bestehen aus gesteuerten Netzstromrichtern in IGBT-Technologie (Insulated Gate Bipolar Transistor).

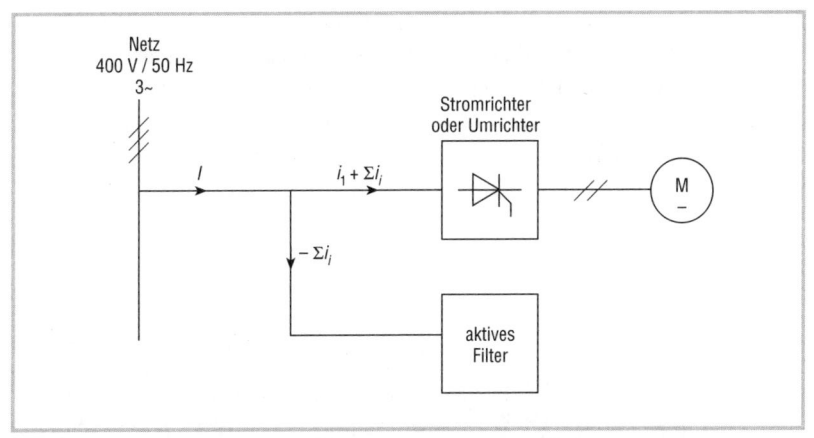

5.4 Maßnahmen gegen die Auswirkungen von Oberschwingungen

Bild 5.20 *Stromrichterantrieb mit aktiver Kompensationseinrichtung*

Sie werden am Netzanschlusspunkt parallel zu den Einrichtungen bzw. zu den Verbrauchern, die Oberschwingungen erzeugen, geschaltet. Die oberschwingungserzeugende Einrichtung nimmt am Anschlusspunkt folgenden Strom auf (Bild 5.20):

$$i = i_1 + \Sigma i_i;$$

i Gesamtstrom
(Summe aus Grundschwingungsstrom und Oberschwingungsströmen),
i_1 Grundschwingungsstrom,
i_i Oberschwingungsstrom der i-ten Oberschwingung.

Das aktive Filter nimmt einen Strom auf, der der *invertierten Summe* der von der oberschwingungserzeugenden Einrichtung aufgenommenen Strom-Oberschwingung entspricht:

$$-\Sigma i_i.$$

Das bedeutet, dass die Oberschwingungsströme vom aktiven Filter „geliefert" werden und somit für das einspeisende Netz gar nicht anfallen (Bild 5.20).

Im **Bild 5.21** ist der Strom eines oberschwingungserzeugenden Verbrauchers ohne Filterung dargestellt. Die Wirkung eines aktiven Filters zeigt dann im Vergleich dazu **Bild 5.22**.

Zu den Eigenschaften eines aktiven Netzleistungsfilters zählen:
- Netzentlastung
- Kompensation aller Stromoberschwingungen bis zur 50. Harmonischen,
- optional aktive Kompensation der Grundschwingungsblindleistung,
- hohe Dynamik,

- keine Beeinflussung von Rundsteueranlagen,
- Kombinierbarkeit mit konventionellen Kompensationsanlagen,
- Unabhängigkeit der Filtercharakteristik von der Netzimpedanz.

In Bezug auf die 3. Harmonische (und die übrigen Oberschwingungen des Nullsystems) ist jedoch zu beachten, dass nur die Filter mit Neutralleiteranbindung die Anlage wirklich entlasten (**Bild 5.23**).

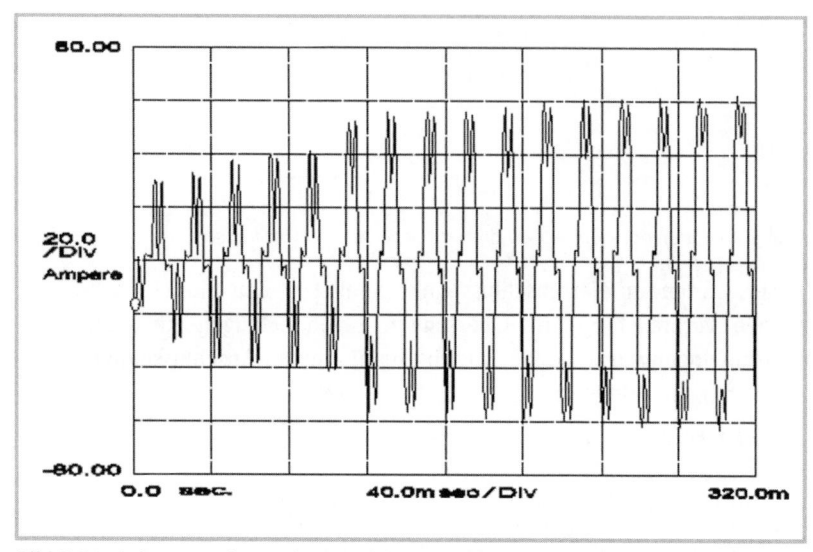

Bild 5.21 Leiterstrom eines Aufzugsantriebes ohne Filter

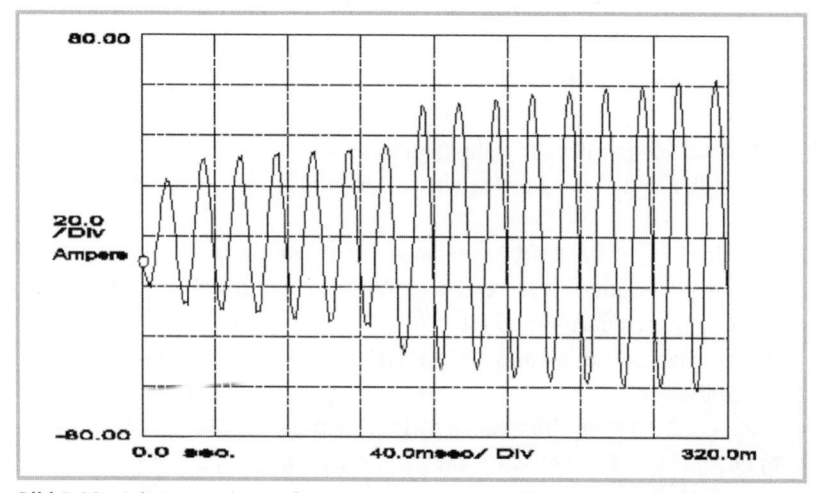

Bild 5.22 Leiterstrom eines Aufzugsantriebes mit aktiver Filterung

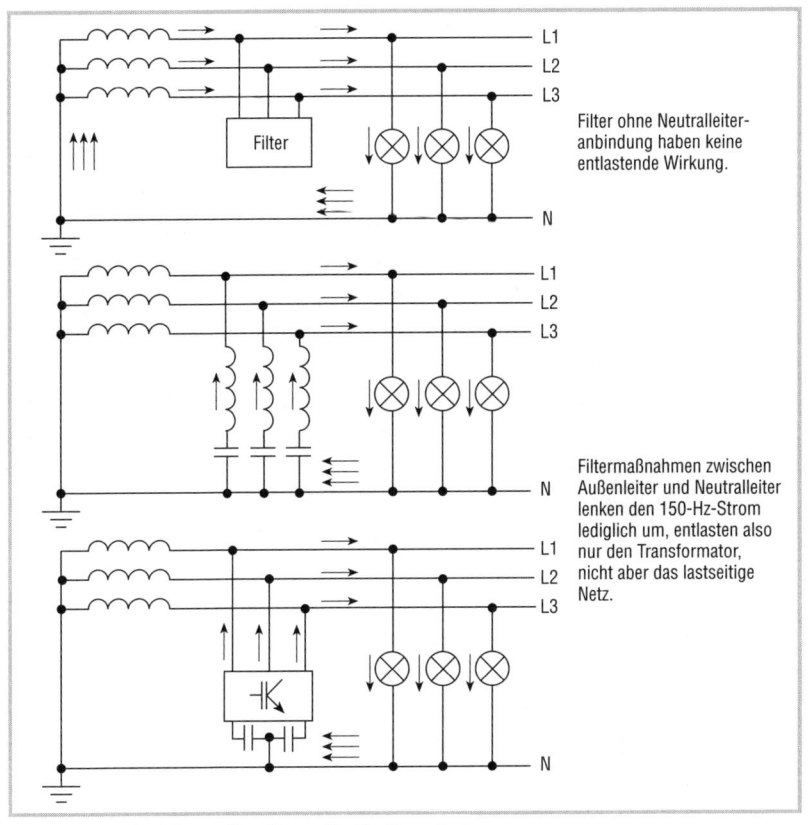

Bild 5.23 *Beispiele von Netzfiltern für die Oberschwingungen*
Die Vermeidung des Einflusses der 3. Harmonischen ist nur durch Neutralleiteranbindung möglich.

5.5 Besonderheiten bei Frequenzumrichtern

Überall dort, wo elektrische Antriebe in der Drehzahl gesteuert oder geregelt werden müssen, sind heute Frequenzumrichter im Einsatz. Für diese Antriebe nutzt man gern den robusten, zuverlässigen und langlebigen *Drehstrom-Asynchronmotor*. Da sich seine Drehzahl beinah nur über die Frequenz der einspeisenden elektrischen Energie verändern lässt, ist ein Frequenzumrichter erforderlich. In diesem Abschnitt werden grundsätzliche Anforderungen an die Planung und Errichtung von Antrieben mit Frequenzumrichter beschrieben (s. auch VdS 3501).

5.5.1 Funktionsprinzip von Frequenzumrichtern

Frequenzumrichter sind Leistungselektronikgeräte, die hauptsächlich zur Drehzahlverstellung von Einphasen- und Drehstrommotoren eingesetzt werden. Ihr Grundprinzip besteht in Folgendem: Zunächst erfolgt die Gleichrichtung der Netzspannung mit einer B2-Gleichrichterbrücke bei Wechselspannung und einer B6-Gleichrichterbrücke bei Drehstromversorgung. Anschließend wird diese Ausgangsgleichspannung im sog. *Gleichstromzwischenkreis* mit Kondensatoren geglättet. Ein nachgeschalteter *Wechselrichter* (**Bild 5.24**) versorgt dann den angeschlossenen Verbraucher (z. B. den Drehstrom-Asynchronmotor) mit Wechselstrom in der jeweils benötigten Frequenz (je nach gewünschter Drehzahl). Die Umrichter können mit unterschiedlichen Bauelementen, Komponenten oder Verfahren arbeiten, das Grundprinzip ist aber stets das gleiche.

Zur Glättung werden im Gleichstromzwischenkreis Kondensatoren benötigt, die nicht nur die Spannungswelligkeit reduzieren, sondern auch die Versorgung bei kurzen Netzunterbrechungen aufrechterhalten. Die Spannung an den Kondensatoren ist meist ungeregelt und hängt vom Scheitelwert der Eingangswechselspannung ab.

Am Ausgang des Frequenzumrichters (also auf der Seite des frequenzgesteuerten Antriebes) wird in der Regel mit einer *Impulsdauermodulation* (auch *Pulsweitenmodulation,* PWM genannt) der Ausgangsspannung ein sinusförmiger Wechselstrom erzeugt (**Bild 5.25**).

Diese gepulste Ausgangsspannung wird auf folgende Weise hervorgerufen: Die Ausgangstransistoren des Wechselrichters (Bipolartransistoren mit isoliertem Gate; IGBTs) werden mit einer festen Frequenz (sie wird *Takt-*,

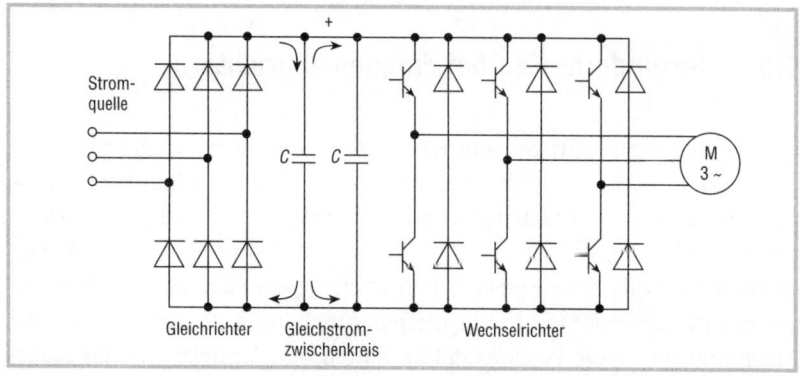

Bild 5.24 *Prinzipdarstellung eines Frequenzumrichters für einen dreiphasigen Antrieb*

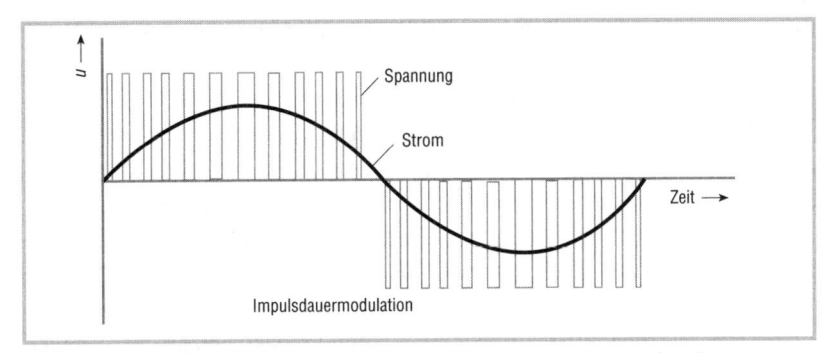

Bild 5.25 *Darstellung der Ausgangsspannung und des Ausgangsstromes eines Frequenzumrichters*

Schalt- oder *Chopperfrequenz* genannt) ein- und ausgeschaltet. Durch Variation der Ein- und Auszeit der IGBTs kann auf diese Weise der gewünschte Strom mit der jeweiligen Frequenz erzeugt werden. Die Taktfrequenz beträgt bei üblichen Umrichtern zwischen 2 und 16 kHz. Je höher die Frequenz ist, desto geringer ist der Oberschwingungsgehalt des sinusförmigen Ausgangsstromes.

Das Steuersystem zur Berechnung der PWM-Anforderungen ist sehr komplex, und es werden hierfür speziell konstruierte integrierte Schaltkreise benötigt. Der Ausgangsstrom wird in der Regel überwacht, um eine Überlastung des Wechselrichters zu vermeiden.

Bei erstmaligem Einschalten befinden sich die Gleichstromzwischenkreiskondensatoren in entladenem Zustand, und der Einschaltstrom muss begrenzt werden. Dies geschieht häufig mit einem Widerstand, der nach wenigen Sekunden durch ein Schaltschütz überbrückt wird.

Es gibt Frequenzumrichter für beinahe jede beliebige Leistung. In der industriellen Anwendung sind derartige Anlagen häufig sehr komplex und bestehen meist aus einem gemeinsamen Gleichrichter, einem verzweigten Gleichstromzwischenkreis und mehreren nachgeschalteten Wechselrichtern für die jeweiligen frequenzgesteuerten Verbraucher (s. Bild 5.32).

5.5.2 Frequenzumrichter als Störquelle

Der Eingangsgleichrichter des Frequenzumrichters zieht, bedingt durch die nachgeschaltete kapazitive Glättung, nur im Bereich der Amplitude der Eingangsspannung Strom, so dass das elektrische Versorgungsnetz mit Oberschwingungen belastet wird. Zusätzlich verursacht die pulsweitengesteuerte

Ausgangsspannung hochfrequente Oberschwingungen (aufgrund des schnellen Schaltens). Dadurch wird der Frequenzumrichter zu einer Störquelle mit einem nicht zu vernachlässigenden Störpotential.

Um den Oberschwingungen zu begegnen, werden aus verschiedenen Gründen Netzdrosseln oder Netzfilter eingesetzt. Für die höherfrequenten Störgrößen, die vornehmlich durch die ausgangsseitigen Spannungsimpulse entstehen (Bild 5.25), werden geschirmte Motorzuleitungen (z. B. 2YSLCY-J) und spezielle EMV-Filter eingesetzt (**Bild 5.26**). Näheres darüber folgt im Abschnitt 5.5.4.

Ein großes Problem bilden bei einem durch Frequenzumrichter gesteuerten Antrieb die zwangsläufig entstehenden kapazitiven *Ableitströme*, die über den Schutzleiter, den Potentialausgleich und die fremden leitfähigen Teilen fließen (Bild 5.26). Wenn man beispielsweise für eine Anlage mit Frequenzumrichtern einen sicheren Schutz gegen elektrischen Schlag nach DIN VDE 0100-410 oder besondere Brandschutzmaßnahmen nach DIN VDE 0100-482 vorsehen will bzw. muss, so stößt der Planer oder Errichter auf zum Teil erhebliche Schwierigkeiten.

Häufig können die geforderten Abschaltzeiten für die „automatische Abschaltung im Fehlerfall" nach DIN VDE 0100-410 nur erreicht werden, wenn für den Schutz eine Fehlerstrom-Schutzeinrichtung (RCD) vorgesehen wird. Befindet sich der frequenzgesteuerte Antrieb innerhalb einer feuergefährdeten Betriebsstätte, so ist nach DIN VDE 0100-482 ebenfalls eine derartige Schutzeinrichtung vorzusehen. Da es spätestens hinter der eingangs-

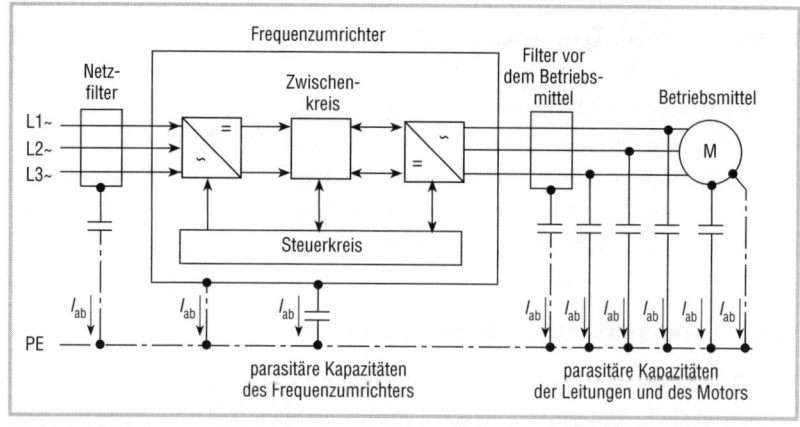

Bild 5.26 *Frequenzumrichter mit vor- und nachgeschaltetem EMV-Filter und symbolischer Darstellung der (parasitären) Ableitkapazitäten*
I_{ab} Ableitströme

seitigen Gleichrichtung zu Gleichfehlerströmen kommen kann, ist hierfür in der Regel ausschließlich eine *Fehlerstrom-Schutzeinrichtung (RCD)* vom *Typ B* einsetzbar, die auch derartige Fehlerströme beherrscht. Allerdings registriert eine solche Schutzeinrichtung auch die vorgenannten (betriebsbedingten) kapazitiven Ableitströme als „Fehlerströme" und schaltet unter Umständen ohne wirklichen Grund die angeschlossene Anlage spannungsfrei. Dies ist für den laufenden Betrieb nicht hinnehmbar. Das Reduzieren bzw. Beherrschen der Ableitströme bei Anlagen mit Frequenzumrichter ist also in jedem Fall von großer Bedeutung.

5.5.3 Ableitströme von Frequenzumrichtern

Man unterscheidet stationäre, variable und transiente Ableitströme.

5.5.3.1 Stationäre Ableitströme

Wie im Abschnitt 5.5.2 erwähnt, benötigt man zur Reduzierung der Oberschwingungen *EMV-Filter.* Diese Filter bestehen in der Regel aus LC-Tiefpässen, deren Kondensatoren im Stern zum Schutzleiter geschaltet sind (**Bild 5.27**).

Dazu kommt, dass sämtliche Kabel und Leitungen vor und hinter dem Frequenzumrichter sowie innerhalb des Gleichstromzwischenkreises und letztlich die aktiven (spannungsführenden) Teile des Motors selbst parasitäre Kapazitäten zur Erde hin aufweisen (Bild 5.26). Ist die Eingangs-Netzspannung rein sinusförmig und bezüglich der drei Außenleiter symmetrisch, so ergibt die Summe aller kapazitiven Ströme durch diese

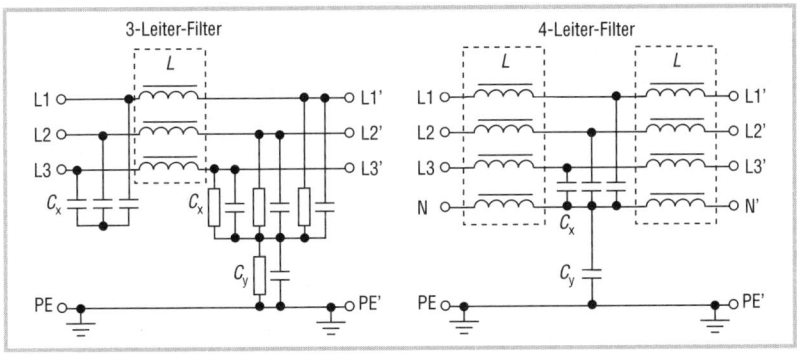

Bild 5.27 *Prinzipdarstellung von EMV-Filtern in sog. 3-Leiter- und 4-Leiter-Technik*
C_y Y-Kapazität
C_x X-Kapazität

Kondensatoren annähernd null. Da man in heutigen Netzen jedoch von einer mehr oder weniger verzerrten Netzspannung ausgehen muss, ist diese Summe meistens nicht mehr null. Das bedeutet, dass in Summe über den Schutzleiter ständig ein kapazitiver Strom abfließt.

Weil dieser Strom zunächst von dem Betriebszustand des Frequenzumrichters unabhängig ist, wird er als *stationärer Ableitstrom* bezeichnet. Auch durch die Kommutierung der B6-Brückenschaltung im Eingang des Frequenzumrichters werden Ableitströme durch die internen Kondensatoren des EMV-Filters generiert. Dieser stationäre Ableitstrom ist auch bei nichtlaufendem Motor vorhanden (Reglersperre des Frequenzumrichters) und weist typischerweise Frequenzanteile von 100 Hz bis 1 kHz auf. Sein Maximalwert (Amplitude) kann bei entsprechender Länge der Motorzuleitung bis zu mehreren 100 mA betragen.

Besonders dann, wenn man im EMV-Filter aus Kostengründen verhältnismäßig kleine Induktivitäten (Bild 5.27) und stattdessen Kondensatoren größerer Kapazität einsetzt, treten hohe stationäre Ableitströme auf, die zu ungewollten Abschaltungen von vorgeschalteten Fehlerstrom-Schutzeinrichtungen (RCDs) oder für Störungen anderer Einrichtungen sorgen können.

Bei einphasigen Frequenzumrichtern heben sich die Ströme der mit den Außenleitern verbundenen Kapazitäten nicht mehr auf, da hier ja nur ein Außenleiter betroffen ist. Das bedeutet, dass hierbei zusätzlich Ableitströme mit Netzfrequenz (50 Hz) entstehen. Werden also mehrere einphasige Frequenzumrichter gleichzeitig betrieben, so müssen sie möglichst symmetrisch auf die Außenleiter aufgeteilt (L1, L2, L3) werden, damit sich die Ströme insgesamt weitgehend kompensieren.

5.5.3.2 Variable Ableitströme

Während des Betriebes wird, wie bereits beschrieben, am Ausgang des Frequenzumrichters eine gepulste Spannung (Bild 5.25) mit der jeweils durch den Frequenzumrichter festgelegten Taktfrequenz (2...16 kHz) erzeugt. Hierdurch entstehen zahlreiche Oberschwingungen im Frequenzbereich oberhalb 1 kHz. Viele dieser Oberschwingungen haben eine Frequenz in der Größenordnung der Taktfrequenz sowie der davon abgeleiteten Oberschwingungen. Die dadurch hervorgerufenen Oberschwingungsströme fließen über die parasitären Kapazitäten der Motorzuleitung sowie des Motors selbst zur Erde, zum Kabelschirm, zum Schutzleiter (PE) sowie zu den mit ihm verbundenen fremden leitfähigen Teilen bzw. Potentialausgleichsleitungen (Bild 5.26).

Die Höhe dieses Ableitstromes ist weniger von der geregelten Drehzahl des Motors oder von der elektrischen Leistung, die der Motor abfordert, abhängig als vielmehr von der eingestellten Taktfrequenz des Umrichters und der Länge der Zuleitung zwischen Frequenzumrichter und Motor. Überschlägig kann man von einem Ableitstrom von 0,5 ... 1 mA pro Meter Leitungslänge ausgehen.

Zusätzlich tritt − besonders im Gleichstromzwischenkreis − die 3. Harmonische (150 Hz) auf (Bild 5.28).

Diese *variablen Ableitströme* können ganz erhebliche Werte annehmen, so dass ein Schutz durch Fehlerstrom-Schutzeinrichtungen (RCDs) häufig gar nicht mehr möglich ist.

5.5.3.3 Transiente Ableitströme

Aufgrund von im Netz vorhandenen Induktivitäten treten bei Ausschaltvorgängen Spannungsspitzen auf. Diese Spannungsspitzen enthalten wegen ihrer steilen Anstiegsflanken sehr hohe Frequenzanteile, die über die parasitären Kapazitäten (s. Bild 5.26) *kurzzeitige (transiente) Ableitströme* hervorrufen.

Zusätzlich kommt es beim Aufschalten der Netzspannung mit Schaltern ohne Sprungschaltfunktion (je nach Schaltgeschwindigkeit) dazu, dass die drei Phasen zeitlich versetzt zugeschaltet werden. Infolgedessen fließt während der sehr kurzen Zeit, in der noch nicht alle drei Außenleiter zugeschaltet sind, über die Filterkondensatoren des EMV-Filters der bereits zugeschalteten Leiter ein erhöhter kapazitiver Ableitstrom zur Erde.

5.5.3.4 Zusammenfassung

Während des Betriebes verursachen meist die variablen Ableitströme die größten Probleme. Wie der bisherigen Beschreibung zu entnehmen ist, kann man bei Frequenzumrichtern hinsichtlich der entstehenden Oberschwingungen grundsätzlich zwei Frequenzbänder unterscheiden:
- Frequenzen 0 ... 1000 Hz (z. B. Ströme aus dem Gleichstromzwischenkreis, **Bild 5.28**),
- Frequenzen > 1000 Hz (Beispiel im **Bild 5.29**).

5.5.4 Filter

Filter sind z. B. notwendig, wenn bestimmte Anforderungen an die elektromagnetische Störaussendung der Frequenzumrichteranlage gestellt werden.

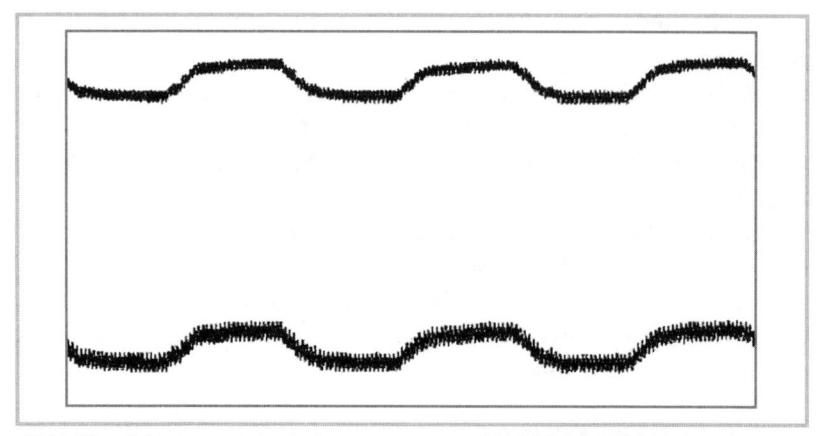

Bild 5.28 *Gleichstromzwischenkreisspannung, gegen Schutzleiter gemessen*
Die Welligkeit zeigt die 150-Hz-Oberschwingung. Die hochfrequenten Spannungsanteile sind gering.

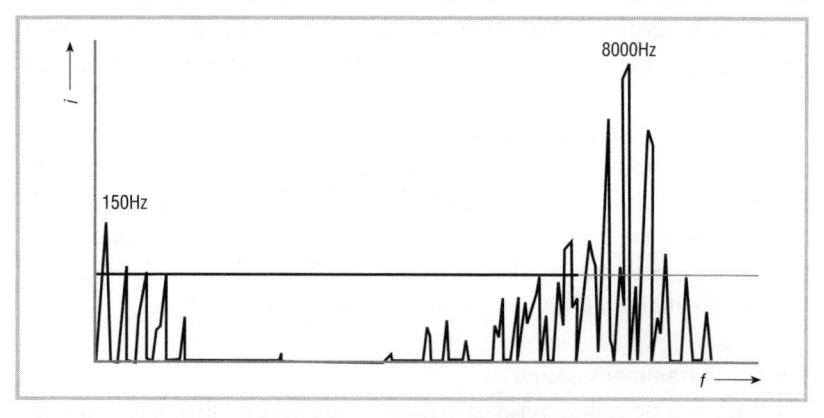

Bild 5.29 *Gemessene Frequenzen des Ableitstromes, aufgeteilt nach Frequenzanteilen*
Auf der x-Achse sind die verschiedenen Frequenzen zu sehen. Die y-Achse zeigt die Höhe der jeweiligen Ströme. Rechts ist die eingestellte Taktfrequenz mit ihren sog. Seitenbändern zu sehen und links die 150-Hz-Oberschwingung und deren Vielfache (vor allem 450 bis 1050 Hz).

In der Regel kann man bei industrieller Nutzung davon ausgehen, dass solche Filter (EMV-Filter) notwendig werden. Ebenso können Filter eingesetzt werden, um den zu steuernden Motor zu schonen bzw. um einen besonders ruhigen Lauf zu gewährleisten (Sinusfilter, du/dt-Filter).

Filter verursachen u. U., wie bereits angedeutet, einen nicht unerheblichen Teil der kapazitiven Ableitströme. Im Folgenden werden einige Filter beschrieben.

5.5.4.1 EMV-Filter

Allgemeines

EMV-Filter werden eingesetzt, um hochfrequente Störgrößen, die von Umrichtern erzeugt werden, auf ein gesetzlich vorgeschriebenes Maß zu reduzieren und die Umrichter vor eindringenden Störgrößen aus dem Versorgungsnetz zu schützen. EMV-Filter vor dem Umrichter werden auch *Netzfilter* genannt. Auf der Ausgangsseite der Umrichter werden dagegen Sinusfilter oder du/dt-Filter vorgesehen.

EMV-Filter sind Kombinationen von Induktivitäten und Kapazitäten. Die sog. Y-Kapazitäten leiten Ableitströme gegen Erde (d. h. in der Regel gegen den Schutzleiter) ab (s. Bild 5.27).

Ableitstromarme Netzfilter und Netzdrosseln

Als *ableitstromarm* werden Filter bezeichnet, die einen besonders geringen Ableitstrom (häufig nicht mehr als 3,5 mA) gegen Erde verursachen. Im Vergleich zu Standardfiltern wird damit der Ableitstrom auf verträgliche Werte reduziert. Das gleiche trifft auf die sog. *4-Leiter-Filter* zu (s. Bild 5.27).

Bei den üblichen ableitstromarmen Filtern werden diese geringen Ableitströme durch besonders geringe Kapazitäten gegen Erde bei gleichzeitiger Erhöhung der Induktivitäten erreicht. Bei den 4-Leiter-Filtern wird zudem der größte Teil des Ableitstromes über den Neutralleiter zurückgeführt, nur ein kleiner Teil fließt über den Schutzleiter (PE) gegen Erde.

Werden ableitstromarme Filter eingesetzt, so darf die Motorkabellänge – je nach Herstellerangaben – 10 ... 20 m nicht überschreiten.

Um Resonanzerscheinungen vorzubeugen und eventuell die Emissionsgrenzwerte (Funkentstörgrad) der Klasse B (Mischgebiet zwischen Gewerbe und Wohnhäusern) einzuhalten, sollten die Filter auf die Anlage abgestimmt und gegebenenfalls eingemessen werden. Hierzu muss der Planer bzw. der Errichter den Hersteller der Filter befragen und sich dort eventuell Hilfe holen.

In elektrischen Anlagen mit mehreren Umrichtern sollte, wenn möglich, ein *gemeinsames EMV-Filter* (Sammelfilter) eingesetzt werden, weil dessen Ableitstrom meist kleiner ist als die Summe der Ableitströme der Einzelfilter (s. Bild 5.32). Auch wenn Einzelfilter schon vorhanden sind, kann durch den Einsatz eines gemeinsamen 4-Leiter-Filters die Summe der Ableitströme noch erheblich reduziert werden. Ein weiterer Vorteil von Sammelfiltern ist die eindeutige Reduzierung des Einschaltableitstromes.

Umrichter mit einphasiger Einspeisung sollten gleichmäßig auf alle drei Außenleiter aufgeteilt werden. Auf keinen Fall darf es zu einer unsymmetrischen Belastung des Filters kommen.

5.5.4.2 150-Hz-Kompensationsfilter

Ein großer Anteil des Ableitstromes resultiert aus der 150-Hz-Oberschwingungskomponente. Da Netzfilter erst oberhalb von etwa 1 kHz wirken, haben sie auf diese Komponente keinen mindernden Einfluss. Abhilfe schafft hier eine 150-Hz-Kompensation. Dabei wird zwischen *passiver* (**Bild 5.30**) und *aktiver* (**Bild 5.31**) *Kompensation* unterschieden. Die passive Kompensation wird empfohlen, wenn die Kompensation direkt im Zwischenkreis des Umrichters erfolgt.

Bei der Kompensation einer Gruppe von Frequenzumrichtern oder eines gesamten Anlagebereiches wird die aktive Kompensation empfohlen, weil die passive Kompensation nicht auf die verschiedenen Betriebszustände des Umrichters reagieren kann. Dadurch entsteht die Gefahr einer Überkompensation.

Den Aufbau einer elektrischen Anlage mit mehreren Umrichtern, ableitstromarmem Sammelfilter und 150-Hz-Kompensation veranschaulicht **Bild 5.32**. Möglich wäre auch, die 150-Hz-Kompensation in den Umrichter zu integrieren.

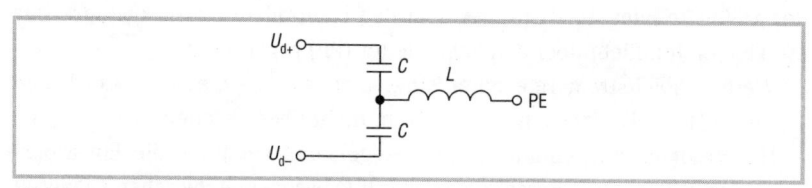

Bild 5.30 *Passive 150-Hz-Kompensation*

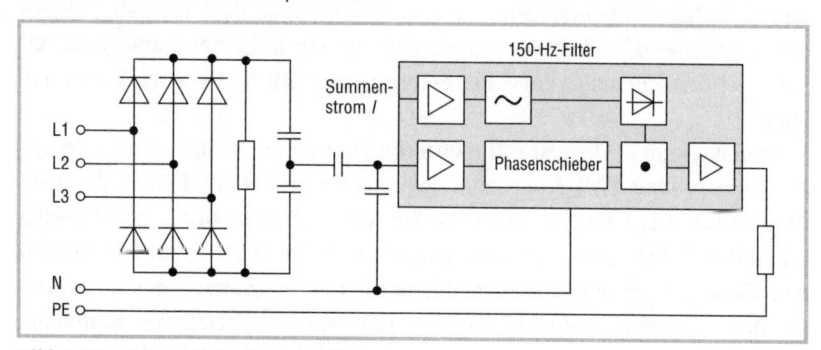

Bild 5.31 *Aktive 150-Hz-Kompensation*

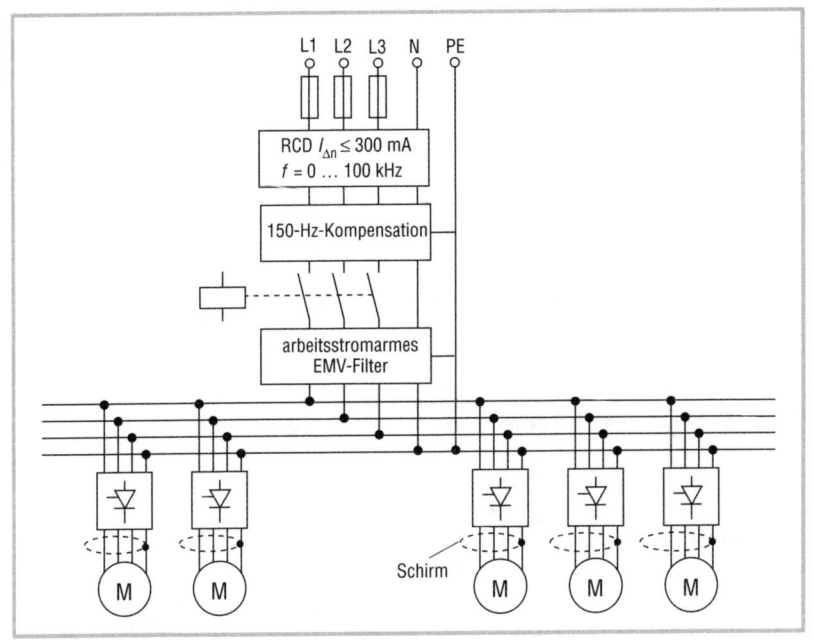

Bild 5.32 *Frequenzumrichteranlage mit zentraler 150-Hz-Kompensation und ableitstromarmem Filter*

5.5.4.3 Sonstige Filter

Einer der größten „Lieferanten" von Ableitströmen ist das geschirmte Zuleitungskabel zwischen Frequenzumrichter und Motor. Besonders der Kabelschirm weist gegenüber den aktiven Leitern im Innern des Kabels enorme Kapazitäten auf. Die Ableitströme können also reduziert werden, indem man das Motorzuleitungskabel so kurz wie möglich hält und keinen Schirm anbringt.

Häufig ist es möglich, durch den Einsatz von *Sinusfiltern* (**Bilder 5.33** und **5.34**) die Störabstrahlung des Motorkabels so weit zu reduzieren, dass sie unterhalb des gesetzlichen Grenzwertes liegt. In diesem Fall kann häufig auf den Leitungsschirm des Kabels zwischen Filter und Motor verzichtet werden. Geeignet ist dafür z. B. ein Sinusfilter mit Rückführung zum Zwischenkreis (Sinusfilter mit DC-Link) (Bild 5.33).

Außerdem ist die Leitung zwischen dem Sinusfilter und dem angeschlossenen Motor nicht mehr so oberschwingungsbelastet, denn die ausgangsseitige Pulsspannung wird durch das Sinusfilter weitgehend der Sinusform angenähert (Bild 5.34). Auch das wirkt sich positiv auf die Bilanz des

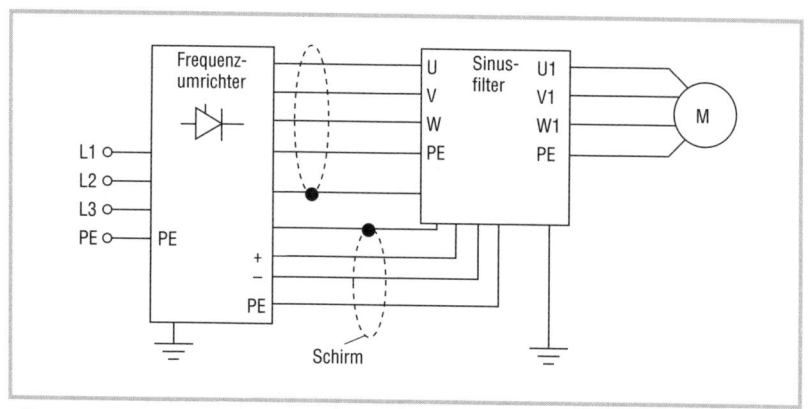

Bild 5.33 *Sinusfilter mit Rückführung zum Zwischenkreis und ohne Schirmung der Motorzuleitung*

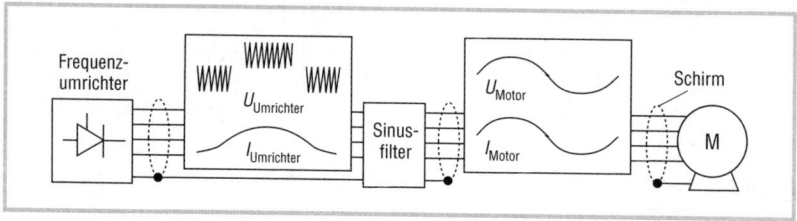

Bild 5.34 *Typische Verläufe von Spannung und Strom vor und hinter einem Sinusfilter*

Ableitstromes aus. Zudem wird der Motor durch die annähernde Sinusform von Spannung und Strom mechanisch und elektrisch geschont.

Der hohe Spannungfall, den das Filter produziert, sollte durch den Umrichter ausgeglichen werden. Zu beachten ist aber, dass Sinusfilter für hochdynamische Antriebe ungeeignet sind. Alternativ können *Ausgangsdrosseln* oder *du/dt-Filter* eingesetzt werden. Diese haben allerdings nicht die gleiche Effektivität bezüglich der Ableitströme wie Sinusfilter und können ebenfalls nicht für alle Arten von Antrieben eingesetzt werden.

Auch die sog. *Nanoperm-Filter (Nano-Filter)* in der Motorzuleitung tragen zu einer Reduzierung der Ableitströme bei (**Bild 5.35**). Bei ihrer Montage sind die Herstellerangaben genau zu beachten.

Netzdrosseln, die vor dem FMV Filter angeordnet werden, reduzieren die Stromwelligkeit einschließlich der Oberschwingungen zusätzlich und tragen dadurch indirekt zur Begrenzung der Ableitströme bei.

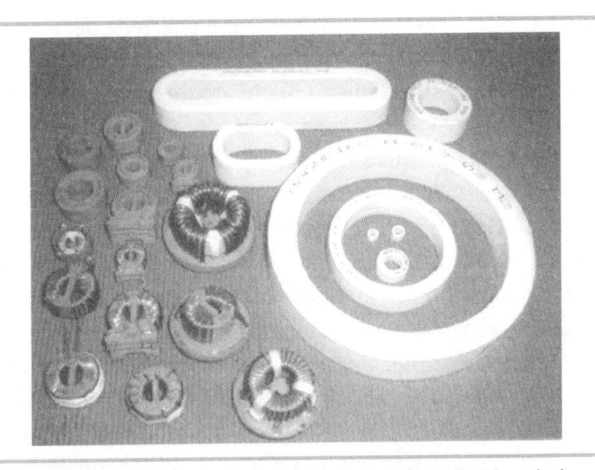

Bild 5.35 *Nanoperm-Filter, die, um die Motorzuleitung gelegt, die Oberschwingungsströme reduzieren*

5.5.5 Hinweise für die Errichtung

→ Es ist eine möglichst niederimpedante Verbindung zwischen dem frequenzgesteuerten Verbrauchsmittel und dem Gleichstromzwischenkreis des Umrichters herzustellen.

Dieses oberste Ziel muss bei allen Maßnahmen im Auge behalten werden. Deshalb ist der mit Abstand wichtigste Punkt bei der EMV-gerechten Planung und Errichtung von Frequenzumrichteranlagen ein korrekt ausgeführter *zusätzlicher Potentialausgleich*. Dieser zusätzliche Potentialausgleich muss sämtliche leitfähigen Teile im Umfeld der Umrichteranlage sowie den Schutzleiter (PE) der Einspeisung miteinander verbinden. Der Querschnitt der Potentialausgleichsleiter muss nach DIN VDE 0100-540 mindestens 4 mm^2 Cu und bei Berücksichtigung von Maßnahmen des Blitz- und Überspannungsschutzes nach DIN VDE 0185 Teil 305-3 mindestens 6 mm^2 Cu betragen (s. auch VdS 3501).

Folgende Teile (soweit praktikabel bzw. vorhanden) sind in diesem Zusammenhang miteinander sowie mit dem Schutzleiter (PE) im Gebäude zu verbinden:

- metallene Leitungstrassen und einzelne metallene Leitungen sämtlicher Gewerke (Elektro-, Heizungs-, Lüftungs-, Sanitärtechnik),
- PE-Schienen sämtlicher Verteiler,

- Zwischenbodenkonstruktionen (wobei sämtliche Teile des Zwischenbodens leitfähig untereinander verbunden sein müssen),
- metallene Deckenkonstruktionen (durchverbunden wie beim Zwischenboden),
- metallene Gebäudekonstruktionen, wie Stützen oder Träger.

Im gesamten Gebäudeteil, in dem sich die Frequenzumrichteranlagen befinden, muss ein möglichst engmaschiges *Fundamenterdernetzwerk* (Maschenweite möglichst nicht größer als 5 m × 5 m) errichtet werden. Außerdem muss der Fundamenterder so häufig wie möglich mit der Armierung des Gebäudes verrödelt werden. Eine Anschlussfahne des Fundamenterders (gegebenenfalls je nach Größe der Anlage auch mehrere) wird an einer Stelle herausgeführt. An diese Anschlussfahne wird eine Potentialausgleichsschiene, die 30 ... 50 cm über dem Fußboden montiert wird, angeschlossen. Hier können sämtliche Anschlüsse des zusätzlichen Potentialausgleichs vorgenommen werden.

Werden für die Motorzuleitung Einleiterkabel verwendet, so müssen zusätzliche Schirmungsmaßnahmen vorgenommen werden. Außerdem muss die Motorzuleitung so kurz wie möglich sein und über den gesamten Verlauf dicht am Potentialausgleich des Gebäudes entlanggeführt werden.

Letzteres kann erreicht werden, indem z. B. die Kabel und Leitungen auf metallenen Tragesystemen oder in metallenen Kanälen bzw. Rohren verlegt werden. Diese Tragesysteme müssen mindestens beidseitig in den Potentialausgleich einbezogen und niederimpedant (nach DIN VDE 0100-444, Abschnitt 444.5.8.2) durchverbunden werden (**Bild 5.36**).

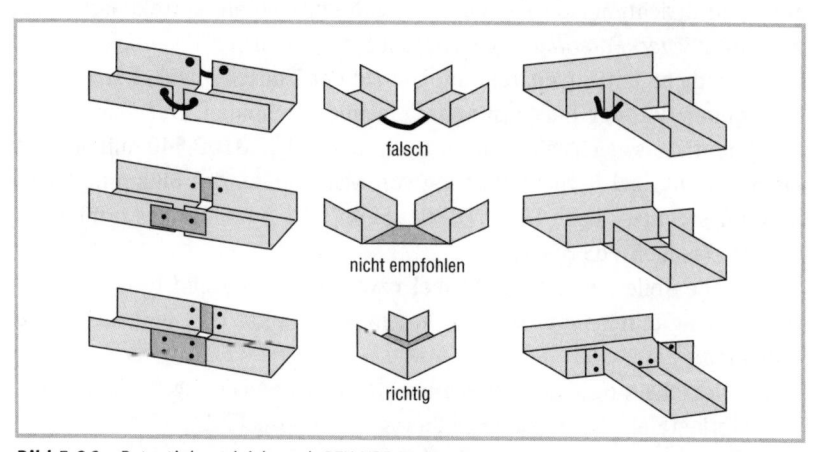

Bild 5.36 *Potentialausgleich nach DIN VDE 0100-444*

5.5 Besonderheiten bei Frequenzumrichtern

Parallelgeführte Kabelwannen oder -pritschen müssen in Abständen von etwa 20 m miteinander verbunden werden. Dabei gelten metallene und leitfähig verbundene Aufhänge- und Auslegekonstruktionen als ausreichende Verbindung.

Eine weitere Maßnahme, die dem „obersten Ziel", wie es am Anfang dieses Abschnitts festgelegt wurde, dient, ist folgende: Der Umrichter und die zugehörigen Filter müssen möglichst großflächig (z. B. auf einer gemeinsamen metallenen Grundplatte) miteinander und mit dem Trassensystem der Motorzuleitung verbunden sein (**Bild 5.37**).

Natürlich hat der Errichter bei sämtlichen Arbeiten die Montageanleitungen der Hersteller der Umrichteranlage, der Filter sowie der zugehörigen Schutzeinrichtungen genau zu beachten. Gegebenenfalls sind Absprachen mit dem Hersteller zu treffen.

Bezüglich der Schirmanschlüsse ist alles Wesentliche im Abschnitt 4.3.2.3 erwähnt. Auch hier müssen Schirme möglichst niederimpedant, also großflächig mit speziellen Schellen und nicht über Schleifen (sog. „Schweineschwänze" oder „Pigtails") angeschlossen werden.

5.5.6 Isolationsüberwachung

Wenn eine Isolationsüberwachung (z. B. nach DIN VDE 0100-482) gefordert wird, sind einige Probleme zu beachten, die ein Stromkreis mit Frequenzumrichter hervorruft.

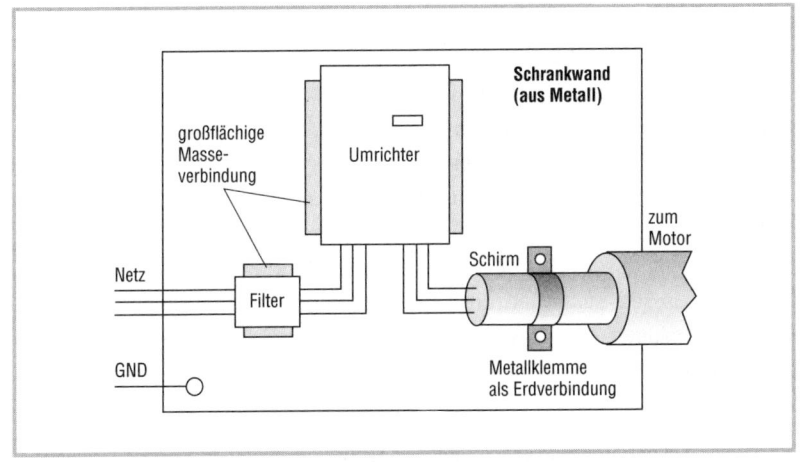

Bild 5.37 *EMV-gerechte Platzierung und Masseverbindung im Schaltschrank*

5.5.6.1 Aufbau eines IT-Systems mit Isolationsüberwachung

Die derzeit beste Lösung ist der Aufbau eines IT-Systems mit Isolationsüberwachung, da Isolationsüberwachungseinrichtungen vom betriebsbedingten Ableitstrom nicht beeinflusst werden.

Damit die Isolationsüberwachungseinrichtungen nicht durch Fremdgleichspannung außer Funktion gesetzt werden können, müssen sie bei geregelten Antrieben mit getakteter Messspannung betrieben werden.

Nach DIN EN 61800-3 (VDE 0160-100) gibt es bei IT-Systemen keine EMV-Grenzwerte. Dafür müssen diese Anlagen eingemessen und die Messungen dokumentiert werden.

Zu beachten ist, dass bei Umrichtern in IT-Systemen Filter ohne oder mit sehr hochohmiger Erdverbindung eingesetzt werden müssen. Werden dagegen EMV-Filter mit einer niederohmigen Erdverbindung benutzt, so kann eine Gefährdung entstehen oder das Gerät beschädigt werden. Bei Frequenzumrichtern sind die Herstellerangaben bezüglich IT-Systemen zu beachten.

5.5.6.2 Permanente Isolationsüberwachung in TN-Systemen

Kommt der Aufbau eines IT-Systems nicht in Betracht, so ist die bevorzugte Lösung zur sicheren Erkennung von Isolationsfehlern eine permanente Isolationsüberwachung in TN-Systemen. Vergleichbar ist diese Lösung mit der Isolationsüberwachung im IT-System, mit dem Unterschied, dass kein separater Transformator für den Aufbau eines IT-Systems benötigt wird. Die Arbeitsweise einer solchen Überwachungseinrichtung ist im **Bild 5.38** dargestellt.[*]

Für den Aufbau wird ein Generator benötigt, der ein bestimmtes Messsignal in den Stromkreis sendet. Dieser Generator muss nur einmal am Einspeisepunkt vorhanden sein. Empfohlen wird die Einbindung des Generators in den Sternpunkt der Anlage (unterbrochene Linie im Bild 5.38).

Wenn kein Sternpunkt vorhanden ist oder nur ein Teil der elektrischen Anlage auf diese Weise überprüft werden soll, wird der Generator, wie im Bild 5.38 mit durchgehender Linie dargestellt, eingebunden. Hinter dem Generator lassen sich mehrere Auswerteeinheiten anordnen, mit deren Kontaktausgängen z. B. Leistungsschalter selektiv abgeschaltet werden können, oder es kann eine Anzeige an einer überwachten Stelle erfolgen.

---

[*] Diese Gerätetechnik wurde in zahlreichen Applikationen erprobt, liegt jedoch leider nicht in Serienreife vor.

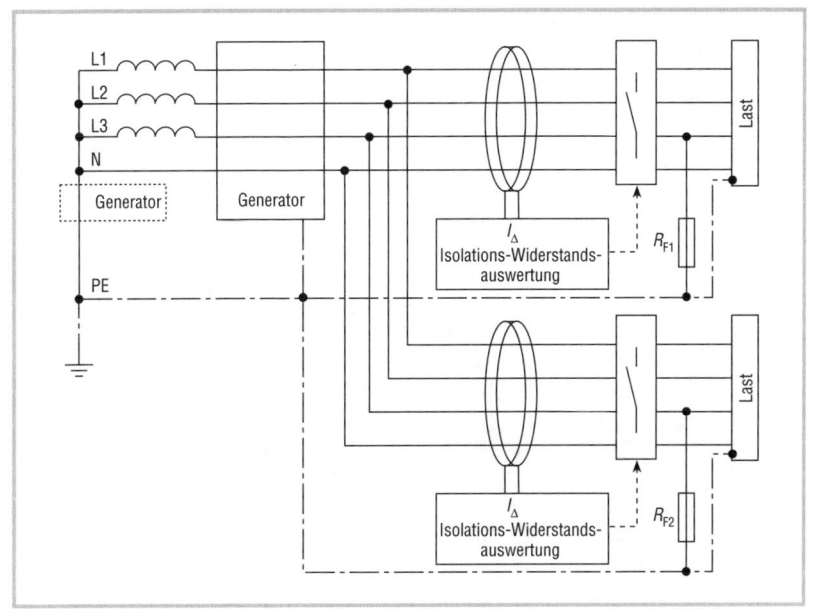

Bild 5.38 *Aufbau der Isolationsüberwachungseinrichtung für geerdete Netze*

5.5.6.3 Aufteilung der Umrichter auf verschiedene Stromkreise

Eine Möglichkeit, den betriebsbedingten Ableitstrom für eine vorgeschaltete *Fehlerstrom-Schutzeinrichtung (RCD)* zu verringern, besteht darin, mehrere Umrichter auf verschiedene Stromkreise so aufzuteilen, dass der Ableitstrom pro Fehlerstrom-Schutzeinrichtung (RCD) kleiner ist als der halbe Bemessungsdifferenzstrom. Gleichzeitig ergibt sich dadurch eine selektive Abschaltung der einzelnen Umrichter.

Diese Lösung ist ebenfalls möglich in Anlagen, in denen Gleichrichter und Wechselrichter räumlich getrennt sind (jeweils in verschiedenen Schaltschränken) und am Gleichrichter mehrere Wechselrichter betrieben werden. In diesem Fall wird die Fehlerstrom-Schutzeinrichtung (RCD) oder eine Differenzstrom-Meldeeinrichtung (RCM) in den Gleichstromzwischenkreisen (DC-Kreisen) installiert (**Bild 5.39**). Dann fließt nicht der gesamte Differenzstrom der Anlage an einer Überwachungseinrichtung (RCD oder RCM) vorbei, sondern verteilt sich auf mehrere DC-Stromkreise. Die Leitungen im jeweiligen Gleichstromzwischenkreis müssen erdschluss- und kurzschlusssicher verlegt werden. Die RCDs bzw. RCMs müssen für den Einsatz in reinen Gleichstromkreisen geeignet sein, d. h. der elektronische

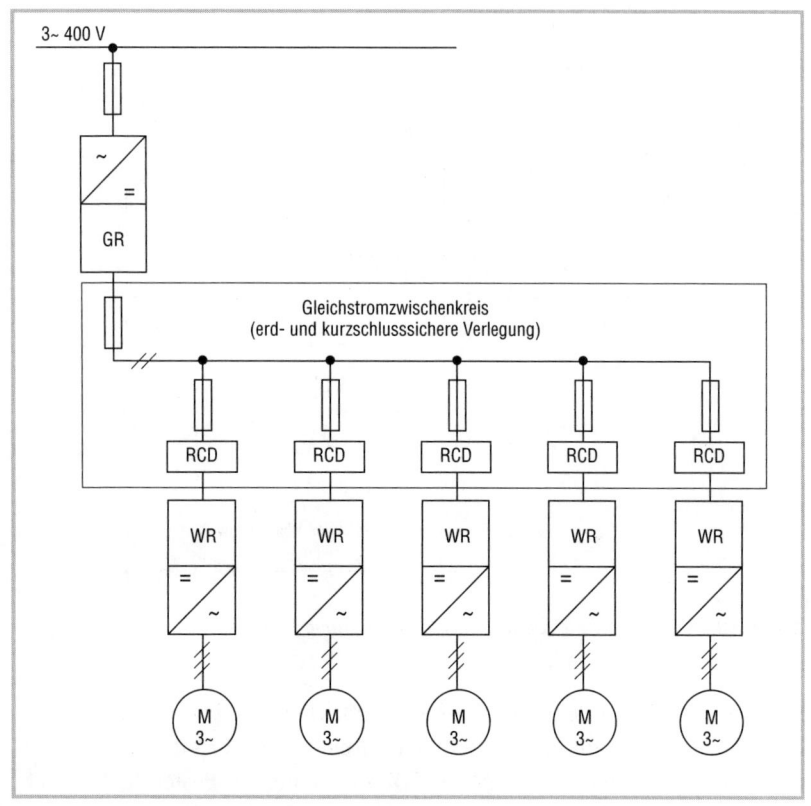

Bild 5.39 *Installation von RCDs im Gleichstromzwischenkreis*
GR Gleichrichter   WR Wechselrichter

Teil der Einrichtungen muss mit Gleichspannung betrieben werden, und die RCDs müssen Gleichströme sicher schalten können. Der Hersteller des Schutzgerätes (RCD bzw. RCM) muss eine Freigabe für Gleichspannungskreise erteilen.

6 Planungsgrundlagen

6.1 Die vier Planungsphasen

Bei der EMV-gerechten Planung von elektrischen Anlagen in Gebäuden spielen
- die elektromagnetische Umgebung,
- die strukturellen Gegebenheiten (Art des Gebäudes, bauliche Voraussetzungen, Kabeltrassenführung) und
- die Möglichkeiten am Aufstellungsort (Aufstellung der störenden bzw. störanfälligen Betriebsmittel, Lastschwerpunkte, Möglichkeiten bezüglich Schirmung)

eine grundlegende Rolle.

Es ist die Aufgabe eines Anlagenplaners für elektrische Anlagen, sämtliche Anforderungen hinsichtlich des Blitz- und Überspannungsschutzes sowie des Schutzes bei Überstrom und gegen elektrischen Schlag mit der EMV in Einklang zu bringen und dadurch in Abstimmung mit allen Gewerken eine solide Grundlage für einen technisch und wirtschaftlich optimalen Aufbau und Betrieb der Anlage zu schaffen. **Je früher im Verlauf eines Projektes Maßnahmen für die EMV vorgesehen werden, desto einfacher und preiswerter lassen sie sich gestalten.** Deshalb beginnt die EMV-Planung sinnvollerweise schon in der Vorprojektphase.

Die Projektierung lässt sich in vier Phasen unterteilen.
1. Die **Vorprojektphase** dient zur Klärung der Aufgabenstellung zum Projekt und führt zur Erstellung der Ausschreibungsunterlagen (Leistungsbeschreibung und Zeichnungen). Diese Unterlagen
   – werden zunächst mit allen Betroffenen (Bauherr, Architekt, beteiligte Fachplaner usw.) besprochen,
   – dienen später als Angebot an die Fachunternehmen, die die Ausführung übernehmen sollen, und
   – sind die „ausführungsfähigen Unterlagen" für das Fachunternehmen, das nach Angebotsvergabe den Zuschlag bekommen hat.

   Typisch für die Planung im Sinne der EMV ist beispielsweise, dass innerhalb der Ausschreibungsunterlagen separate Fundamenterderpläne sowie Detailpläne für die Ausführung des Potentialausgleichs oder der Gebäude- oder Raumschirmung vorgeschrieben werden.

Bei alldem muss ständig beachtet werden, dass die Schnittstellen zu anderen Gewerken sauber festgelegt sind. Wenn sich jeder Beteiligte auf den anderen verlässt, besteht die Gefahr, dass letztlich doch einiges vergessen wird. Besonders bei den Maßnahmen für die Erdung und den Potentialausgleich sind genaue Festlegungen zu den Schnittstellen zwischen dem Bau- und Elektrogewerk notwendig.

Die Phase 1 besteht häufig aus zwei Phasen:

Bei kleineren Projekten kann eine Absprache zwischen Architekt und Bauherrn ohne Einbeziehung der Fachplaner stattfinden. Erst wenn die grundsätzlichen Gebäudedaten vorliegen, werden die Planer für die einzelnen gebäudetechnischen Gewerke (Fachplaner) hinzugezogen. Eventuell sind jedoch bereits hier die Möglichkeiten für eine fachtechnisch korrekte Planung der elektrischen Anlage im Sinne der EMV eingeschränkt. Ein Planer, der die EMV-Maßnahmen im Auge haben muss, sollte also so früh wie möglich eingeschaltet werden.

Bei komplexeren Gebäuden findet häufig eine komplette Vorplanung statt, bei der das Gebäude und die Leistungen der verschiedenen Gewerke grundsätzlich beschrieben und diese in Lage- sowie Grundrissplänen (mindestens im Maßstab 1:100) dargestellt werden. Häufig dient eine solche Phase auch der Kostenermittlung (besonders bei behördlichen Bauten), wenn für das Projekt ein Finanzierungsplan bzw. ein entsprechender Etat bestimmt werden soll.

2. Die **Angebotsphase** schließt eine letzte Überprüfung der vorgenannten Ausschreibungsunterlagen ein. Es wird geprüft, ob mit ihnen die Aufgabenstellung zum Projekt hinreichend beschrieben wurde, damit daraus ein verbindliches, vergleichbares und fachlich korrektes Angebot durch die Fachunternehmen (Errichter) erstellt werden kann. Die notwendigen Schritte zur Errichtung der Gesamtanlage werden in fachbezogenen *Leistungsverzeichnissen* beschrieben.

Nach dieser Prüfung und dem Erstellen des Leistungsverzeichnisses wird die *Ausschreibung* (das sind sämtliche Ausführungszeichnungen und das zugehörige Leistungsverzeichnis) vom Bauherrn oder seinem Beauftragten (häufig der Architekt) freigegeben und offiziell an die in Frage kommenden Fachunternehmen (Errichter) versandt. Die Fachunternehmen erstellen aufgrund dieser Ausschreibungsunterlagen ihre *Angebote*. Letztlich gehört auch die Prüfung dieser Angebote durch den Fachplaner bzw. Architekten in diese Leistungsphase.

3. Während der **Realisierungsphase** (Bauphase) werden vor Ort von Fall zu

Fall Einzelmaßnahmen zeitlich festgelegt und koordiniert. Diese Einzelmaßnahmen sind einzelne Schritte zur Realisierung der im Leistungsverzeichnis vorgegebenen Leistungsmerkmale. Häufig muss während dieser Leistungsphase auf Änderungen reagiert werden, die durch andere Gewerke oder nachträgliche Umplanungen durch den Architekten bzw. Bauherrn hervorgerufen werden.

Beispiel:
Der Aufzugsschacht wird von der Gebäudeachse B nach Gebäudeachse C verlegt.

Bei alldem spielen technische, wirtschaftliche und terminliche Vorgaben eine nicht unwesentliche Rolle. Absprachen mit allen betroffenen Gewerken sind unabdingbar (Baubesprechungen).

Besonders in dieser Phase muss an die *Aktualisierung der Dokumentation* gedacht werden, damit bei Fertigstellung eine gut dokumentierte EMV-Planung, die den tatsächlichen Ist-Zustand wiedergibt, vorliegt. Den Grundstock für die Dokumentation bilden in der Regel die Ausführungszeichnungen der Ausschreibungsunterlage (s. Vorprojektphase). Überhaupt ist die Dokumentation von entscheidender Bedeutung und sollte im Leistungsverzeichnis als Position mit erfasst sein. Eine gute Dokumentation ist die Grundlage für eine korrekte Wartung (einschließlich Störungsbeseitigung und Fehlersuche) sowie für Änderungen und Erweiterungen der Anlage.

4. Die **Betriebsphase** ist geprägt durch gegebenenfalls notwendige Nachbesserungen, Änderungen oder Erweiterungen der Anlage.

6.2 Planung an einem Beispiel

Es soll ein Bürogebäude mit Tiefgarage und Technikräumen im Kellergeschoss geplant werden. Die Einspeisung erfolgt über eine Niederspannungs-Versorgungsleitung im Hausanschlussraum (s. Bild 6.1).

6.2.1 Vorprojektphase (Phase 1)

Vor Beginn aller Planungsmaßnahmen sind festzustellen:
- **die baulichen Gegebenheiten**
  Grundrisspläne – Nutzung und Lage der Räume; Einteilung der Etagen; Lage der Räumlichkeiten für die allgemeine Nutzung, wie Treppen-

räume, Aufzugs- und Versorgungsschächte; Technikräume wie Hausanschlussraum, besondere Räume für elektrische Schaltanlagen und Verteiler; Serverräume,
- die Installationen
Wo befinden sich besondere Verbraucher, wie Aufzugsanlage, Raumlufttechnik, Pumpstationen, Fördereinrichtungen, Sprinkleranlage, Notstromanlage?
- die Struktur der Verbrauchsmittel bzw. Einrichtungen
Welche Verbrauchsmittel werden in dem Gebäude eingesetzt? Sind beispielsweise frequenzgesteuerte Maschinen oder andere Einrichtungen vorhanden, die eine hohe Oberschwingungsbelastung erwarten lassen? Erzeugen bestimmte Verbrauchsmittel besonders hohe Störfelder? Welche Verbrauchsmittel oder Einrichtungen kommen als typische Störsenken in Frage, wie Server, Kommunikationsanlagen (Datex-Dienste, Telefon, Fax usw.), Brandmeldeanlagen, Zugangskontrolle, Videoüberwachung, Antennenanlagen?

Anschließend ist mit allen Beteiligten festzulegen, welche Schutzmaßnahmen vorgesehen werden sollen. Das schließt die Überlegung ein, dass sowohl unter sicherheitstechnischen (bzw. funktionellen) als auch ökonomischen Gesichtspunkten ein für den Anlagenbetreiber akzeptables Restrisiko festgelegt werden muss (zur Schutzklassenfestlegung bei Blitz- und Überspannungsmaßnamen s. VdS 2010).

Vorgeschlagen können beispielsweise werden:
- äußerer Blitzschutz,
- innerer Blitzschutz einschließlich Blitzschutz-Potentialausgleich und Überspannungsschutz,
- Schirmung,
- Filterung,
- strikte Einhaltung eines TN-S-Systems im gesamten Gebäude,
- EMV-gerechte Erdung und Potentialausgleich,
- örtliche Trennung von Störquellen und Störsenken.

Achtung:
Zu diesem Zeitpunkt muss der EMV-Fachmann (z. B. ein VdS-anerkannter EMV-Sachkundiger) mit guten Argumenten auf mögliche Gefahren (in Bezug auf Versorgungssicherheit, Funktionalität und Datensicherheit) hinweisen und gegebenenfalls gegen rein ökonomische Interessen ankämpfen. Wird gegen seinen guten Rat die „preiswertere Lösung" bevorzugt, so sollte er schon aus Eigennutz dies schriftlich fixieren und dem Bauherrn bzw. dem Architekten alle Bedenken vorlegen.

Im Anschluss daran beginnt der Fachplaner mit seiner Planungsleistung. Das Ergebnis wird im Leistungsverzeichnis und in Grundriss-, Schnitt- sowie Lageplänen usw. festgelegt.

6.2.1.1 Fundamenterder

Um einen geringen Erdungswiderstand zu verwirklichen, wird der Fundamenterder aus verzinktem Bandstahl 30 mm × 3,5 mm mit einer Maschenweite von möglichst 10 m × 10 m in den Betonfundamenten oder in die Sauberkeitsschicht (B 15) des Unterbodens verlegt. Er verläuft entlang der Streifenfundamente entlang der Gebäudeaußenkanten und gegebenenfalls in bzw. unterhalb der Betonplatten. Alle 5 m wird der Bandstahl mit der Bewehrung verrödelt, besser aber verklemmt oder verschweißt. Alle Kreuzungspunkte des Fundamenterders sollten grundsätzlich verschweißt oder zumindest fachtechnisch korrekt mit Keilverbindern (besondere Vorsicht bei Rüttelbeton!) verbunden werden. Grundsätzlich sind die Anforderungen nach DIN 18014 zu beachten.

In einen Plan (Maßstab meist 1:50) werden der Verlauf sowie sämtliche Anschlussfahnen und Hochführungen des Fundamenterders eingezeichnet (**Bild 6.1**). Bei komplexen Gebäuden ist es häufig notwendig, den Bandstahl im Gebäude bis in die einzelnen Etagen zu verlegen. Hierzu werden dann weitere Grundrisspläne der verschiedenen Gebäudeebenen sowie Gebäudeschnittpläne erforderlich. Komplizierte oder wichtige Details werden gegebenenfalls separat zeichnerisch dargestellt (Detailpläne, z. B. Trennstellenkästen im Außenbereich mit Darstellung oder Übergänge an Dehnungsfugen usw., s. Beispiele im **Bild 6.2** sowie Bilder 6.4 bis 6.6).

6.2.1.2 Gebäudeüberschreitende Leitungen und Kabel

Kommt es vor, dass bei Grundstücken mit mehreren Gebäuden Leitungen von einem zum anderen Gebäude geführt werden müssen, so muss auch diese Situation im Leistungsverzeichnis deutlich beschrieben und gegebenenfalls durch Detailzeichnungen dargestellt werden. **Sämtliche Maßnahmen, die hier vom EMV-Planer vorgesehen werden, sind genau zu beschreiben bzw. zeichnerisch darzustellen.** Nur so wird sichergestellt, dass sie auch wirklich umgesetzt werden. Bei gebäudeübergreifenden Leitungen ist dies umso wichtiger, weil hinterher nur noch mit äußerster Mühe und hohem finanziellen Aufwand Veränderungen durchgeführt werden können.

Fragen, die hierbei entstehen, sind z. B.:

- Müssen die gebäudeüberschreitenden Kabel und Leitungen direkt in Erde, in unterirdischen Rohren oder in Kabelkanälen verlegt werden?

■ Ist es möglich, durch die Verlegung dafür zu sorgen, dass die Kabel und Leitungen beim Gebäudeaus- oder Gebäudeeintritt nicht die Blitzschutzzone wechseln?

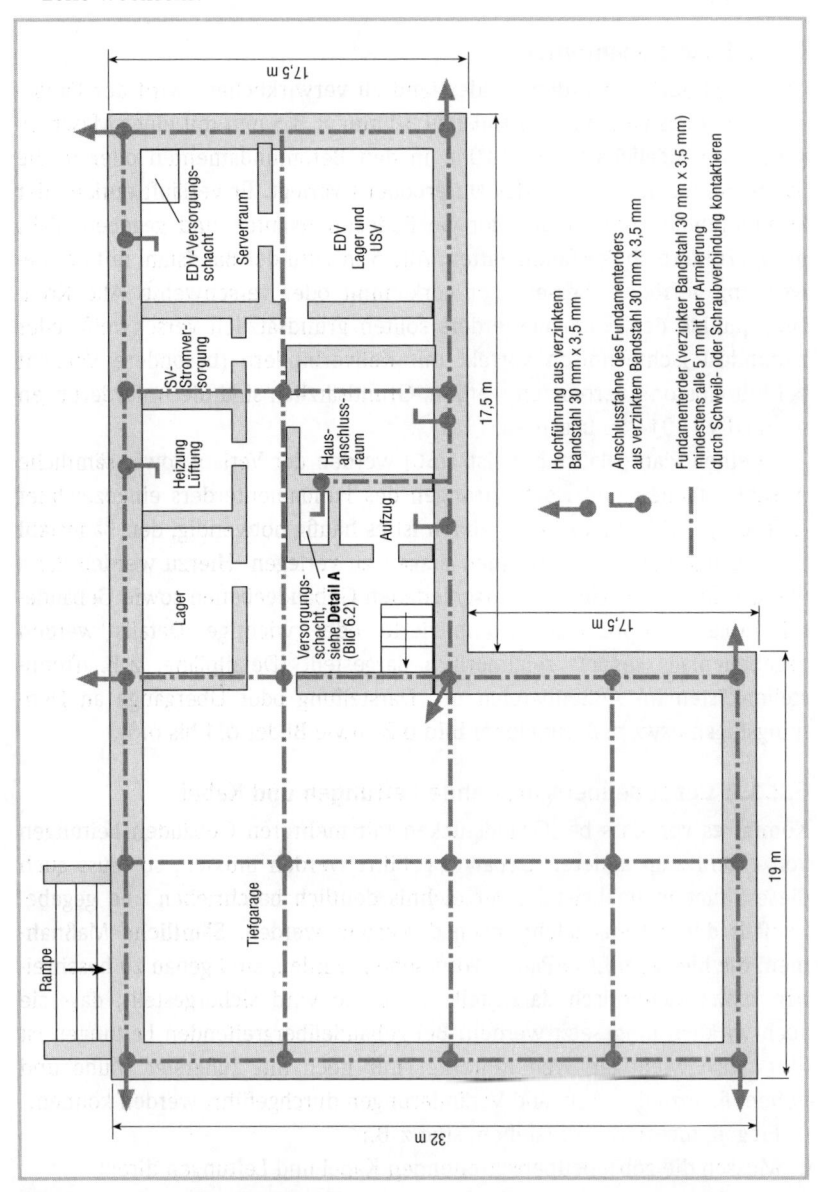

Bild 6.1 *Grundriss- und Fundamenterderplan des Bürogebäudes (Kellergeschoss)*

6.2 Planung an einem Beispiel

Dies ist z. B. möglich durch

- Verlegung im Kabelkanal aus Ortbeton mit einer Armierung, die mit dem Fundamenterder verbunden und diese Armierung konsequent entlang des gesamten Kanals durchverbunden wurde, oder
- Verlegung in metallenen und durchverbundenen Rohren, die ebenfalls mit dem Fundamenterder verbunden werden, oder
- blitzstromtragfähige und mit dem Potentialausgleich verbundene Kabelschirme.

▪ Sind in den Gebäuden verschiedene elektrische Potentiale zu erwarten, die durch die beidseitig aufgelegten Schirme verbunden würden?

▪ Gibt es Kreuzungen und Näherungen zu anderen aktiven Teilen, wie Hochspannungsmasten, Kabeln und Leitungen für Außenbeleuchtung, Leitungstrassen für Telekommunikation, Mittelspannungskabeln (hier muss auf ausreichenden Abstand geachtet werden)?

Ist es z. B. notwendig, Signalleitungen direkt im Erdreich von einem Gebäude zum nächsten zu verlegen, so müssen unerwünschte Einkopplungen dadurch vermieden werden, dass die Leitungen geschirmt werden. Der Schirm muss natürlich stromtragfähig (möglichst blitzstromtragfähig) sein. Beim Gebäudeein- bzw. Gebäudeaustritt werden diese Leitungen in den Überspannungsschutz einbezogen. Am einfachsten geschieht das dadurch, dass eine Kabeldurchführung vorgesehen wird, die die problemlose und vor allem niederinduktive Anbindung der Schirme in den Potentialausgleich gewährleistet (**Bild 6.3**). Dort werden auch die Schirme der Datenleitungen aufgelegt.

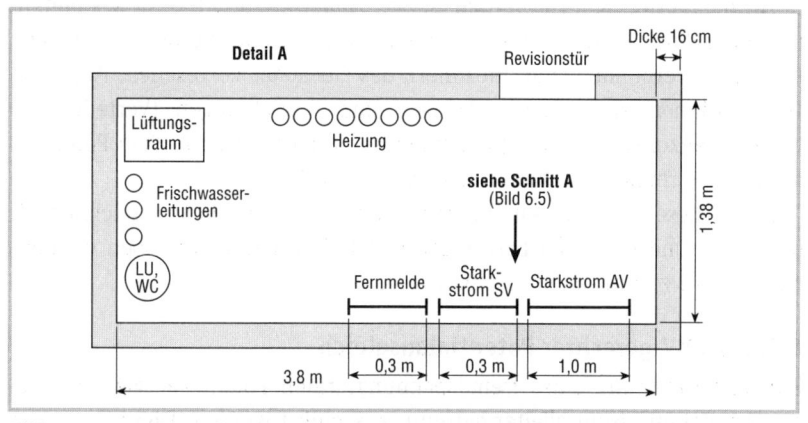

Bild 6.2 *Detaildarstellung des Versorgungsschachtes nach Grundrissplan (Bild 6.1) mit eingezeichneter Belegung durch die verschiedenen Gewerke*

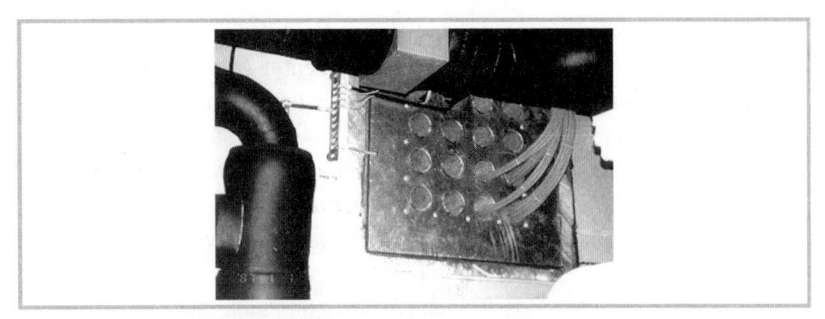

Bild 6.3 *Montierte Kabeldurchführung*
Quelle: Hans Thormählen Blitzschutz und Elektrotechnik

Derartige Einzelheiten müssen zeichnerisch dargestellt (z. B. in einer Detailzeichnung) und im Leistungsverzeichnis genau vorgegeben bzw. beschrieben werden.

6.2.1.3 Gebäudeschirmung und Raumschirmung

Sollen Raumschirme für bestimmte Räume (z. B. Serverräume) eingeplant werden, so kann dies geschehen, indem im Fußboden und in der Decke verzinkter Bandstahl in die Bewehrung eingelegt wird. Dabei soll eine Maschenweite von höchstens 5 m × 5 m entstehen. Die Bandstähle werden so häufig wie möglich mit der Armierung und mit den Hochführungen des Fundamenterders (Bild 6.1) verbunden. Mindestens die letztgenannten Verbindungen sollten Schweißverbindungen sein, die dann aus Gründen des Korrosionsschutzes kaltverzinkt werden.

An definierten Stellen werden in den Außenwänden Erdungsfestpunkte und/oder Anschlussfahnen aus verzinktem Bandstahl, die mit dem Fundamenterder verbunden sind, im Innern des Gebäudes vorgesehen. Auf diese Weise können eingebrachte Anlagen und Einrichtungen (Verteilungen, Unterbodenkonstruktionen) problemlos auf kurzem Weg mit dem Potentialausgleich verbunden werden (**Bilder 6.4** und **6.5**).

Auch diese Einzelheiten müssen – wo immer möglich – zeichnerisch dargestellt und später im Leistungsverzeichnis genau beschrieben werden. Nur so wird vermieden, dass etwas vergessen wird.

6.2.1.4 EMV-gerechter Potentialausgleich

Zur Verwirklichung eines fremdspannungsarmen Potentialausgleichs müssen Schutz- und Neutralleiter getrennt ausgeführt werden. Diese Trennung sollte so früh wie irgend möglich durchgeführt werden.

6.2 Planung an einem Beispiel

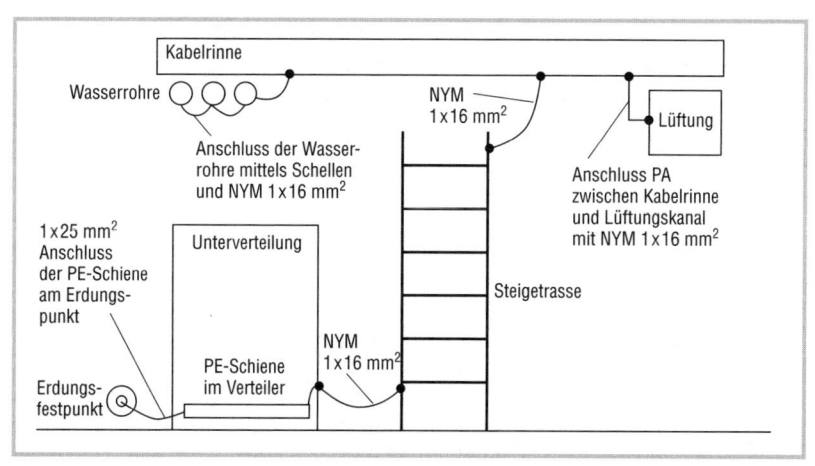

Bild 6.4 *Anbindung des Potentialausgleichs an den Fundamenterder über einen Erdungsfestpunkt*

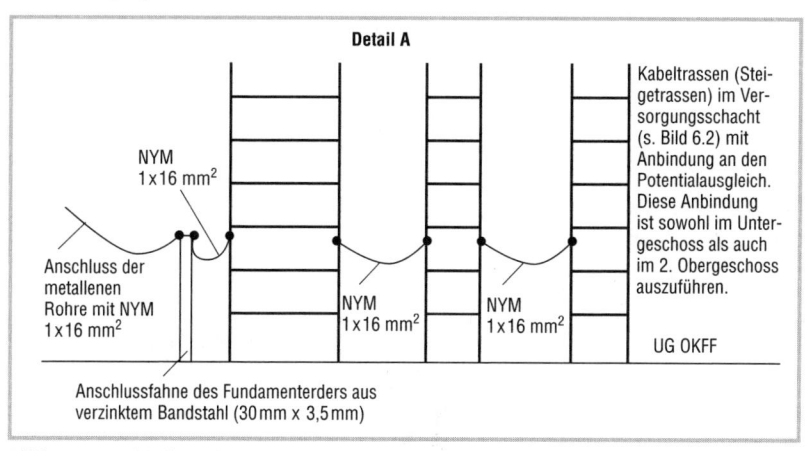

Bild 6.5 *Anbindung des Potentialausgleichs an den Fundamenterder über eine Anschlussfahne*
Schnittdarstellung (Schnitt A) im Installationsschacht nach Bild 6.2

Sämtliche Metallteile und Metallinstallationen (z. B. Kabelbahnen, Schaltschränke, Türrahmen, Rohrleitungen, Kabelabschirmungen, Lüftungsschächte) müssen über den Potentialausgleich mit dem gemeinsamen maschenförmigen Erdungssystem verbunden werden. Dies setzt in der Regel einen vermaschten Potentialausgleich voraus.

Auch hier müssen die Einzelheiten durch Detailskizzen dargestellt (Bilder 6.4 und 6.5) und später in den Texten des Leistungsverzeichnisses näher beschrieben werden. In den **Bildern 6.6** und **6.7** sind Beispiele aus einem Gewerbe- oder Industriebetrieb dargestellt.*

Insgesamt soll ein dreidimensionales Netzwerk für den Potentialausgleich entstehen, bei dem alle sinnvollen Möglichkeiten genutzt werden, durch zusätzliche Verbindungen die Maschenweite zu verringern (**Bild 6.8**). In Bild 6.7 wird beispielhaft ein Gebäudeschnitt dargestellt, in dem der Fundamenterder, die Hochführungen in den Wänden sowie der komplette Potentialausgleich in Innern des Gebäudes mit Einbeziehung der vorhandenen technischen Gewerke vereinfacht dargestellt werden. Derartige Zeichnungen für Gebäudeteile, in denen besonders viele Potentialanbindungen notwendig werden, sind äußerst effektiv, da sie dem Errichter die Ar-

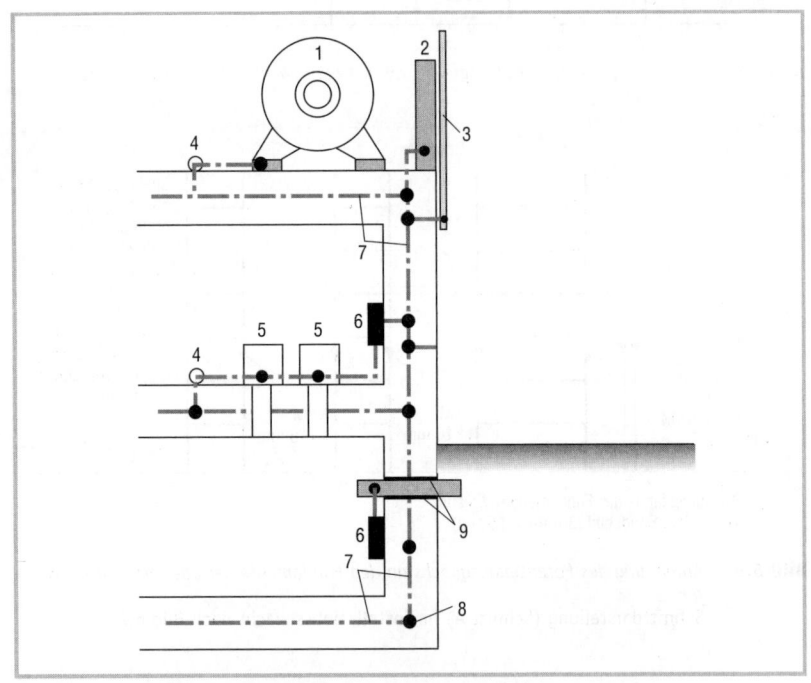

Bild 6.6 *Vermaschter Potentialausgleich in einem Industriebetrieb*
1 Geräte der elektrischen Energieversorgung; 2 Stahlträger; 3 metallene Verkleidung der Fassade; 4 Anschluss für Potentialausgleich; 5 elektrische oder elektronische Geräte; 6 Potentialausgleichsschiene; 7 Armierung im Beton (mit überlagertem Maschengitter); 8 Fundamentleiter; 9 gemeinsame Eintrittsstelle für verschiedene Versorgungsleitungen

* Die Planung zum Potentialausgleich ist in solchen Gebäuden häufig besonders komplex. Diese Bilder sind dem Buch: Potentialausgleich, Fundamenterder, Korrosionsgefährdung. VDE-Schriftenreihe Bd. 35, entnommen.

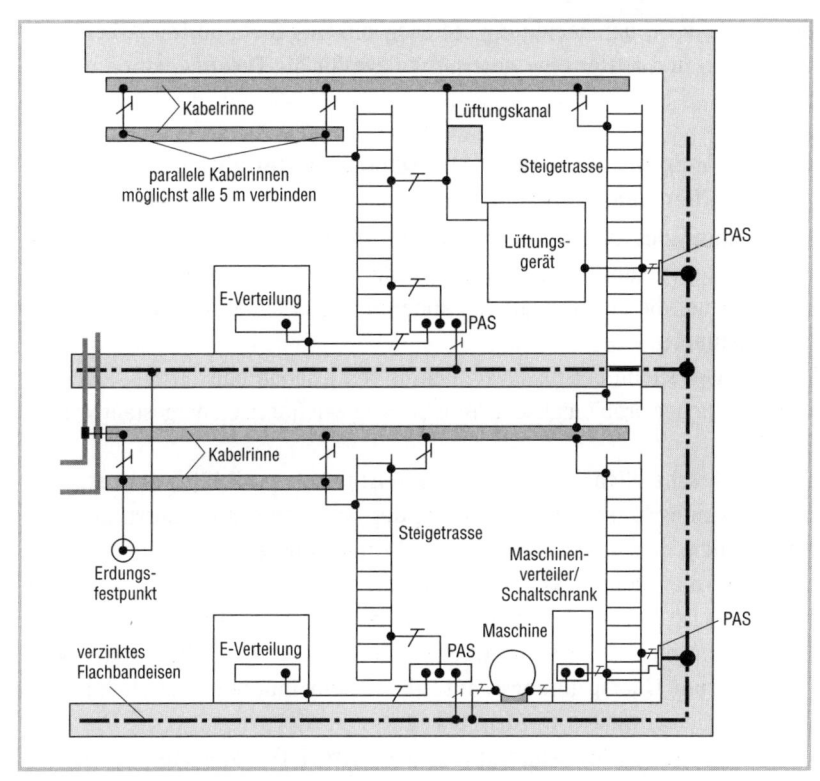

Bild 6.7 *Beispiel für einen umfassenden, maschenförmigen Potentialausgleich in einem Industriebetrieb mit Einbeziehung aller technischen Gewerke*

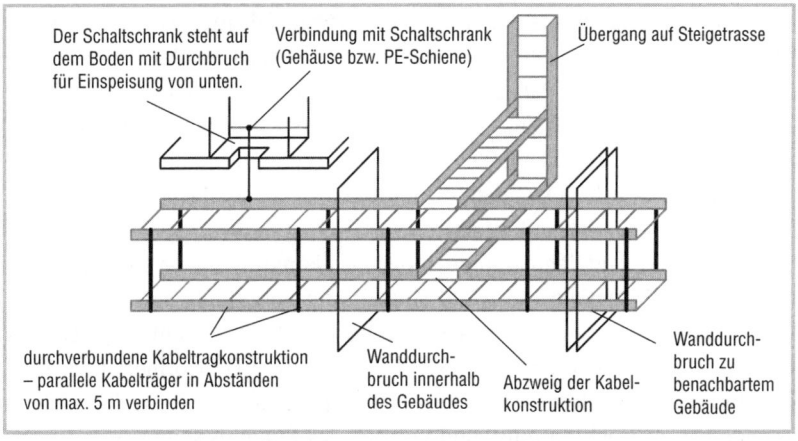

Bild 6.8 *Symbolische Darstellung eines dreidimensionalen Potentialausgleichsnetzwerks*
Quelle: DIN VDE 0100-444

beit erleichtern, der Bauleitung die Möglichkeit geben, dessen Arbeiten zu überprüfen und später eine gute Grundlage für die Dokumentation darstellen.

6.2.1.5 Äußerer und innerer Blitzschutz einschließlich Überspannungsschutz

Die Planung des Blitzschutzsystems ist nicht Thema dieses Buches. Der Vollständigkeit halber muss allerdings Folgendes betont werden:

- Je genauer die Planung mit den anderen Gewerken abgesprochen bzw. abgestimmt,
- je exakter sie im Leistungsverzeichnis beschrieben und
- je deutlicher problematische Teilbereiche zeichnerisch dargestellt werden,

umso wahrscheinlicher ist es, dass die Ausführung tatsächlich der ursprünglichen Planung entsprechen wird. Bei der Beratung des Bauherrn muss betont werden, dass auch dann, wenn er keinen äußeren Blitzschutz vorsehen will, der Überspannungsschutz notwendig und sinnvoll sein kann, um einen möglichst störungsfreien Betrieb zu gewährleisten. Allerdings darf diese Empfehlung nicht umgekehrt werden: Ein äußerer Blitzschutz ohne Maßnahmen zum Überspannungsschutz (bzw. zum inneren Blitzschutz) muss auf alle Fälle vermieden werden.

Wie bereits beschrieben, schließt die Phase 1 (Vorprojektphase) das Zusammenstellen der **Ausführungsunterlagen** ein. Diese bestehen aus den Grundriss-, Ansichts- und Schnittplänen sowie aus den Detailzeichnungen und sonstigen Plänen, die eventuell komplizierte Schritte der Errichtung im Gewerk Elektrotechnik verdeutlichen sollen. Ebenso entsteht hier (wahrscheinlich parallel zu der Erstellung der zeichnerischen Unterlagen) das Leistungsverzeichnis, in dem sämtliche Schritte der Errichtung einzeln aufgeführt und beschrieben werden, damit die Fachunternehmen bei der Angebotsabgabe hierfür jeweils einen Preis (meist aufgeteilt in Material- und Montagekosten) angeben können.

Im Leistungsverzeichnis sollte möglichst konkret beschrieben werden, wie sich der Planer die konkrete Ausführung vorgestellt hat. Für spätere Streitigkeiten ist es zudem hilfreich, wenn bereits im Leistungsverzeichnis verpflichtend auf Normen und Richtlinien (z.B. VDE-Normen und VdS-Richtlinien) hingewiesen wird, damit der Errichter genau weiß, welche Grundsätze er beachten muss und wonach das Ergebnis seiner Arbeit letztlich beurteilt wird.

6.2.2 Angebotsphase (Phase 2)

In der Phase 1 wurden im Grunde alle wichtigen Maßnahmen für den sicheren Betrieb der elektrischen Anlage im Leistungsverzeichnis beschrieben sowie zeichnerisch festgehalten. In der Phase 2 wird diese Planung noch ein letztes Mal in der Gesamtheit der im Projekt vorkommenden technischen Probleme geprüft. Folgende Fragen helfen dabei, eventuell Fehler oder Lücken aufzufinden:

- Entspricht das Leistungsverzeichnis dem Gesamtkonzept zur EMV?
- Wird durch das Leistungsverzeichnis die von der Norm oder den gesetzlichen Bestimmungen vorgegebene EMV erreicht?
- Ist das Leistungsverzeichnis in Bezug auf Schnittstellen zu anderen Gewerken komplett bzw. ist die Verantwortung geklärt?
  Beispiele:
  – Ist der Fundamenterder Teil der Elektroausschreibung, oder wurde dies durch den Architekten an die Baufachfirma vergeben?
  – Wenn die Armierung Teil des Schutzzonenkonzepts ist, muss geklärt werden, wer ausführt. Da üblicherweise eine Baufirma diese Arbeiten übernimmt, muss dann zusätzlich geklärt werden, wer diese Arbeiten überwacht.
  – Werden Fassaden und Attikableche in den äußeren Blitzschutz eingebunden, so ist auch hier eine Abstimmung mit dem jeweiligen Gewerk, das diese Einrichtungen plant, notwendig.
  – Sind die notwendigen Erdarbeiten für die Elektrotrassen und die eventuell vorhandenen Verbindungsleitungen zwischen den Gebäuden im Leistungsverzeichnis enthalten bzw. sind sie in der entsprechenden Bau-Ausschreibung enthalten?
  – Sind Absprachen mit Herstellern und Errichtern für Anlagen und Einrichtungen getroffen, die nachträglich in das Gebäude integriert werden und die eventuell als Störquellen in Frage kommen und für die bestimmte vorbereitende Maßnahmen notwendig werden können? Hierunter fallen z. B. Frequenzumrichteranlagen.
- Werden nach Baufertigstellung Anlagen und Systeme installiert (beispielsweise Brandmeldeanlage, Telefonanlage, PC-Vernetzung), so müssen diese in das EMV-Konzept integriert werden können. Sind hierzu alle Maßnahmen im Leistungsverzeichnis enthalten und sind alle Schnittstellen zu diesen Einrichtungen geklärt, so dass die nachträgliche Montage und der Anschluss ohne Probleme durchgeführt werden können?
- Ist die Dokumentation der EMV im Leistungsverzeichnis enthalten?

Eventuell (wenn nicht bereits in Phase 1 geschehen) wird durch Vortexte im Leistungsverzeichnis auf besondere Probleme aufmerksam gemacht. Dabei sollte man mit möglichst wenig Text auskommen und stattdessen mit Skizzen und Zeichnungen argumentieren.

Alles zusammen (Leistungsverzeichnis und die zugehörigen Pläne) wird als *Ausschreibung* an die in Frage kommenden Fachfirmen verschickt.

Sinnvollerweise sollte bereits während dieser Phase geklärt werden, wer die Verantwortung für die EMV (auch gewerkeübergreifend) während der Bauphase bis zur Abnahme übernimmt (z. B. ein VdS-anerkannter EMV-Sachkundiger). In der Regel ist dies der Elektroplaner, der hier in der Funktion des EMV-Verantwortlichen auftritt. Ist diese Frage vor dem Versenden der Angebote zu klären, so sollte auf alle Fälle im Leistungsverzeichnis eine separate Position für diese EMV-Verantwortung hinzugefügt werden.

Nachdem die Ausschreibung verschickt wurde und entsprechende Angebote eingegangen sind, muss geprüft werden, ob die Fachfirma den Grundgedanken zur EMV richtig verstanden hat. Häufig verbirgt sich hinter einem preiswerten Angebot ein Missverständnis, das im Nachhinein für viel Ärger sorgen und zu einer unfachmännischen Ausführung führen kann. Der EMV-Verantwortliche bzw. der Elektroplaner sollte den Architekten oder Bauherrn in dieser Hinsicht gut beraten, dass nicht zwingend der den Zuschlag erhält, der zwar das billigste Angebot abgegeben, die EMV-gerechte Planung aber nicht verstanden hat.

6.2.3 Realisierungsphase (Phase 3)

In der Phase 3 muss ein Terminplan erstellt werden, der genau vorsieht, welche Einzelmaßnahmen zu welchem Zeitpunkt vorgenommen werden müssen. Beispielsweise gibt es für das Einbringen des Fundamenterders nur ein sehr kleines Zeitfenster im Projektablauf.

Während sämtlicher Bauphasen müssen die Maßnahmen in Bezug auf die EMV genau festgelegt werden. Dabei ist zu klären,
- wann die entsprechende Arbeit ausgeführt werden kann,
- wer der Ansprech- bzw. Gesprächspartner ist, wenn andere Gewerke betroffen sind, und
- wie die Dokumentation fortgeschrieben werden muss.

Die folgende – unvollständige – Liste gibt Phasen im Baufortschritt an, bei denen die Fachfirma, die für die EMV-gerechte Ausführung der Elektroinstallation verantwortlich ist, u. U. zeitgleich zu den Arbeiten anderer Gewerke reagieren muss:

- Montage von Gebäudekonstruktionen, wie Armierung, Träger für Stahlskelette oder Hebeanlagen, Dachkonstruktionen, Zwischenböden usw. (für Potentialausgleich und Blitzschutz),
- Erdarbeiten (z. B. für Erdung, Blitzschutz, Verbindungsleitungen zwischen den Gebäuden),
- Montage von Lüftungs-, Heizungs-, Sanitäreinrichtungen usw. (für Potentialausgleich und inneren Blitzschutz).

Prüfung und Dokumentation

Während und spätestens nach der Bauphase müssen die tatsächlich realisierten Maßnahmen dokumentiert werden. Dies bezieht sich vor allem auf die Pläne und Kabel- und Stromkreislisten und andere schriftliche Darstellungen, die als Dokumentation hinterlegt werden müssen.

In Bezug auf die Prüfung der Elektroinstallation gilt allgemein: Möglichst während, spätestens jedoch nach Abschluss der Errichtung muss die gesamte Anlage einer *Erstprüfung* unterzogen werden. Besonders für die Blitzschutzmaßnahmen sind umfangreiche Dokumentationen zu erstellen und dem Betreiber zur Verfügung zu stellen.

Eine solche Dokumentation kann auch gesetzlich gefordert sein. Sofern Störungen oder Beeinflussungen von anderen vorkommen (z. B. Störungen bei Nachbarn), ist auch für die Elektroinstallation eines Gebäudes durch eine entsprechende „EMV-Dokumentation" nachzuweisen, dass die grundsätzlichen Anforderungen (also bezüglich Störfestigkeit und Störaussendung) nach dem EMV-Gesetz eingehalten wurden.

Aus diesem Grund weist z. B. VDE 0100-510 im Abschnitt 514.5.1 in einer Anmerkung darauf hin, dass der Betreiber der Anlage eine gesetzliche Pflicht zur EMV-Dokumentation hat. Deshalb fordert die vorgenannte Norm dazu auf, dem Betreiber eine entsprechende Dokumentation vorzulegen. Wörtlich heißt es dort:

„Der Errichter der elektrischen Anlage sollte dem Betreiber die allgemein anerkannten Regeln der Technik dokumentieren, mit denen die grundlegenden Anforderungen des Gesetzes über die elektromagnetische Verträglichkeit von Betriebsmitteln (EMVG) sichergestellt werden; siehe nationale Anmerkung in 512.1.5."

Und in der Anmerkung, auf die hier verwiesen wird, heißt es:

„In Deutschland besteht nach dem Gesetz über die elektromagnetische Verträglichkeit von Betriebsmitteln (EMVG):2008-02-26, § 12, die Anforderung, dass der Betreiber einer ortsfesten Anlage für Kontrollen der Bundes-

netzagentur die notwendige Dokumentation zum Nachweis der Einhaltung der Anforderungen nach dem Gesetz über die elektromagnetische Verträglichkeit von Betriebsmitteln (EMVG) bereitzustellen hat. Der Errichter der elektrischen Anlage sollte dem Betreiber die allgemein anerkannten Regeln der Technik dokumentieren, mit denen die grundlegenden Anforderungen des Gesetzes über die elektromagnetische Verträglichkeit von Betriebsmitteln (EMVG) sichergestellt werden."

Hier ergibt sich die Frage: Wie soll eine derartige Dokumentation aussehen. Dies soll im Folgenden gezeigt werden. Sie richtet sich nach Ausführung, Inhalt und Umfang immer nach der Komplexität der jeweiligen Anlage. Es ist klar, dass ein Einfamilienhaus keine „Extra-EMV-Dokumentation" benötigt. Vielmehr können an entsprechenden Stellen Hinweise oder Zusatzblätter bzw. Detailskizzen usw. genügen. Bei größeren Gebäuden, die gewerblich oder industriell genutzt werden, kann das jedoch zu wenig sein.

Die Bundesnetzagentur hat im März 2010 als Orientierungshilfe einen Leitfaden herausgegeben:

„Leitfaden zur Dokumentation von ortsfesten Anlagen entsprechend dem Gesetz über die elektromagnetische Verträglichkeit von Betriebsmitteln (EMVG)"

In diesem Leitfaden heißt es z.B.:

„Gemäß § 4 Abs. 2 EMVG müssen ortsfeste Anlagen zusätzlich zu den Anforderungen nach Absatz 1 nach den allgemein anerkannten Regeln der Technik installiert werden. Die zur Gewährleistung der grundlegenden Anforderungen angewandten allgemein anerkannten Regeln der Technik sind zu dokumentieren ... Die Montage einer ortsfesten Anlage kann den Einbau mehrerer Geräte, darunter auch spezieller Geräte und anderer, nicht unter das EMVG fallender Einrichtungen umfassen. Kombinationen von zwei oder mehr jeweils mit der CE-Kennzeichnung versehenen Geräten führen nicht automatisch zu konformen ortsfesten Anlagen ... Anhand der Dokumentation einer ortsfesten Anlage muss es möglich sein, die Übereinstimmung mit den grundlegenden Anforderungen nach § 4 Abs. 1 EMVG und der Anforderungen an die Installation und ggf. erforderlichen Wartung nach den allgemein anerkannten Regeln der Technik beurteilen zu können. Hierbei sind in der Regel die Auszüge aus den vorhandenen Planungs- und Konstruktions- und Installationsunterlagen, die auch die EMV-Anforderungen beinhalten müssen, hilfreich und meist ausreichend. Bei Geräten mit CE- Kennzeichnung sind auch deren Bedienungs- und Gebrauchsanweisung vorzuhalten."

6.2 Planung an einem Beispiel

Planer, Entwickler, Hersteller, Errichter, Instandhalter, Modifizierer und Betreiber	
1) Allgemeine Beschreibung der Anlage	**Erläuterungen**
Art der Anlage:	Kurzer erklärender Begriff
Betreiber:	Name und Anschrift
Betriebsort der Anlage:	sofern abweichende Anschrift
Gebiet in der die Anlage betrieben wird	Wohn- Gewerbe- oder Industriebereich
Planer:	Namen und Anschriften
Errichter: ggf. mehrere Unternehmen	
Beschreibungen der örtlichen Ausdehnung	mehrere Gebäude o. Grundstücke
Skizzen oder Planungsunterlagen	Bei einfachen Anlagen kann eine Skizze ausreichend sein, bei komplexeren Anlagen ist es angebracht Planungsunterlagen beizufügen.

Planer, Entwickler und Hersteller		
2) Anforderungen gemäß § 4 Abs.1 EMVG Entwurf und Fertigung nach den allgemein anerkannten Regeln der Technik sodass ein bestimmungsgemäßer Betrieb von Funk- und Telekommunikationsgeräten und. anderen Betriebsmitteln möglich ist		
Zusammenstellung / Nachweise / angewandte Normen/teile zu		
Maßnahmen nach § 4 Abs.1 Pkt. 1 EMVG	Emission (Strahlung)	Alternativ oder ergänzend Normen, Normenteile, selbst definierte festgelegte Maßnahmen usw.
	Netzrückwirkungen	
Maßnahmen nach § 4 Abs. 1 Pkt. 2 EMVG	Immission	
weitergehende Angaben zu EMV-relevanten Maßnahmen		
Gebrauchs- Installationsanweisungen, Bedienungsanleitungen		Entsprechend den Anforderungen an Geräte nach §§ 7 und 9 EMVG
Funk- und Telekommunikationsendeinrichtungen		sofern in der Anlage vorgesehen oder vorhanden
Nachweise über die Einhaltung der Anforderungen gemäß FTEG + TKG		

Errichter und Betreiber	
3) Anforderungen gemäß § 4 Abs. 2 EMVG Ortsfeste Anlagen müssen zusätzlich zu § 4 Abs. 1 EMVG nach den allgemein anerkannten Regeln der Technik installiert werden	
Nachweise zur Errichtung nach den allgem. Regeln der Technik	Ergänzungen örtlicher Maßnahmen zur vorhandenen Dokumentation
Maßnahmen die beim Errichten zur EMV getroffen wurden	
Stromversorgung	eigene oder andere Trafostation
Erdung	Ausführung und HF-Tauglichkeit

Betreiber	
4) Anforderungen gemäß § 4 Abs. 1 EMVG Angaben des Herstellers / Errichters zu EMV-Bedingungen beim Betrieb	
Hinweise zum EMV-gerechten Betrieb der ortsfesten Anlage	in Bedienungs- bzw. Gebrauchsanleitung oder Dokumentation

Tabelle 6.1 *Checkliste für eine Dokumentation ortsfester Anlagen gemäß EMVG für Projektierung, Errichtung, Wartung und Instandhaltung (Teil 1/2)*
Quelle: Leitfaden zur Dokumentation von ortsfesten Anlagen der Bundesnetzagentur

Betreiber, Instandhalter und Modifizierer	
5) Anforderungen gemäß § 12 Abs. 1 EMVG Wartung, Pflege, Instandsetzung und Umbau einer ortsfesten Anlage zur Gewährleistung der Anforderungen gemäß § 4 Abs.1 EMVG	
Nachweise zur Übereinstimmung der ortsfesten Anlage gemäß den Anforderungen des § 4 Abs. 1 EMVG nach einer Modifikation, Reparatur, oder einem Umbau bzw. Verlagerung des Betriebsstandortes	siehe Punkt 2 und 3

Planer, Entwickler, Hersteller, Errichter, Instandhalter, Modifizierer und Betreiber	
6) Anforderungen aus anderen Gesetzen/Verordnungen die für solche speziellen ortsfesten Anlagen zusätzlich einzuhalten sind	sind entsprechend einzuhalten

Planer, Entwickler, Hersteller, Errichter, Instandhalter, Modifizierer und Betreiber
7) Hinweis: **Werden sicherheitsrelevante Funkdienste wie** z.B. Polizei, Flugfunk und Feuerwehr oder öffentliche TK Netze gestört, kann die Bundesnetzagentur auf der Grundlage von § 14 Abs. 6 EMVG Anordnungen zum Betrieb der störenden Betriebs- mittel treffen. Sie kann **die Außerbetriebnahme der betreffenden Geräte/ortsfesten Anlagen) anordnen.**

Tabelle 6.1 *Checkliste für eine Dokumentation ortsfester Anlagen gemäß EMVG für Projektierung, Errichtung, Wartung und Instandhaltung (Teil 2/2)*
Quelle: Leitfaden zur Dokumentation von ortsfesten Anlagen der Bundesnetzagentur

Vereinfacht kann man für eine „EMV-gerechte Dokumentation" folgende Elemente (als unvollständige Liste) aufzählen. Wie zuvor gesagt, können je nach der Komplexität eines Bauwerks einzelne Punkte entfallen oder weitere hinzukommen:

- Eine Beschreibung (eventuell in Verbindung mit Lageplänen) des gesamten **EMV-Konzepts** sollte der Dokumentation vorangestellt werden. Dabei können auch Änderungen mit Begründung beschrieben werden, wenn beispielsweise Maßnahmen, die bei der Planung zwar vorgesehen waren, in der Realisierungsphase anders oder gar nicht ausgeführt wurden.
  Beschrieben werden sollten u. a.
  – der Potentialausgleich, die Schirmung (Gebäude-, Raum- und Kabelschirmung),
  – das Netzsystem (TN-S- oder TN-C-S-System),
  – die Filterung von Störgrößen und
  – eine korrekte Anlagenerdung (Beschreibung des Anlagenerders sowie der Art der Erdverbindung des einspeisenden Netzes).
- Ein separater Plan (Maßstab 1:50) für den **Fundamenterder** mit Darstellung aller Anschlussfahnen und Erdungsfestpunkte (s. Bild 6.1) ist zu erstellen. Eventuell kann mit Gebäude-Schnittdarstellungen (Bilder 6.6 und

6.2 Planung an einem Beispiel

6.7) gezeigt werden, wie vom Fundamenterder Bandeisen im Ortbeton in die höherliegenden Ebenen gezogen werden. Die Schnitte sind so anzulegen, dass auch die Erdungsfestpunkte oder Anschlussfahnen in den oberen Geschossen mit dargestellt werden.
Eventuell ist (bei komplizierten Gebäuden) ein solcher Plan für jedes Geschoss anzufertigen.
Detailzeichnungen können (soweit notwendig) darstellen, wie die Anschlussfahnen herausgeführt werden.

- Eine **Dachaufsicht** (Maßstab 1:50) sollte die äußere Blitzschutzanlage darstellen. Auch hier können durch Schnitte oder Detailzeichnungen komplizierte Situationen (beispielsweise Anbindung eines Attikablechs und der metallenen Außenfassade) verdeutlicht werden.
Aus diesem Plan sollten auch sämtliche Ableitungen sowie die Lage der Trennstellen eindeutig hervorgehen. Eventuell können durch Schnitte oder Ansichtspläne kompliziertere Situationen der Ableitung zeichnerisch verdeutlicht werden.

- Für die **Kabeltrassen** sollten separate Pläne (Maßstab 1:50) erstellt werden, aus denen hervorgeht, wie die Trassen belegt sind (NS-Kabel, Fernmeldekabel, Signalkabel usw.) und an welchen Punkten die Trassen untereinander und mit dem Potentialausgleich verbunden sind. Auch hier können durch Detailzeichnungen kompliziertere Situationen verdeutlicht werden.

- Grundsätzlich sollten – wo immer möglich – komplizierte Situationen im Leistungsverzeichnis beschrieben und zusätzlich zeichnerisch dargestellt werden.

Beispiel 1:
Die Verlegung der Einleiterkabel vom Transformator zur NHV sollte möglichst durch Detailzeichnungen dargestellt werden, aus denen deutlich die Verlegeart und die räumliche Zuordnung der Außenleiter zu den Neutral- und Schutzleitern (PE) hervorgehen.

Beispiel 2:
Die Einbeziehung der Armierung in das gesamte System des Potentialausgleichs oder die Nutzung der Armierung als Ableitung sollte durch Detailzeichnungen dargestellt werden (Fotos, die bei der Errichtung geschossen wurden, können hier sehr wichtig sein, s. folgenden Punkt).

Beispiel 3:
Durch Detailzeichnungen sollten die geplanten Übergänge des Fundamenterders dargestellt werden. Dies ist häufig erforderlich bei Übergängen im Zusammenhang mit Gebäudedehnungsfugen oder dort, wo der Fundamenterder an Erdverbindungsleitungen, die verschiedene Gebäude miteinander verbinden sollen, über Trennstellenkästen im Außenbereich angeschlossen werden muss.

- Eventuell sind **Fotos** hilfreich. Hierdurch können auch Objekte, die nach Fertigstellung nicht mehr sichtbar sind (beispielsweise Fundamenterder), festgehalten und nachträglich bewertet werden. Mit Fotos kann eventuell auch der Baufortschritt dokumentiert werden (wenn dies in besonderen Fällen von Interesse ist). Diese Fotos sind natürlich mit Bildunterschriften, die auch Datum und Uhrzeit der Aufnahme belegen, zu versehen.

- Sämtliche einzeln verlegte **Schutzleiter** (wie PE-Leiter oder Potentialausgleichsleiter) sollten mit Zielbestimmungen an den Enden beschriftet werden. Besonders in den Verteilungen und an der Potentialausgleichsschiene ist dies wichtig. Hierüber sollte es Kabellisten oder Belegungspläne geben (**Bild 6.9**).

- **Messprotokolle** über mögliche Erdungsmessungen sollten in der Dokumentation enthalten sein. Nach Inbetriebnahme können noch weitere Messungen hinzukommen, die ebenfalls dokumentiert und deren Proto-

Bauvorhaben: Gebäude A, Betriebsstätte ....

Anlagenteil: Kältemaschinen / Keller HVT

Stand: 09.02.2004

Potentialausgleichsschiene: 1 (Anbau 1985/K.G.)

Ausführung: Cu 40 x 4 / 14 verzinnt

Anschluss Nr.	Strecke __ nach	Kabel / Leitung Art / mm^2
1	PAS 5 / 3 (Anbau 1985/K.G.)	NYY-I 50 mm^2
2	Fundamenterder	H07V-K 50 mm^2
3	Kabelrinne im Kabelboden	NYM-I 6 mm^2
4	PAS 2 / (Anbau 1985/K.G.)	H07V-K 50 mm^2
5	HVT 2 Feld 2 / ÜSS 6	NYY-I 95 mm^2
6	HVT 2 II (Cu-Seil)	NYY-I 120 mm^2
7	PE-Schiene von UV-002	H07V-K 50 mm^2
8	HVT 1	NYY-I 95 mm^2
9	ÜSS 5	NYY-I 95 mm^2
10	PAS 14 / 4 (Anbau 1995/K.G.)	H07V-K 50 mm^2
11	PAS 5 / 2 (Anbau 1975/K.G.)	H07V-K 50 mm^2
12	Steigetrasse	H07Z-K 10 mm^2
13		
14		
15		
...		

Bild 6.9 *Beispiel für den Belegungsplan einer Potentialausgleichsschiene*

kolle der Gesamtdokumentation hinzugefügt werden sollten (s. Kapitel 7).

▪ Bei **Überspannungsschutzgeräten** kann es von Vorteil sein, wenn Lage und Anschluss in der Verteilung in einer Zeichnung festgehalten werden. Dabei können Angaben wie „Länge der Anschlussleitung maximal 0,5 m" zur Verdeutlichung herangezogen werden.

▪ Sämtliche Betriebsmittel und Anlagen, die der **EMV** dienen, wie Oberschwingungsfilter oder Verdrosselungsanlagen, müssen beschrieben werden (z. B. Technische Dokumentation des Herstellers). In den Verteilerplänen sind die entsprechenden Anschlüsse genau zu kennzeichnen (mit Angabe der Örtlichkeit).

6.2.4 Betriebsphase (Phase 4)

Der Bauherr oder der spätere Betreiber muss über die Notwendigkeit *wiederkehrender Prüfungen* informiert werden. Nur wenn die eingeplanten Maßnahmen in regelmäßigen Abständen überprüft werden, kann ein hohes Niveau bezüglich einer EMV-gerechten Elektroinstallation aufrechterhalten werden.

Außerplanmäßige Prüfungen werden notwendig, wenn Schutzgeräte des Typs 1 oder 2 Funktionsstörungen an die übergeordnete Leittechnik signalisiert haben. In diesen Fällen sind die Schutzgeräte durch Blitzströme oder Überspannungen in ihrer Funktion beeinträchtigt worden. Dabei besteht die Gefahr, dass die nachgeschalteten Schutzgeräte ebenfalls in Mitleidenschaft gezogen worden sind. Somit wird auch hier eine außerplanmäßige Funktionsprüfung notwendig.

Weitere Prüfungen (je nach Notwendigkeit Teil- oder Komplettprüfung) werden erforderlich bei

▪ technischen Änderungen (z. B. Einbau zusätzlicher Datennetzwerke),
▪ Neuaufstellung von Verbrauchern, die als potentielle Störquellen oder -senken gelten,
▪ Nutzungsänderungen oder Mieterwechsel.

6.3 Berücksichtigung von Oberschwingungen

Zur Beurteilung der Störaussendung für Netzrückwirkungen gelten die Normen der Reihen DIN EN 61000, DIN VDE 0833, DIN VDE 0839 und DIN VDE 0847.

Zusätzlich zu den bisher beschriebenen Anforderungen an eine EMV-gerechte Planung müssen an entsprechenden Stellen während der Planung folgende Überlegungen berücksichtigt werden. Natürlich sind diese – wenn möglich – bereits während der ersten Projektphase einzubeziehen.

6.3.1 Verträglichkeitspegel

Der *Verträglichkeitspegel* ist definiert als Quotient aus dem Effektivwert der n-ten Oberschwingung und dem Effektivwert der Netzspannung. Er wird allgemein in % angegeben:

$$\text{Verträglichkeitspegel} = \frac{U_n}{U} \cdot 100.$$

Die Verträglichkeitspegel für öffentliche Netze legt DIN VDE 0839-2-2 fest. Für Industrieanlagen gelten die in DIN VDE 0839-2-4 enthaltenen Werte (**Tabelle 6.2**). Dabei werden drei *Umgebungsklassen* unterschieden:

Klasse 1: geschützte Versorgungen, wie EDV-Einrichtungen, Automatisierungseinrichtungen, Ausrüstung technischer Laboratorien,

Klasse 2: Verknüpfungspunkte mit dem öffentlichen Netz,

Tabelle 6.2 *Verträglichkeitspegel von Oberschwingungen in Niederspannungsnetzen*

	Oberschwingung	Verträglichkeitspegel in %			
		Netz	Industrieanlagen		
			Kl. 1	Kl. 2	Kl. 3
ungeradzahlige, nicht durch 3 teilbare Werte	5.	6	3	6	8
	7.	5	3	5	7
	11.	3,5	3	3,5	5
	13.	3	3	3	4,5
	17.	2	2	2	4
	19.	1,7	1,7	1,7	3,5
	23.	1,4	1,4	1,4	2,8
	25.	1,3	1,3	1,3	2,6
ungeradzahlige, durch 3 teilbare Werte	3.	6	3	5	6
	9.	1,5	1,5	1,5	2,5
	15.	0,4	0,3	0,4	2
	21.	0,2	0,2	0,3	1,75
geradzahlige Werte	2.	2	2	2	3
	4.	1	1	1	1,5
	6.	0,5	0,5	0,5	1
	8.	0,5	0,5	0,5	1
	10.	0,5	0,5	0,5	1

Klasse 3: anlageninterne Anschlusspunkte, wie häufiger Motorstart bei hohen Anlaufströmen, Schweißmaschinen, Stromrichteranlagen.

Es sei darauf hingewiesen, dass die für Industrieanlagen genannten Verträglichkeitspegel kurzzeitig überschritten werden dürfen (beispielsweise sind für 150 s die 1,5-fachen Werte zulässig).

6.3.2 Theoretische Netzanalyse

Im Grunde kann eine Netzanalyse erst durchgeführt werden, wenn die Anlage in Betrieb genommen worden ist. Dies wird im Abschnitt 7.2.1.3 „Praktische Netzanalyse" behandelt. Allerdings können einige Probleme bereits vorausgesagt werden. Sind z.B. Stromrichterleistungen (z.B. Frequenzumrichter) geplant, die 15 % der Transformatorleistung übersteigen, so sollte unbedingt – bereits vor der Planung – eine Netzberechnung bzw. theoretische Netzanalyse durchgeführt werden. Diese Betrachtung sollte mit den Herstellern der Stromrichteranlagen abgesprochen werden, die die notwendigen Daten (Oberschwingungsströme, Ableitströme usw.) angeben können.

Sollte bei einer solchen Analyse festgestellt werden, dass die Grenzwerte der Tabelle 6.1 nicht eingehalten werden können, so sind Filter einzuplanen, deren Art und Ausführung mit den Herstellern der Stromrichteranlagen abgesprochen werden müssen.

6.3.3 Auswahl eines 150-Hz-Filters (Neutralleiterfilter)

Da in letzter Zeit besonders die 3. Harmonische Probleme verursacht, wird im Folgenden die Planung von 150-Hz-Filtern besprochen. Als Beispiel dient das Filter eines namhaften Herstellers.

Die Auswahl des 150-Hz-Filters ist eigentlich denkbar einfach. Sie richtet sich nämlich nicht nach der Belastung des Neutralleiters, sondern einzig und allein nach der Auslegeleistung des betroffenen Netzbereiches, festgelegt durch dessen Bemessungsstrom bzw. dessen Bemessungsleistung.

Die **Tabelle 6.3** zeigt, welches 150-Hz-Filter jeweils zu wählen ist. Soll ein Filter in einem Netzabgang installiert werden, so orientiert sich die Wahl an der Abgangssicherung. Bei einer Installation im Sternpunkt des Transformators (oder der USV-Anlage) muss hingegen die Leistung des Versorgungstransformators bzw. der USV-Anlage berücksichtigt werden.

Die Festlegung, dass ein solches Filter entsprechend der Bemessungs-

Tabelle 6.3 *Auszug aus dem Datenblatt des Herstellers eines 150-Hz-Filters*
Die Anlagenauswahl richtet sich stets nach dem Bemessungsstrom des Netzbereiches.

Bemessungsstrom THX / THF in A	Bemessungsstrom der Sicherung in A	Bemessungsleistung des Transformators in kVA
25	25	–
63	63	–
80	80	–
100	100	–
125	125	–
160	160	–
200	200	–
250	250	160
315	315	200
400	400	250
500	500	315
630	630	400
800	800	500
1000	1000	630
1250	1250	800
1600	–	1000
2000	–	1250
2500	–	1600
3000	–	2000
3750	–	2500

leistung des Netzes zu dimensionieren ist, stellt sicher, dass im Fehlerfall, z. B. einem Netzkurzschluss, weder eine Überlastung noch eine Zerstörung befürchtet werden muss. Denn selbst bei so extremen Belastungen darf es auf keinen Fall zu einer Schädigung mit der Folge einer Neutralleiterunterbrechung kommen. Deshalb werden an die Filter besonders hohe Ansprüche hinsichtlich Überlastbarkeit gestellt.

Bild 6.10 zeigt den Anschluss und die interne Verschaltung für Meldung bzw. Überwachung eines 150-Hz-Filters. Ein funktionsmäßiges Abschalten der Stromversorgung gibt es verständlicherweise nicht. Die eingebaute Temperaturüberwachung spricht schon vor einer kritischen Belastung an, erlaubt also eine rechtzeitige Anlagenüberprüfung. Natürlich kann hiermit auch eine Netzabschaltung ausgelöst werden.

Für Netzbereiche, in denen man auf keinen Fall eine Netzabschaltung in

6.3 Berücksichtigung von Oberschwingungen

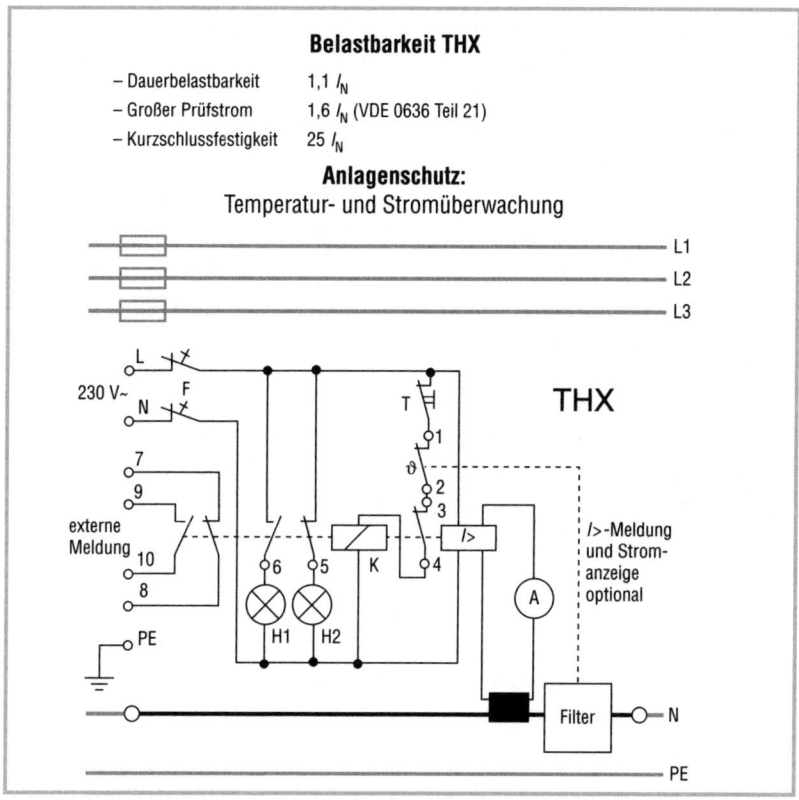

Belastbarkeit THX
- Dauerbelastbarkeit 1,1 I_N
- Großer Prüfstrom 1,6 I_N (VDE 0636 Teil 21)
- Kurzschlussfestigkeit 25 I_N

Anlagenschutz:
Temperatur- und Stromüberwachung

Bild 6.10 Darstellung des Anschlusses, der Überwachung und Meldung eines 150-Hz-Filters mit Angabe der technischen Daten
Auszug aus dem Datenblatt des Herstellers

Kauf nehmen will, wird zusätzlich eine Stromüberwachung empfohlen. Damit kann auch ohne Überlastungsgefahr jederzeit eine Anlagenveränderung oder ungewöhnliche Netzveränderung frühzeitig erkannt und gemeldet werden.

6.3.4 Zusätzliche Überlegungen bei der Planung von Frequenzumrichterantrieben

Abschließend werden noch einige Hinweise darauf gegeben, was bei der Planung von Stromkreisen mit Frequenzumrichtern (s. Abschnitt 5.5) beachtet werden sollte:

- Die Frequenzumrichter, die EMV-Filter, das Motorkabel und der Motor müssen als Gesamtsystem betrachtet werden, in dem sich alle Komponenten stets gegenseitig beeinflussen. So hat ein Ausgangsfilter Einfluss auf die maximal mögliche Kabellänge bzw. auf die Höhe des Ableitstromes, der im Zuleitungskabel entsteht.
- Sämtliche Anforderungen, die im Abschnitt 5.5 beschrieben sind, sind bei der Planung zu berücksichtigen, vor allem die an einen korrekten **zusätzlichen Schutzpotentialausgleich**. Die Maßnahmen hierfür sind bereits in die Leistungsbeschreibung und in Pläne (z. B. in Grundrisspläne und zusätzliche Detailskizzen) aufzunehmen.
- Man muss wissen, dass eventuell notwendige **Funkentstörmaßnahmen** den Ableitstrom ansteigen lassen, weil hierfür Filter und Kabelschirme benötigt werden. Um die Ableitströme möglichst gering zu halten, sind Funkentstörmaßnahmen somit auf das gesetzlich vorgeschriebene Maß zu beschränken. Basis dafür sind die Emissionsgrenzwerte nach Klasse A (Industriegebiet) und Klasse B (Wohn- und Gewerbebereich).
- Die vom Frequenzumrichter erzeugten Ableitströme sind, wie im Abschnitt 5.5.3 beschrieben, hauptsächlich abhängig von dessen Taktfrequenz und der Motorzuleitungslänge. Aber auch die Nennleistung des Umrichters spielt eine Rolle. Die **Taktfrequenz** sollte so eingestellt werden, dass der geringste Gesamtableitstrom von Umrichter und Motorkabel erreicht wird.
  Beim Ausgangsfilter ist zu berücksichtigen, in welchem Frequenzband es arbeitet. Bei einem fest vorgegebenen Frequenzband sind z. B. der Flexibilität in der Taktfrequenz Grenzen gesetzt. Hier muss der Hersteller des Frequenzumrichters befragt werden, mit welchen Filtern und welchen Taktfrequenzen die besten Lösungen möglich sind.
- Die über das **Motorkabel** fließenden Ableitströme sind abhängig von der Länge und vom Aufbau des Kabels sowie davon, ob das Kabel geschirmt oder ungeschirmt ist. Die Motorkabellängen sind so gering wie möglich zu halten. Deshalb sind Umrichter zu empfehlen, die direkt am Motor angebracht sind. Bei langen Motorleitungen ist ein Sinusfilter empfehlenswert.
- In vielen Fällen ist es hilfreich, bereits in der Planungsphase eine **Ableitstrombilanz** aufzustellen, um möglichen Problemen frühzeitig entgegenwirken zu können. **Tabelle 6.4** soll dazu dienen, eine derartige Bilanz anzufertigen. In ihr sind alle Komponenten enthalten, die Ableitströme verursachen. Die Ableitstrombilanz sollte in Zusammenarbeit von Planer,

6.3 Berücksichtigung von Oberschwingungen

Tabelle 6.4 *Ableitstrombilanz (nach VdS 3501)*

Angaben vom Planer:	Funkentstörgrad:
	Klasse A (Industriegebiet)
	Klasse B (Mischgebiet zwischen Wohnbereich und Gewerbe oder nur Wohnbereich)
	Motorleistung:
Angaben vom Filterhersteller:	**Ableitstrom des Netzfilters:**
	Nennstrom des Netzfilters:
Angaben vom Hersteller des Frequenzumrichters:	Leistung des FU:
	Nennstrom des FU:
	Ableitstrom des FU:
	bei Taktfrequenz:
	Ableitstrom je Meter Leitungslänge (geschirmt):
	Kabeltyp:
	bei Taktfrequenz:
	Ableitstrom je Meter Leitungslänge (ungeschirmt):
	Kabeltyp:
	bei Taktfrequenz:
Angaben vom Filterhersteller:	**Ableitstrom des Ausgangsfilters:**
	Nennstrom des Ausgangsfilters:
	Beachte: Evtl. kann die Schirmung des Motorkabels entfallen, und der Ableitstrom des Motors wird reduziert.
Angaben vom Planer:	Motorkabellänge:
	Ableitstrom des Motorkabels:
	Summe der Ableitströme (ohne Ableitstrom des Motors):

Filterhersteller und Hersteller des Frequenzumrichters erstellt werden. Es können verschiedene Varianten (z. B. mit unterschiedlichen Taktfrequenzen, mit und ohne Ausgangsfilter) durchgespielt werden. Ziel ist es, den Ableitstrom unterhalb der Auslöseschwelle der Fehlerstrom-Schutzeinrichtung (RCD) zu halten.

de fachbücher

Mängelfrei durch alle Phasen der PV-Installation

Die Zahl der installierten PV-Anlagen nimmt in den vergangenen Jahren ständig zu und die bei der Prüfung dieser Anlagen festgestellten Mängel leider ebenso.

Dieses Buch informiert den Installateur umfassend über

- → vorbereitende Maßnahmen bei der Installation einer PV-Anlage,
- → die Auswahl der Produkte,
- → Montagevorschriften,
- → die elektrotechnischen Installationsrichtlinien,
- → die regelmäßige Überprüfung,
- → Arbeitssicherheit,
- → wichtige Aspekte bei der praktischen Umsetzung,
- → elektrotechnische Prüfungen und Dokumentationen von PV-Systemen und
- → die Instandhaltung von PV-Systemen.

Regelkonforme Installation von Photovoltaikanlagen
Von Heinz-Dieter Fröse.
2011. 220 Seiten. Softcover. € 34,80.
ISBN 978-3-8101-0318-5

HÜTHIG & PFLAUM VERLAG
Im Weiher 10
D-69121 Heidelberg
Tel.: +49 (0) 6221 489-603

Mehr zu den Fachbüchern finden Sie unter: www.elektro.net
E-Mail: buchservice@huethig.de

7 Prüfungen

7.1 Allgemeine Prüfpflicht für elektrische Anlagen

Gemäß den „Allgemeinen Vertragsbedingungen für die elektrische Energieversorgung von Tarifkunden (AVBEltV)" sind elektrische Anlagen nach den allgemein anerkannten Regeln der Technik sowie (falls zutreffend) nach entsprechenden gesetzlichen oder behördlichen Vorschriften zu errichten, (bei Bedarf) zu erweitern oder zu ändern sowie auch zu betreiben.

Als anerkannte Regeln der Technik gelten auch die DIN-VDE-Bestimmungen. Für die Erstprüfung elektrischer Anlagen können hier für Starkstromanlagen DIN VDE 0100-600 und für Anlagen der Informationstechnik DIN VDE 0800-1 genannt werden. Für die Wiederinbetriebnahme von ortsveränderlichen elektrischen Betriebsmitteln nach einer Reparatur gilt DIN VDE 0701. Für Wiederholungsprüfungen elektrischer Anlagen gelten allgemein die Festlegungen gemäß DIN VDE 0105-100. Für ortsveränderliche Geräte gilt DIN VDE 0702.

Grundsätzlich gilt, dass eine ordnungsgemäße Prüfung aus einem **Besichtigen** der elektrischen Anlage besteht und **Messungen** bestimmter physikalischer Größen (z. B. Schleifenwiderstand) sowie **Erprobungen** wichtiger Funktionen (z. B. Not-Aus-Einrichtungen) einschließt.

In den Unfallverhütungsvorschriften der Berufsgenossenschaften (BGV A3) wird darauf hingewiesen, dass elektrische Anlagen und Betriebsmittel auf ihren ordnungsgemäßen Zustand geprüft werden müssen. Diese Prüfungen haben vor jeder Inbetriebnahme und in bestimmten Zeitabständen zu erfolgen.

Die meisten Prüfungen dieser Art sind typische „Personenschutzprüfungen", d. h., der Sachschutz steht in der Regel nicht im Vordergrund. Die Versicherungswirtschaft hat hier aus verständlichen Gründen ein etwas anderes Interesse. Sie verlangt (vor allem in industriellen Anlagen) besondere Prüfungen, die den Brand- und Sachschutz betreffen (z. B in VdS 2046). Die Prüfinhalte und die Vorgehensweise sind hier aufgrund der anderen Sichtweise (Sachschutz) etwas anders. Beispielsweise fordert die VdS-Richtlinie

VdS 2349 (dort im Abschnitt 5.1) mindestens einmal jährlich – zusätzlich aber auch nach wesentlichen Änderungen der elektrischen Anlage oder der Art und Anzahl der elektrischen Verbraucher – eine Strommessung im Neutralleiter.

In den Prüfrichtlinien (VdS 2871) für VdS-anerkannte Sachverständige, die in elektrischen Anlagen im Auftrag der Feuerversicherungen nach der sog. Feuerklausel 3602 Prüfungen durchführen, werden diese Neutralleiter-Strommessung sowie die Strommessung in Schutz- und Potentialausgleichsleitern ebenfalls gefordert. Diese Feuerklausel 3602 wird je nach Risikobeurteilung des Versicherers im zugrunde liegenden Feuerversicherungsvertrag vereinbart.

→ Wer bei der Prüfung nicht nur den Personenschutz, sondern auch den Sachschutz im Auge hat, muss in der Regel etwas mehr tun als das, was z. B. in Normen (DIN VDE 0100-600, DIN VDE 0105-100) oder in der BGV A3 gefordert wird.

Dabei schließt der Sachschutz sowohl den Brandschutz als auch die Betriebssicherheit (Schutz vor Betriebsunterbrechungen) ein.

Besonders dann, wenn ein sicherer und einwandfreier Betrieb gefordert wird, müssen bei der Prüfung auch eventuell vorhandene elektromagnetische Störungen (EMI[*]) mit betrachtet werden. Die vorgenannten VdS-Richtlinien (z. B. VdS 2349 und VdS 2871) weisen hier in die richtige Richtung. Dies gilt umso mehr, wenn wichtige Anlagen der Sicherheitseinrichtung (Gefahrenmeldeanlagen usw.) betroffen sein können. Der Prüfer, der auch die EMV berücksichtigen will, darf sich bei seiner Prüftätigkeit nicht auf die vorgenannten bekannten Normen beschränken.

Prüfen umfasst – wie zuvor gesagt – Besichtigung, Erprobung und Messung, wobei die Besichtung für die Erstinbetriebnahme während der gesamten Bauphase durchgeführt werden muss. Die Erprobung und die Messung können dagegen erst nach Fertigstellung einzelner Abschnitte oder der Gesamtanlage erfolgen.

---

[*] EMI = Electromagnetic Interference

7.2 Prüfungen nach EMV-Gesichtspunkten

7.2.1 Erstprüfung

7.2.1.1 Allgemeines

In Gebäuden mit mehr oder weniger komplexen elektrischen Anlagen wirken meist unterschiedlichste Störbeeinflussungen. Im Folgenden wird eine Prüfungsstrategie, die auch abschnittsweise angewendet werden kann, festgelegt.

Dazu gehören:
- die Überprüfung der EMV-gerechten Planung, und zwar **vor der Ausführung** (Vorprojekt- bzw. Angebotsphase, s. Kapitel 6)
Da in vielen Fällen der Errichter einer solchen Anlage nicht unbedingt Einfluss auf die Planung hat, sollte er in der Dokumentation (im Leistungsverzeichnis oder in den Ausführungsplänen) unbedingt auf erkannte oder vermutete Mängel mündlich und schriftlich hinweisen.
- die Prüfung (Besichtigung) der Installation **während der Realisierungsphase** – im Grunde ein Teilbereich der Bauüberwachung/Bauleitung bzw. eine Aufgabe des EMV-Verantwortlichen (s. Kapitel 6)
Der Errichter nimmt hier auch dann seine Eigenverantwortung wahr, wenn er nicht die Gesamtverantwortung für die EMV übernommen hat. Ist ein EMV-Verantwortlicher benannt, so müssen die Prüfergebnisse stets in Abstimmung mit dieser Person diskutiert werden.
- die Prüfung (Besichtigung, Messung und Erprobung) der Anlage oder des Anlagenabschnitts **nach Fertigstellung** – im Grunde ein Teilbereich der Abnahme vor Übergabe des Gebäudes an den Betreiber.

Im Kapitel 6 werden die Planungsphasen beschrieben. Die Prüfungen in der Vorprojekt- oder Angebotsphase müssen ergeben, dass die Maßnahmen für eine EMV-gerechte Elektroinstallation fachtechnisch korrekt eingeplant und dabei keine wichtigen Aspekte zur EMV vergessen wurden. Der Errichter sollte möglichst früh Einsicht in die Planungsunterlagen bekommen.

Durch Prüfungen in der Realisierungs- und Betriebsphase wird die Realisierung der Maßnahmen nachgewiesen. Die Dokumentation der Prüfungen, Festlegungen und Spezifikationen ist dabei unerlässlich, damit nachgewiesen werden kann, dass der Verantwortliche nicht vorsätzlich gegen die Schutzanforderungen des EMV-Gesetzes verstoßen hat.

Viele **Prüfkriterien** der Prüfung einer **EMV-gerechten Elektroinstallation** werden mit der Erstprüfung nach DIN VDE 0100-600 abgedeckt. Im

Folgenden werden einige Schwerpunkte bzw. zusätzliche Hinweise zur Prüfung genannt.
Erforderlich ist die Prüfung
- der niederohmigen Verbindung aller Anschlussfahnen des äußeren Blitzschutzes (falls vorhanden) zur Erdungsanlage,
- der Ausführung und Dimensionierung des Schutzpotentialausgleichs (Achtung: Bei vorhandener Blitzschutzanlage können eventuell höhere Querschnitte verlangt werden, als sie nach DIN VDE 0100-540 gefordert werden),
- der EMV-gerechten Installation der elektrischen Anlage:
  – Ausführung eines sauberen TN-S-Systems,
  – Kabel- und Leitungsführung,
  – Anbindung der metallenen Kabeltrassen, Konstruktionen, Maschinenteile usw.,
  – Vermeidung von Schleifenbildungen,
  – Abstände zwischen potentiellen Störquellen und Störsenken,
  – Erdung des Netzsystems,
  – ordnungsgemäße Ausführung der Errichtung von angeschlossenen Betriebsmitteln usw.,
- der ordnungsgemäßen Ausführung der Schirmung (Gebäude, Raum, Kabel usw.),
- der richtigen Auswahl und Montage von Blitz- und Überspannungsschutzeinrichtungen.

7.2.1.2 Typische EMV-Messungen

EMV-Messungen werden empfohlen, wenn durch elektromagnetische Störungen
- die Sicherheit von Personen oder
- der Schutz von Sachwerten

gefährdet sein kann oder
- die Funktion wichtiger Gebäudeausrüstungen oder
- Sicherheitseinrichtungen oder
- Einrichtungen der Kommunikationstechnik

beeinträchtigt werden kann.

Durch die Messungen soll festgestellt werden, ob die betriebsbedingt auftretenden Störfelder, die Neutralleiterströme, die Ausgleichsströme in Leitungsschirmen der Informationstechnik sowie die vorhandenen Störpegel der Netzspannungen innerhalb verträglicher Grenzen liegen. Grenzwerte sind in DIN VDE 0160 und DIN VDE 0839-2-4 enthalten.

EMV-Messungen können in der Regel erst durchgeführt werden, wenn die Anlage in Betrieb genommen worden ist. Da Störungen meist nur während des laufenden Betriebes auftreten, müssen die Messungen durchgeführt werden, wenn die Anlage mit voller Leistung betrieben wird.

Alle Messungen sollten nachvollziehbar und reproduzierbar sein. Deshalb ist vorher genau festzulegen, welche Störgrößen wo und auf welche Weise gemessen werden sollen. All dies muss in der Dokumentation mit erfasst werden.

Um alle Einflüsse und Störungen messtechnisch zu erfassen, ist ein sehr hoher Aufwand notwendig. Aus diesem Grund sollten Messungen gezielt ausgewählt werden.

Beispiel:
Ein EDV-Raum befindet sich in der Nähe einer Transformatorstation. Hier können Messungen an den Außenwänden und in der Nähe der Störsenken erfolgen.

Die Vielfalt der möglichen Störungen bedingt, dass man sich auf die beschränken muss, die möglicherweise auftreten werden. Jede mögliche Störgröße zu messen, würde einen nicht gerechtfertigten Aufwand erfordern. Natürlich erfordert dies ein hohes Maß an fachtechnischem Sachverstand.

In vielen Fällen und bei unkomplizierten Anlagen reicht es in der Praxis aus, neben den sowieso nach DIN VDE 0100-600 notwendigen Prüfungen an ausgewählten Punkten einfache Messungen durchzuführen.

Dazu gehören

- Messung des Widerstandes der niederohmigen Verbindung (wie oben erwähnt) des Potentialausgleichssystems,
- Erdungsmessungen, besonders im Zusammenhang mit einer Blitzschutzanlage,
- Messung der Neutralleiterströme (s. Abschnitt 7.2.1.3),
- Messung der Schirmströme,
- Messung der Ausgleichsströme in Potentialausgleichs- und Schutzleitern,
- Messung der Ströme zur Erdungsanlage.

Bewährt haben sich in der Praxis Geräte,
- die Messungen nach DIN VDE 0100-600 ermöglichen, sowie
- Zangenstrommessgeräte mit Echteffektivwertanzeige und entsprechendem Frequenzbereich für hohe Ströme sowie für Ströme im mA-Bereich.

In Bezug auf *magnetische Wechselfelder,* die als Störquelle vermutet werden, ist Folgendes zu sagen: Die Messungen sollten stets nachvollziehbar und reproduzierbar sein, und in der Messdokumentation sollten die verwendeten Messgeräte aufgeführt werden. Es muss stets die Frequenz der

Störquelle beachtet werden. Eventuell kann man versuchen, frequenzselektiv zu messen, um festzustellen, welche Störeinflüsse wirken und welche eventuell vernachlässigbar sind.

Bei Feldmessungen ist zu beachten, dass die magnetischen Störfelder stets auf die sie erzeugenden Ströme zu beziehen sind. Das bedeutet: Diese Ströme sollten gleichzeitig mit gemessen werden, um eventuelle zeitliche Änderungen bei längeren Messungen (Langzeitmessungen) oder bei zeitlich aufeinanderfolgenden Kurzzeitmessungen einschätzen zu können.

Wichtig bei der Interpretation der Ergebnisse ist:

- Angegeben werden stets Effektivwerte.
- Werden Messwerte gemittelt, so sollte kontinuierlich gemessen und daraus in Intervallen ein Mittelwert errechnet werden. Ein Messen in Intervallen mit Zwischenpausen ist nicht zu empfehlen.
- Die Messung von Störfeldern sollte in etwa 20 cm Höhe über dem Fertigfußboden ab der Außenwand erfolgen.

Eine Messung *elektromagnetischer Störfelder* muss nur durchgeführt werden, wenn sie Störungen verursachen oder dies vermutet wird. Eine Nachweispflicht für die Einhaltung von Grenzwerten gilt nur für bestimmte Energieanlagen (z. B. Transformatorenstationen, Hochspannungsfreileitungsanlagen oder Umspannwerke) sowie für Funk- und Sendeanlagen, wenn sie in öffentlich zugänglichen Bereichen errichtet werden.

7.2.1.3 Prüfung der Netzqualität bei vermuteten Oberschwingungen

Hierfür stehen Messgeräte in vielfältiger Form zur Verfügung. Üblicherweise wird eine Prüfung der Netzqualität mit Oberschwingungsmessgeräten durchgeführt. Aber selbst mit einer einfachen Stromzange ist eine grobe Abschätzung, ob Oberschwingungsströme vorhanden sind, möglich.

Problemerkennung durch einfache Strommessung

Wird durch Messung festgestellt, dass der Neutralleiterstrom größer ist als der größte Unterschied zwischen den Außenleiterströmen, so sind Oberschwingungsströme zu erwarten.

Beispiel:

$I_{L1} = 62\,A; I_{L2} = 78\,A; I_{L3} = 81\,A; I_N = 65\,A$

$\Delta I_{Lmax} = 81\,A - 62\,A = 19\,A$

Der Neutralleiterstrom von 65 A ist nicht durch eine unsymmetrische Lastverteilung erklärbar. Hier liegt wahrscheinlich ein 150-Hz-Problem vor.

Die Messung sollte auf alle Fälle mit einer Messzange durchgeführt werden, die den *Echteffektivwert* anzeigen kann. Bei preiswerteren Geräten wird häufig vorausgesetzt, dass eine Sinusform des Stromes vorliegt. Stimmt dies nicht (und das ist bei Oberschwingungsbelastungen zu erwarten), so ist das Messergebnis falsch. Deshalb muss beim Kauf von Messgeräten darauf geachtet werden, dass mit ihnen Echteffektivwertmessungen möglich sind.

Es soll noch darauf hingewiesen werden, dass Netzprobleme nicht unbedingt durch die 3. Harmonische verursacht werden. Im Zweifelsfall ist eine komplette Netzanalyse mit den dafür erforderlichen Messgeräten notwendig (siehe weiter unten in diesem Abschnitt).

Messungen mit Oberschwingungsmessgeräten

Messgeräte, mit denen man Oberschwingungsströme messen kann, sollten vorhanden sein (**Bild 7.1**). Bereits relativ preiswerte Messgeräte zur Oberschwingungsanalyse haben genormte Schnittstellen zum PC, so dass die Messergebnisse mit handelsüblicher Standardsoftware weiterverarbeitet und dokumentiert werden können.

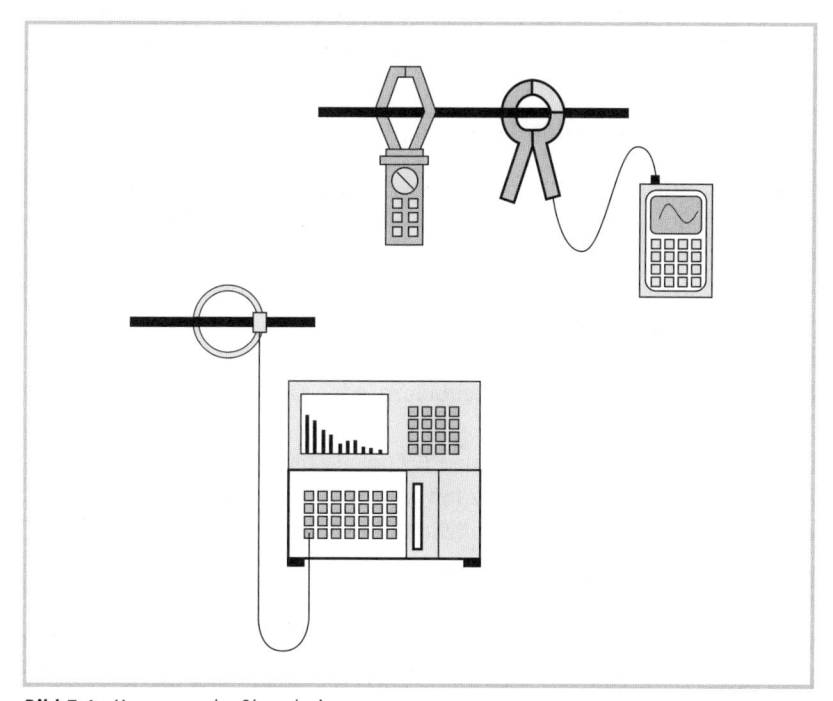

Bild 7.1 *Messungen der Oberschwingungen*

Praktische Netzanalyse

Stellt sich nach Fertigstellung der elektrischen Anlage heraus, dass die Grenzwerte nach Tabelle 6.1 (Abschnitt 6.3.1) überschritten werden (oder wird dies vermutet), so muss eine Netzanalyse vorgenommen werden. Sie ist mit relativ komplexen Messungen und Berechnungen verbunden und sollte nur von Fachleuten mit entsprechender Erfahrung durchgeführt werden.

Grob betrachtet, empfiehlt sich folgende Vorgehensweise:
- Darstellung des vorhandenen Netzes,
- Feststellen der Daten der Netzeinspeisung bzw. des Transformators (Leistung, Kurzschlussleistung, Kurzschlussspannung),
- Messen der Netzoberschwingungen ohne verzerrende Betriebsmittel (beispielsweise Stromrichter) und Überprüfung auf EN-/VDE-Grenzwerte,
- Zuschalten von verzerrenden Betriebsmitteln und Messen der Netzoberschwingungen,
- Auswerten der Ergebnisse und Überprüfung auf Überschreiten der Grenzwerte,
- eventuell Schutzmaßnahmen vorsehen (Glättungsdrosseln, Kommutierungsdrosseln, verdrosselte Kompensationsanlagen, aktive Filter usw.).

7.2.2 Wiederkehrende Prüfungen

Elektrische Anlagen sind in regelmäßigen Abständen einer Wiederholungsprüfung zu unterziehen. Festlegungen über Prüfintervalle findet man – je nach Anlagentyp – in Verordnungen, Vorschriften und Normen. Eine Wiederholungsprüfung elektrischer Anlagen umfasst in der Regel – wie die Erstprüfung – Besichtigung, Erprobung und Messung. Durch wiederkehrende Prüfungen sollen Mängel und Störungen aufgedeckt werden, die den Betrieb der elektrischen Anlage behindern oder Gefährdungen hervorrufen können.

Im Zuge dieser wiederkehrenden Prüfungen müssen auch die Prüfungen in Bezug auf die EMV der Anlage mit beurteilt werden. Zur Prüfung gehört, auch wenn dies in den Normen nicht ausdrücklich verlangt wird, die Befragung des Betreibers nach Störungen in der Anlage. Zudem muss die Einsicht in die Dokumentation der Anlage sowie in die Dokumentation vorhergehender Prüfungen (s. Abschnitt 7.3) gewährt werden. Die zuletzt genannte Dokumentation ist in Anlagen, die dem Prüfenden unbekannt sind, besonders wichtig.

Besonders dann, wenn zwischen den wiederkehrenden Prüfungen Änderungen in der Anlage vorgenommen wurden, haben eine aktualisierte Anlagendokumentation sowie die Dokumentation der Prüfergebnisse (s. Abschnitt 7.3) große Bedeutung.

Im Idealfall lässt sich ein Großteil der wiederkehrenden Prüfung durch die Besichtung der Anlage abdecken. Zusätzlich zu den üblichen Messungen nach DIN VDE 0105 sollten Stichprobenmessungen zur Erkennung von Ausgleichsströmen in Schutz- und Potentialausgleichsleitungen sowie in Kabel- und Leitungsschirmen und in fremden leitfähigen Teilen durchgeführt werden.

7.3 Dokumentation

Prüfergebnisse sind zu protokollieren. Für elektrische Anlagen können Prüfprotokolle des ZVEH verwendet werden. Für VdS-anerkannte EMV-Sachkundige (s. Abschnitt 7.5) stehen EMV-Prüfberichte zur Verfügung, die auf die speziellen Belange einer Prüfung der elektrischen Anlage im Sinne der EMV sowie auf Besonderheiten einer Dokumentation für die Versicherungswirtschaft abgestimmt sind. Für die Blitzschutzanlage können Formulare des VdB (Verband der Blitzschutzbauer) verwendet werden.

Mit der Unterschrift unter diesen Prüfprotokollen bescheinigt der Errichter, dass die Anlagen nach gültigen Bestimmungen und Normen errichtet wurden. Damit sind auch die EMV-Normen eingeschlossen. Messwerte, die in die Protokolle nicht eingetragen werden können, aber für die Bewertung wichtig sind, müssen separat aufgeführt werden.

Wird vom Kunden eine EMV-Prüfung der Gebäudeinstallation gefordert oder gewünscht, dann ist ein *EMV-Prüfbericht* zu erstellen. Dieser Prüfbericht sollte enthalten:

- Angaben zum Objekt mit allen erforderlichen allgemeinen und technisch relevanten Angaben, z. B. Standort, Betreiber, Netzsystem, technische Daten,
- Angaben zu den benutzten Messgeräten,
- Angaben zu Zeitpunkt und Dauer der Messung,
- Messergebnisse mit Zuordnung zu den Messpunkten,
- Übersichtsplan der Anlage mit Messpunkten,
- eventuell Oszillogramme.

In dem oben erwähnten Prüfbericht für VdS-anerkannte EMV-Sachkundige sind diese Punkte bereits berücksichtigt.

7.4 Fachliche Voraussetzungen für Personen zum Prüfen von elektrischen Anlagen

Für die ordnungsgemäße Durchführung von Prüfungen an elektrischen Anlagen sind bestimmte fachliche Voraussetzungen notwendig, die häufig als Mindestqualifikationen in den betreffenden Regelwerken festgelegt sind. **Elektrofachkräfte** dürfen alle notwendigen Prüfungen an elektrischen Anlagen und Betriebsmitteln durchführen, sofern ihre Qualifikation dafür ausreicht.

Ausnahmen bestehen für Anlagen und Betriebsmittel, für die durch gesetzliche, behördliche oder vertragsrechtliche Regelungen eine Prüfung und in diesem Zusammenhang zugleich die Qualifikation des Prüfers festgelegt wird. Dies kann

- nach Betriebssicherheitsverordnung (BetrSichV) im Explosionsschutzbereich,
- nach Baurecht bei Sonderbauten und
- nach einer privatrechtlich verbindlichen Vereinbarung im Versicherungsvertrag

der Fall sein. Diese Prüfvorschriften bzw. Regelungen legen dann nicht nur die Prüfung selbst fest (z. B. die Prüfzyklen bei wiederkehrenden Prüfungen), sondern auch die Qualifikation des Prüfers bzw. die notwendige Anerkennung, die der Prüfer vorweisen muss (z. B. staatlich geprüfter Sachverständiger, baurechtlich anerkannter Sachverständiger, VdS-anerkannter Sachverständiger).

7.5 Sachkundiger gemäß VdS-Richtlinien (VdS 2596)

Seit dem Jahr 2000 bietet VdS Schadenverhütung im Auftrag der Versicherungswirtschaft eine Anerkennung als Sachkundiger für Blitz- und Überspannungsschutz sowie EMV-gerechte elektrische Anlagen an. Teil dieser Anerkennung sind folgende Voraussetzungen:

- Berufsausbildung (Elektrofachkraft),
- Berufserfahrung (mindestens fünfjährige Tätigkeit),
- Abschluss von zwei Ausbildungslehrgängen (im Bereich „Blitz- und Überspannungsschutz" sowie „EMV in der Elektroinstallation").

Nach abgeschlossenem Anerkennungsverfahren, das das Bestehen der beiden Prüfungen im Anschluss an die genannten Lehrgänge einschließt, erhält der EMV-Sachkundige ein Zertifikat. Dieses bestätigt, dass er für die im Zertifikat angegebenen Aufgaben kompetent ist. Die gesamte Nachweisführung und die sonstigen Voraussetzungen werden in den VdS-Richtlinien VdS 2596 näher erläutert.

Der auf diese Weise anerkannte Sachkundige darf die Bezeichnung *VdS-anerkannter Sachkundiger für Blitz- und Überspannungsschutz und EMV-gerechte elektrische Anlagen (EMV-Sachkundiger)* führen.

Er ist zugleich die nach DIN VDE 0185-4, Abschnitt 8, genannte *Blitzschutz-Fachkraft,* vor allem jedoch die nach DIN VDE 0185-4, Tabelle 2, genannte *Blitzschutz-Fachkraft mit fundierter Kenntnis der EMV.*

7.6 Erforderliche Messgeräte

VdS-anerkannte EMV-Sachkundige müssen spätestens nach den bestandenen Prüfungen nachweisen, dass ihnen die im Folgenden genannten Messgeräte zur Verfügung stehen. Diese Messgeräteliste kann nur als eine absolute Minimalausstattung verstanden werden. Als solche kann sie auch für all diejenigen als Vorgabe herangezogen werden, die elektrische Anlagen im Sinne der EMV planen, errichten und vor allem prüfen möchten.

Folgende Messgeräte sind gemäß VdS 2596 mindestens erforderlich:
- Vielfachmessgerät mit Echteffektivwertmessung, geeignet für die Energietechnik nach DIN VDE 0411-1 und DIN 43780 bzw. DIN 43745 (niederohmig),
- Messgerät (z. B. Stromzange) mit Maximalwertspeicher für Echteffektivwertmessung, geeignet für die Energietechnik nach DIN EN 61010-2-032 (VDE 0411-2-032),
- Widerstandsmessgerät für Schutzleiter nach DIN VDE 0413-1 und -4,
- Messgerät (z. B. Stromzange) für die Ableitstrommessung mit Auflösung im mA-Bereich und Echteffektivwertmessung,
- zweipoliger Spannungsprüfer nach DIN EN 61243-3 (VDE 0682-401).

Für diese Geräte (außer dem letztgenannten) sind Kalibriernachweise in regelmäßigen Abständen erforderlich.

Darüber hinaus werden folgende Messgeräte empfohlen:
- Netzanalysemessgerät zum Auffinden bzw. zur Messung von Oberschwingungen,
- Oberschwingungsmessgerät (z. B. Stromzange) mit Echteffektivwertmessung, geeignet für die Energietechnik,
- Feldstärkemessgerät.

7.7 Kalibrierung der Messgeräte

Die erforderlichen Messgeräte müssen durch eine aktuelle Kalibrierung auf national anerkannte Normale zurückgeführt sein. *Kalibrieren* bedeutet in diesem Zusammenhang das Feststellen und Dokumentieren der Abweichung der Anzeige eines Messgerätes vom richtigen Wert. Liegt die Anzeige des Messgerätes bei der Kalibrierung außerhalb der Toleranzen, so muss das Gerät neu justiert, d. h. in den Toleranzbereich gebracht, und dann nochmals kalibriert werden. Die Werte müssen erneut dokumentiert werden.

Die Kalibrierung soll in regelmäßigen Abständen durch eine Werkskalibrierstelle des Messgeräteherstellers, den Deutschen Kalibrierdienst oder eine andere hierfür geeignete Stelle durchgeführt werden. Die *Kalibrierintervalle* sind u. a. abhängig von

- der erforderlichen Messgenauigkeit,
- der Messgröße und dem zulässigen Toleranzband,
- der Stabilität der Kalibrierung und
- der Beanspruchung der Messgeräte.

Damit ist der Anwender für die Festlegung des zeitlichen Abstandes zwischen zwei Kalibrierungen selbst verantwortlich. Die Empfehlungen der Hersteller für Prüfintervalle liegen zwischen 1 und 4 Jahren. Diese Empfehlungen sind bei der Festlegung der Prüfintervalle zu beachten.

Literaturverzeichnis

Bücher, Informationsschriften

[1] *Kohling, A.:* Umsetzung der technischen und gesetzlichen Anforderungen an Anlagen und Gebäude sowie CE-Kennzeichnung von Geräten. Berlin, Offenbach: VDE-Verlag, 2012
[2] *Scheibe, K.* (Hrsg.): EMV von Geräten, Systemen und Anlagen. Berlin, Offenbach: VDE-Verlag, 2002
[3] *Kloss, A.:* Oberschwingungen. Berlin, Offenbach: VDE-Verlag, 1996
[4] *Fassbinder, S.:* Netzstörungen durch passive und aktive Bauelemente. Berlin, Offenbach: VDE-Verlag, 2002
[5] *Gräbner, F.:* Elektromagnetische Verträglichkeit für Elektrotechniker, Elektroniker und Informationstechniker. Berlin: Logos, 2007
[6] *Kohling, A.:* EMV von Gebäuden, Anlagen und Geräten. Berlin, Offenbach: VDE-Verlag, 1998
[7] *Grapentin, M.:* EMV in der Gebäudeinstallation. Berlin, München: Verlag Technik, 2000
[8] *Weber, A.:* EMV in der Praxis. Heidelberg: Hüthig, 2004
[9] *Habiger* u. a.: Elektromagnetische Verträglichkeit. Berlin, München: Verlag Technik, 1992
[10] *Rudolph, W.; Winter, O.:* EMV nach VDE 0100. Berlin, Offenbach: VDE Verlag, 2000
[11] *Habiger, E.:* EMV-Lexikon 2009 mit Begleit-CD. Kissing: Weka Media, 2009
[12] *Rudnik, S.:* EMV-Fibel für Elektroniker, Elektroinstallateure und Planer. Berlin, Offenbach: VDE-Verlag, 2011
[13] UA-Weiterbildung der DEMVT e. V. „EMV-Fachmann"
[14] *Schmolke, H.:* Potentialausgleich, Fundamenterder, Korrosionsgefährdung. Berlin, Offenbach: VDE-Verlag, 2004
[15] *Hasse, P. ; Wiesinger, J.; Zieschank, W.:* Handbuch für Blitzschutz und Erdung. Berlin, Offenbach: VDE-Verlag, 2005
[16] *Hasse, P.; Landers, U.; Wiesinger, J.:* EMV-Blitzschutz von elektrischen und elektronischen Systemen in baulichen Anlagen. Berlin, Offenbach: VDE-Verlag, 2004
[17] Dehn und Söhne: Blitzschutzplaner, Blitzschutz, Überspannungsschutz und Arbeitsschutz. Neumark: Dehn + Söhne GmbH + Co. KG, 2007

[18] UA-Weiterbildung des VDE/ABB: Weiterbildungshandbuch „Fachkraft für Blitzschutz"
[19] Deutsches Kupferinstitut (Hrsg.): Leitfaden Netzqualität, „Oberschwingungen, Ursachen und Auswirkungen", „Oberschwingungen, Echt effektiv – die einzig wahre Messung", „Spannungseinbrüche", „Aktive Netzfilter". Düsseldorf: Deutsches Kupferinstitut
[20] *Schmolke, H.:* EMV-gerechte Errichtung von Niederspannungsanlagen. Berlin, Offenbach: VDE-Verlag, 2008

Normen

[21] DIN VDE 0100-410 (VDE 0100-410):1997-01
Errichten von Starkstromanlagen mit Nennspannungen bis 1000 V – Teil 4: Schutzmaßnahmen; Kapitel 41: Schutz gegen elektrischen Schlag
[22] DIN VDE 0100-430 (VDE 0100-430):2010-10
Errichten von Niederspannungsanlagen – Teil 4-43: Schutzmaßnahmen – Schutz bei Überstrom
[23] DIN VDE 0100-444 (VDE 0100-444):2010-10
Errichten von Niederspannungsanlagen – Teil 4-444: Schutzmaßnahmen – Schutz bei Störspannungen und elektromagnetischen Störgrößen
[24] DIN VDE 0100-443 (VDE 0100-443):2007-06
Errichten von Niederspannungsanlagen – Teil 4-44: Schutzmaßnahmen – Schutz bei Störspannungen und elektromagnetischen Störgrößen, Abschnitt 443: Schutz bei Überspannungen infolge atmosphärischer Einflüsse oder von Schaltvorgängen
[25] DIN VDE 0100-510 (VDE 0100-510):2011-03
Errichten von Niederspannungsanlagen – Teil 5-51: Auswahl und Errichtung elektrischer Betriebsmittel – Allgemeine Bestimmungen
[26] DIN VDE 0100-520 (VDE 0100-520):2003-06
Errichten von Niederspannungsanlagen – Teil 5: Auswahl und Errichtung elektrischer Betriebsmitteln; Kapitel 52: Kabel- und Leitungsanlagen
[27] DIN VDE 0100-540 (VDE 0100-540):2012-06
Errichten von Niederspannungsanlagen – Teil 5-54: Auswahl und Errichtung elektrischer Betriebsmittel – Erdungsanlagen und Schutzleiter

[28] DIN VDE 0100-600 (VDE 0100-600):2008-06
Errichten von Niederspannungsanlagen – Teil 6: Prüfungen
[29] DIN VDE 0105-100 (VDE 0105-100):2005-06
Betrieb von elektrischen Anlagen –Teil 100: Allgemeine Festlegungen
[30] DIN EN 62305-x (DIN VDE 0185-305-x):2006-10
DIN VDE 0185-305 Teile 1 bis 4 Blitzschutz
[31] DIN VDE 0298-4 (VDE 0298-4):2003-08
Verwendung von Kabeln und isolierten Leitungen für Starkstromanlagen – Teil 4: Empfohlene Werte für die Strombelastbarkeit von Kabeln und Leitungen für feste Verlegung in und an Gebäuden und von flexiblen Leitungen
[32] DIN VDE 0800-1 (VDE 0800-1):1989-05
Fernmeldetechnik; Allgemeine Begriffe, Anforderungen und Prüfungen für die Sicherheit der Anlagen und Geräte
[33] DIN EN 50310 (VDE 0800-2-310):2011-05
Anwendung von Maßnahmen für Erdung und Potentialausgleich in Gebäuden mit Einrichtungen der Informationstechnik
[34] DIN EN 50174-2 (VDE 0800-174-2):2011-09
Informationstechnik – Installation von Kommunikationsverkabelung – Teil 2: Installationsplanung und Installationspraktiken in Gebäuden
[35] Berichtigung zu DIN EN 50174-2 (Berichtigung zu DIN VDE 0800-174-2):2002-03
Berichtigungen zu DIN EN 50174-2 (VDE 0800-174-2):2001-09
[36] DIN EN 61000-2-2 (DIN VDE 0839-2-2):2003-02
Elektromagnetische Verträglichkeit (EMV) – Teil 2-2: Umgebungsbedingungen; Verträglichkeitspegel für niederfrequente leitungsgeführte Störgrößen und Signalübertragung in öffentlichen Niederspannungsnetzen
[37] DIN EN 61000-2-4 (DIN VDE 0839-2-4):2003-05
Elektromagnetische Verträglichkeit (EMV) – Teil 2-4: Umgebungsbedingungen; Verträglichkeitspegel für niederfrequente leitungsgeführte Störgrößen in Industrieanlagen
[38] DIN EN 61000-3-2 (VDE 0838-2):2010-03
Elektromagnetische Verträglichkeit (EMV) – Teil 3-2: Grenzwerte – Grenzwerte für Oberschwingungsströme (Geräte-Eingangsstrom = 16 A je Leiter
[39] DIN EN 61000-3-3 (VDE 0838-3):2006-06
Grenzwerte – Begrenzung von Spannungsänderungen, Spannungsschwankungen und Flicker in öffentlichen Niederspannungs-

Versorgungsnetzen für Geräte mit einem Bemessungsstrom = 16 A je Leiter, die keiner Sonderanschlussbedingung unterliegen
[40] DIN 18014 Fundamenterder

VdS-Richtlinien

[41] VdS 2349 Störungsarme Elektroinstallation
Gesamtverband der Deutschen Versicherungswirtschaft e.v. (GDV), Verlag, VdS Schadenverhütung Köln, 2000
[42] VdS 3501 Isolationsfehlerschutz in elektrischen Anlagen mit elektronischen Betriebsmitteln – RCD und FU
Gesamtverband der Deutschen Versicherungswirtschaft e.v. (GDV), Verlag, VdS Schadenverhütung Köln, 2006
[43] VdS 2010 Risikoorientierter Blitz- und Überspannungsschutz
Gesamtverband der Deutschen Versicherungswirtschaft e.v. (GDV), Verlag, VdS Schadenverhütung Köln, 2005

Stichwortverzeichnis

150-Hz-Drossel 203
150-Hz-Filter 249
4-Leiter-Filter 217

A
Ableitströme 212, 213
Abschaltcharakteristik 176
Absorption 133
aktive Filter 207
aktive Netzfilter 206
Angebotsphase 228, 239
Anpassung 80
Anschlussfahnen 141
asymmetrische Schnittstelle 126
Augenblickswert 177
Ausführungsunterlagen 238
Ausschreibung 228, 240
Ausschreibungsunterlagen 227

B
Banderder 88
Baumstruktur 111
Bauphase 228
Beeinträchtigung der Funktion 19
Betriebsphase 229, 247
Blindleistung 184, 194
Blitzschlag 57
Blitzstromableiter 60
Blitzstromsteilheit 59
BNetzA 24
Brandschottungen 132
Brückengleichrichter 30
Burst 55, 56, 164

C
CE-Kennzeichen 21
CE-Kennzeichnung 22, 23

CENELEC 24
Chopperfrequenz 211
Crestfaktor 181

D
Dehnungsfugen 141
Dielektrikum 43
Differenzstrom 102
Differenzstrom-Meldeeinrichtung 225
Differenzstrom-Überwachungsgeräte 102
DIN-DKE 24
Dokumentation 241, 263
Drehfeld 31
Drehstrom-Asynchronmotor 209
Drossel 206
du/dt-Filter 220
Durchflutung 38

E
EC-Konformitätserklärung 23
elektromagnetische Störung 19
Effektivwert 179
Einleiterkabel 50, 95, 114, 172
Eisenverluste 176
elektrische Felder 36, 42, 134
elektrische Feldstärke 42
elektrochemische Korrosion 152
elektromagnetische Funktionsstörung 19
elektromagnetische Störgröße 19
elektromagnetische Umgebung 20
elektromagnetische Verträglichkeit 15, 19

elektromagnetische Welle 83, 133
elektromagnetisches Feld 46
elektromagnetisches Spektrum 46
elektrostatische Kraft 36
EMV 15, 19
EMV-Filter 216, 217, 220
EMV-Messungen 258
EMV-Prüfberichte 263
EMV-Prüfung 263
EMV-Richtlinie 23, 24
EMV-Sachkundiger 265
EMV-Zonen 161, 163
EMVG 25
Entkopplung 18
Entlastungs-Potentialleiter 151
Erder 87
Erdung 87
Erdungsanlage 87
Erdungsfestpunkte 140, 141
Erdungsringleiter 106
Erdungssammelleiter 141
Erdverbindungsstelle 96, 97
ESD 17, 54
Europäische Richtlinien 21

F
Fehlerstrom-Schutzeinrichtung 104, 213, 225
Feld 36
Feldstärke 38
Fernfeld 83
Filter 153, 156, 202, 215
Filterdämpfung 154
Filterung 153

Flicker 34, 35
Flickermeter 34
Flickerstörungen 34
Folienschirme 143
Formfaktor 180
Fourier 185
Fourieranalyse 185
Freilaufdiode 165
Freileitungen 47
fremde leitfähige Teile 98, 104
fremdspannungsarmer Potentialausgleich 101, 234
Frequenzumrichter 209, 210, 211
Funktionserdungsleiter 88
Fundamenterder 88, 231

G
galvanische Kopplung 64
Gebäudeschirmung 139, 234
Gegeninduktivität 71
Gegensystem 189
Gleichrichtwert 179
Gleichstromzwischenkreis 210
Grundschwingung 182
Grundschwingungsgehalt 183

H
harmonisierte Normen 24
Hauptpotentialausgleich 98

I
IMD 103
Impulsdauermodulation 210
Induktion 37
induktive Kopplung 69, 70, 71, 72
Induktivität 39, 41, 60
Induktivitätsbelag 41
Isolationsüberwachung 223

Isolationsüberwachungsgerät 103
IT-System 91, 224

K
Kabelkategorien 119, 120, 124, 125
Kabelrinnen 113, 128
Kabelwannen 128
Kapazitäten 43, 73
Klirrfaktor 183
Kommutierung 195
Kommutierungsdrossel 196
Kommutierungseinbrüche 196
Kommutierungsprobleme 195
Kompensation 218
Kompensationsanlagen 176, 200, 205
Kondensator 43
Kontaktkorrosion 152
Kopplung 17, 63, 196
Kopplungsimpedanz 67
Korrosionsschutz 152
Kupal-Klemmen 152

L
Lagepläne 231
Leistungsfaktor 184
Leistungsverzeichnis 228, 229, 231, 238
Leiterschleifen 59, 69
Leitungsbemessung 115
Leitungsschirme 142
LEMP 16

M
magnetische Felder 36, 37, 134, 136
magnetische Feldstärke 38, 52
magnetische Flussdichte 37
magnetische Kraft 36

magnetische Wechselfelder 137
magnetischer Fluss 37
Maschenpotentialausgleich 109
Massung 87
Mehrfacherdung 96
Mehrleiterkabel 113
Messprotokolle 246
Metalltapete 141
Mindestquerschnitt des Neutralleiters 116
Mitsystem 189

N
Nahfeld 79, 83
Nanoperm-Filter 220
nationale Normen 24
natürliche Felder 44
NEMP 16
Netzanalyse 249, 262
Netzbetreiber 29
Netzdrosseln 217, 220
Netzentlastung 202, 204
Netzentlastungseinrichtungen 202
Netzfilter 217
Netzformen 90
Netzqualität 260
Netzrückwirkungen 247
Netzsysteme 90
Neutralleiter 97, 115
Neutralleiterfilter 249
Neutralleiterstrom 91, 94, 96, 204
Neutralleiterüberlastung 191, 193
Neutralleiterunterbrechung 191, 193
nichtlineare Verbraucher 29, 187
niederfrequente Felder 136
Nullsystem 189, 191

Stichwortverzeichnis

O
Oberschwingungen 20, 27, 29, 116, 117, 175, 247
Oberschwingungserzeuger 187
Oberschwingungsgehalt 183
Oberschwingungsströme 30, 95, 118, 119, 182

P
Parallelschwingkreis 199
parasitäre Kapazitäten 73
PEN-Leiter 91, 94, 96, 97, 101, 168, 201
PEN-Schiene 96, 97, 161, 169
permanente Isolationsüberwachung 224
Pigtails 223
Planungsphasen 227
Potentialausgleich 87, 97
Potentialausgleichsanlage 104
Potentialausgleichsanlage, mehrfach vermaschte sternförmige 106
Potentialausgleichsanlage, vermaschte sternförmige 108
Potentialausgleichsringleiter 106
Potentialausgleichsschienen 141
Prüfpflicht 255
Prüfung der Netzqualität 260
Prüfungen 247, 255, 257
Pulsweitenmodulation 210
PWM 210

R
Raumschirme 234
Raumschirmung 139, 234
RC-Glieder 166
RCD 104, 213, 225, 226
RCM 102, 225, 226
Realisierungsphase 228, 240
Reflexionsdämpfung 134
Reihenresonanzfilter 203
Reihenschwingkreis 198, 206
Resonanzfrequenz 198, 205
Richtlinienkonformität 22
Ringerdernetz 106
Römische Verträge 21
Rückströme 93

S
Schaltschrank 157
Schaltüberspannungen 56
Scheitelfaktor 181
Scheitelwert 179
Schelkunoff 132
Schirmanschluss 143, 145
Schirm-Anschlussleiter 145
Schirmdämpfung 133, 136
Schirmdämpfungsmaß 137
Schirme 173
Schirmentlastungsleiter 143, 151
Schirmgeflecht 142
Schirmschiene 148
Schirmstrom 138
Schirmung 132, 142, 163, 173
Schirmungsmaßnahmen 136, 139, 173
Schleifen 111
Schleifenbildung 144
Schutzpotentialausgleichsleiter 100
Schutzzonenkonzept 139
Schwingkreise 196
Selbstinduktion 39
Selbstinduktionsspannung 39

Sinusfilter 219
Skineffekt 66, 138
Spannungseinbrüche 195
Spannungsschwankungen 34
SPDs 164
Spikes 164
stationäre Ableitströme 213
statische Elektrizität. 54
statische Magnetfelder 137
Sternerdernetz 104
Störaussendung 17
Störfestigkeit 17
Störquellen 17, 20, 63, 161
Störsenke 17, 20, 63, 161
Störungs- oder Beeinflussungsanalyse 26
Strahlung 63
Strahlungskopplung 76, 81
Streustrom 91
Streuströme 91, 94
Stromsteilheit 60
Stromverdrängungsfaktor 66
strukturierte Verkabelung 121
Suppressordioden 166
symmetrische Schnittstelle 126

T
Taktfrequenz 211
technische Felder 45
THD-Wert 183
Tiefenerder 88
TN-C-S-System 90
TN-C-System 90, 102
TN-S-System 90, 93, 101, 201
TN-System 90, 115
Transformatoren 174
transiente Ableitströme 215

Transienten 27
TT-System 91, 115

U
Überspannungen 55, 164
Überspannungsableiter 60
Umrechnungsfaktor 118
Unterspannung 194
UTP-Kabel 120

V
variable Ableitströme 214
Varistoren 167
VdS-Richtlinien 264
Verkabelung 111
Verlegeabstände 119, 120
Verträglichkeitspegel 247
Verzerrungsfaktor 183
Vorplanung 228
Vorprojektphase 227

W
Wechselrichter 210
Welle 79
Wellenbeeinflussung 63
Wellenkopplung 76, 79
Wellenlänge 76, 77
Wellenwiderstand 80, 134
Wiederholungsprüfung 262
Wirbelströme 138

Y
Y-Kapazitäten 217

Z
Z-Dioden 165
ZEP 96, 97
zulässige Strombelastbarkeit 116
zusätzlicher Potentialausgleich 100, 221

Notizen

Notizen

Notizen

Notizen

Notizen

Notizen